基于Copula函数的水文变量遭遇问题分析及编程方法

杨　星◎编著

JIYU COPULA HANSHU DE
SHUIWEN BIANLIANG ZAOYU WENTI FENXI
JI BIANCHENG FANGFA

图书在版编目(CIP)数据

基于Copula函数的水文变量遭遇问题分析及编程方法/杨星编著.-- 南京：河海大学出版社，2020.12

ISBN 978-7-5630-6714-5

Ⅰ.①基… Ⅱ.①杨… Ⅲ.①水文计算 Ⅳ.①P333

中国版本图书馆CIP数据核字(2020)第263451号

书　　名　基于Copula函数的水文变量遭遇问题分析及编程方法
书　　号　ISBN 978-7-5630-6714-5
责任编辑　彭志诚
特约校对　薛艳萍
封面设计　槿荣轩
出版发行　河海大学出版社
地　　址　南京市西康路1号(邮编:210098)
电　　话　(025)83737852(总编室)　(025)83722833(营销部)
经　　销　江苏省新华发行集团有限公司
排　　版　南京布克文化发展有限公司
印　　刷　广东虎彩云印刷有限公司
开　　本　718毫米×1000毫米　1/16
印　　张　18.5
字　　数　373千字
版　　次　2020年12月第1版
印　　次　2020年12月第1次印刷
定　　价　98.00元

前 言

Copula函数是一种多变量水文分析的有效方法，根据Sklar定理：令F为一个n维变量的联合累积分布函数，其中各变量的边缘累积分布函数记为F_i，那么存在一个n维Copula函数C，使得$F=C(F_1,\cdots,F_n)$。从Sklar定理看，Copula函数描述的是变量之间的相关性，也有人称其为"连接函数"。Copula函数可以构造任意边缘函数的联合分布，具有极强的灵活性和适用性。基于Copula函数的多变量水文联合分析在水文领域中得到广泛应用，被用于解决诸多问题，比如多水文变量的联合频率分析、水文事件遭遇组合计算和水文过程设计等。

本书由江苏省水利科学研究院杨星编著完成，全书分为6章，包括：绪论、基于Delphi和VB的Copula函数编程方法、几个典型研究区域水安全问题基本情况、基于Copula函数的随机水文过程设计、基于Copula的水文变量遭遇规律分析及应用、Copula函数在河道防洪影响数模分析中的应用。为使读者掌握粒子群算法(PSO)对分布函数参数的求解，本书附录给出了三个完整的PSO程序代码，包括：附录A　非线性方程组PSO求解程序；附录B　边缘分布函数参数PSO求解程序；附录C　Copula函数参数PSO求解程序。书中涉及的代码由Delphi 7.0和VB 6.0编写。

本书凝聚了作者直接参与的数项课题成果，包括：水利部公益性项目江苏沿海开发中海堤工程关键技术研究(201001070)，深圳市水务发展中长期战略研究课题"一区四市"发展定位下的城市水系建设研究(SZCG2010021725)，江苏省水利科技项目河道涉水建筑物防洪影响研究与应用(2009043)、江苏沿海地区水安全保障关键技术研究与应用(2012001),江苏省科技厅自主立项科研项目(BM2018028)。部分数据或成果取自深圳市水务规划设计院有限公司、南京水利科学研究院等课题单位。在此特别感谢上述深圳、南京等地课题组成员的鼎力支持与无私奉献。感谢江苏省水利科学研究院王俊、翁松干、王志寰、侯苗、张馨元、巫旺等领导同事对本书出版的大力支持。

由于编者水平有限,书中难免有不当之处,敬请各位读者批评指正。

杨　星

2020年9月

目　录

1 绪论

1.1 水文变量遭遇问题分析的意义

水文事件是指水的变化、运动等引发的自然现象，例如降雨、蒸发、渗流、径流、潮汐、冰雹等。水文变量是描述水文事件的特征属性，常见的如降雨量、蒸发量、水位、流速、流量、水温、含沙量和水质等。一个水文事件通常都包含多个水文变量，例如降雨包括降雨量、降雨历时、降雨强度、降雨面积等；洪水过程包括洪峰水位、洪峰流量、洪水历时、洪水总量、洪峰传播时间、洪水含沙量、洪水输沙量等。水文事件受气候变化、下垫面和人类活动的综合影响，是一个复杂的、动态的、随机的非线性过程，也正是因为受共同因素的影响，水文事件内的水文变量之间普遍具有或大或小、或线性或非线性的相关性。另外，对于地理位置较为接近的区域，因气候条件、下垫面情况较为相似，不同水文站点记录的水文变量之间也常常存在较强的相关性，例如江苏沿海地区相邻水文站点之间的降雨量、径流量、风暴潮等水文变量，受梅雨或台风的影响时，一般具有明显的“相关”性。

“相关性”，简单点讲，就是指多个水文变量数据的波动具有联动或者关联特征。例如，如果水文数据呈现相同的波动趋势，即同时上升或者同时下降，则表示它们之间的正相关性很强；反之，如果水文数据呈现相反的波动趋势，即一个上升的同时另外一个下降，则表示它们之间的负相关性很强；若两者变化趋势杂乱无章，则表示几乎无相关性。就大风和暴雨而言：2004 年 8 月 12 日“云娜”登陆浙江台州，近中心最大风速达到 45 m/s，台风带来的最大 24 h 降雨量达到 874.7 mm[1]，风速和雨量均创下了当年地区最大纪录；1997 年 8 月 2 日“维克托”登陆香港，受其影响，2 日上午 6 时至 3 日上午 6 时，深圳水库降雨量 230.4 mm，为当年最大 24 h 降雨量，同时，最大风速 14.2 m/s(10 min 平均风速)，也为当年最大值。但是，两者并不总是具有一致波动性，即台风风速最大时，不一定产生最大降雨，主要是因为暴雨还受其他因素的影响，如地形因素、水汽条件、大气环流等。例如深圳市 2008 年 6 月 13—14 日出现的特大暴雨，就是频繁的低压槽和持续的高空槽活动、异常活跃的西南季风以及台风“风神”叠加影响的结果[2]，而当年最大风速发

生在 8 月 22 日，为 16.5 m/s。

相关则意味着存在遭遇规律，可为工程设计中水文参数的组合选取提供重要的依据，使工程设计的安全性和造价更相协调。例如，对于感潮河道，洪水和潮位是计算河道行洪水位的关键参数，应重点分析河道上游设计洪水与下游设计潮位遭遇的规律；海堤堤顶高程设计中，潮位和风(风浪)是关键参数，应重点分析设计潮位与设计风速(风浪)遭遇的规律；受降水丰枯变化不确定性和差异性的影响，水源区与受水区降水的丰枯遭遇状态各不相同，可能给工程水资源调度运行带来风险，可重点分析水源区和受水区的降水丰枯遭遇规律；对于一条河流上的上下两个相邻水文站点，为了确定两个站点之间的水利设施防洪标准或防洪调度风险，必须知道这两个站点洪水同时发生的概率。另外，包括洪峰与洪量的遭遇情况、干支流的丰枯遭遇情况等也都有研究的意义。

1.2 变量遭遇分析的 Copula 方法

为了确保水利工程规划设计的科学合理，实现防洪减灾和水资源的合理开发利用，有必要采用特定的方法对这类相关性进行评估。传统的单变量分析方法无法全面地反映水文事件的关联性特征，近年来，基于 Copula 函数[3-10]的多变量水文联合分析在水文领域中得到广泛应用，被用于解决诸多问题，比如多水文变量的联合频率分析、水文事件遭遇组合计算和水文过程设计等。

1.2.1 Copula 函数的简单介绍

Copula 函数是一种多变量水文分析的有效方法，根据 Sklar 定理[11]：令 F 为一个 n 维变量的联合累积分布函数，其中各变量的边缘累积分布函数记为 F_i，那么存在一个 n 维 Copula 函数 C，使得 $F=C(F_1,\cdots,F_n)$。从 Sklar 定理可以看出，边缘分布描述的是变量的分布，Copula 函数描述的是变量之间的相关性，也就是说，Copula 函数实际上是一类将变量联合累积分布函数同变量边缘累积分布函数连接起来的函数，因此也有人称其为“连接函数”。Copula 函数可以构造任意边缘分布的联合分布，具有极强的灵活性和适用性。

Copula 函数总体上可以划分为三类：椭圆型、Archimedean(阿基米德)型和二次型，其中含一个参数的对称型 Archimedean Copula 函数的应用最为广泛，它是 Genest 和 Mackay 在 1986 年提出的[12-14]。常用的对称型阿基米德 Copula 函数包括 Frank Copula[15]、Gumbel Copula[16]、Ali-Mikhail-Haq Copula[17]以及 Clayton Copula[18]。但是，由于各变量间的相关性可能是不对等的，即 $C(F_1,\cdots,F_n)\neq C(F_n,\cdots,F_1)$，一个参数的对称型 Copula 函数不足以完整地描述变量间的相关性，这种情况下，一种 Fully nested 结构的非对称阿基米德 Copulas（Asymmetric Archimedean Copulas）首先被 Joe[19] 和 Nelsen[20] 等学者提出，并得到了积极的应用。2008 年，Liebscher[21] 提出构造非对称 Copula 函数的两种新方法。另外，还存在混合型的非对称阿基米德 Copulas 方法[22-25]。

1.2.2 常用 Copula 函数的公式

表 1.2-1 列出了本书用到的 17 种对称型或非对称型阿基米德 Copula 函数，表中 C 代表 Copula 函数，u_1，u_2，…，u_n 代表变量 x_1，x_2，…，x_n 的边缘分布，即 $u_1=F_1(x_1)$，$u_2=F_2(x_2)$，…，$u_n=F_n(x_n)$。对称型 Copula 函数采用 Frank Copula、Gumbel Copula、Ali-Mikhail-Haq Copula 以及 Clayton Copula。非对称 Copula 采用 Fully nested Copula、Liebscher Copula 和 Mixture Copula，图 1.2-1 显示了上述四变量情况下的非对称 Copula 函数结构。

表 1.2-1 阿基米德 Copula 函数列表

Copulas	结构	参数
n-dimensional symmetric		
Gumbel (Gu)	$C_G(\theta;\ u_1,\ u_2,\cdots,u_n)=\exp\left(-\left(\sum_{i=1}^{n}(-\ln u_i)^{\theta}\right)^{1/\theta}\right)$	$\theta\in[1,\ \infty)$
Clayton (Cl)	$C_C(\theta;\ u_1,\ u_2,\cdots,u_n)=\left(\sum_{i=1}^{n}u_i^{-\theta}-n+1\right)^{-1/\theta}$	$\theta\in[-1,\ \infty)$ $\theta\neq 0$
Frank (Fr)	$C_F(\theta;\ u_1,\ u_2,\cdots,u_n)=-\frac{1}{\theta}\ln\left\{1+\frac{\prod_{i=1}^{n}(e^{-\theta u_i}-1)}{(e^{-\theta}-1)^{n-1}}\right\}$	$\theta\in(-\infty,\ \infty)$ $\theta\neq 0$
Ali-Mikhail-Haq(AMH)	$C_A(\theta;\ u_1,\ u_2,\cdots,u_n)=\frac{\prod_{i=1}^{n}u_i}{1-\theta\prod_{i=1}^{n}(1-u_i)}$	$\theta\in[-1,\ 1)$
Asymmetric following Joe (1997) 3- and 4-dimensional		
Fully nested Gumbel/ Clayton /Frank (M6/M4/M3)	$C(\theta_1;\ u_3,\ C(\theta_2;\ u_2,\ u_1))$ and $C(\theta_1;\ u_4,\ C(\theta_2;\ u_3,\ C(\theta_3;\ u_2,\ u_1)))$ C could be one of C_G, C_C, C_F	
Asymmetric following Liebscher (2008) n-dimensional		

（续表）

Copulas	结构	参数
Type Ⅰ Gumbel/Clayton/Frank ($G_{LI}/C_{LI}/F_{LI}$)	$C(\theta;\ u_1^{\alpha_1},\ u_2^{\alpha_2},\cdots,u_n^{\alpha_n})\prod_{i=1}^{n}u_i^{1-\alpha_i}$	$\alpha_i\in(0,\ 1)$
Type Ⅱ Gumbel/Clayton/Frank ($G_{LII}/C_{LII}/F_{LII}$)	$C(\theta_1;\ u_1^{\alpha_1},\ u_2^{\alpha_2},\cdots,u_n^{\alpha_n})C(\theta_2;\ u_1^{1-\alpha_1},\ u_2^{1-\alpha_2},\cdots,u_n^{1-\alpha_n})$	$\alpha_i\in(0,\ 1)$
Mixture Copula		
Gumbel-Clayton(GC)	$\omega C_G(\theta_1;\ u_1,\ u_2,\cdots,u_n)+(1-\omega)C_C(\theta_2;\ u_1,\ u_2,\cdots,u_n)$	$\omega\in(0,\ 1)$
Gumbel-Frank(GF)	$\omega C_G(\theta_1;\ u_1,\ u_2,\cdots,u_n)+(1-\omega)C_F(\theta_2;\ u_1,\ u_2,\cdots,u_n)$	$\omega\in(0,\ 1)$
Clayton-Frank(CF)	$\omega C_C(\theta_1;\ u_1,\ u_2,\cdots,u_n)+(1-\omega)C_F(\theta_2;\ u_1,\ u_2,\cdots,u_n)$	$\omega\in(0,\ 1)$

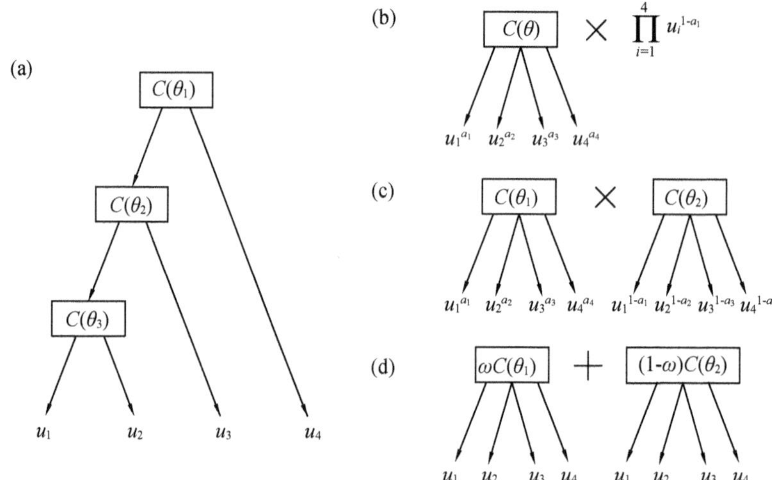

(a) Fully nested；(b)，(c) Liebscher；(d) Mixture

图 1.2-1　非对称 Archimedean Copulas 结构

考虑到两变量 Copula 函数应用广泛，为了方便使用，下面根据表 1.2-1 列出应用较多的几种两变量 Copula 函数如下：

(1) Gumbel Copula(Gu)

$$C_G(u_1,\ u_2)=\exp\{-[(-\ln u_1)^{\theta}+(-\ln u_2)^{\theta}]^{1/\theta}\} \tag{1.2-1}$$

式中：θ 为 Copula 函数的参数，描述变量之间的相关程度。

(2) Clayton Copula(Cl)

$$C_C(u_1,\ u_2)=(u_1^{-\theta}+u_2^{-\theta}-1)^{-1/\theta} \tag{1.2-2}$$

(3) Ali-Mikhail-Haq Copula(AMH)

$$C_A(u_1,u_2)=\frac{u_1u_2}{1-\theta(1-u_1)(1-u_2)} \tag{1.2-3}$$

(4) Frank Copula(Fr)

$$C_F(u_1,u_2)=-\frac{1}{\theta}\ln\left\{1+\frac{[\exp(-\theta u_1)-1][\exp(-\theta u_2)-1]}{\exp(-\theta)-1}\right\} \tag{1.2-4}$$

(5) Type I Gumbel(G_{LI})

$$C_{G_{LI}}(u_1,u_2)=u_1^{1-a}u_2^{1-b}\exp\{-[(-a\ln u_1)^{\theta_1}+(-b\ln u_2)^{\theta_1}]^{1/\theta_1}\} \tag{1.2-5}$$

(6) Type I Clayton(C_{LI})

$$C_{C_{LI}}(u_1,u_2)=u_1^{1-a}u_2^{1-b}(u_1^{-a\theta_1}+u_2^{-b\theta_1}-1)^{-1/\theta_1} \tag{1.2-6}$$

(7) Type I Frank(F_{LI})

$$C_{F_{LI}}(u_1,u_2)=-\frac{u_1^{1-a}u_2^{1-b}}{\theta_1}\ln\left\{1+\frac{[e^{-\theta_1u_1^a}-1][e^{-\theta_1u_2^b}-1]}{e^{-\theta_1}-1}\right\} \tag{1.2-7}$$

(8) Type Ⅱ Gumbel(G_{LII})

$$\begin{aligned}C_{G_{LII}}(u_1,u_2)=\exp\{&-[(-a\ln u_1)^{\theta_1}+(-b\ln u_2)^{\theta_1}]^{1/\theta_1}\\&-[(-(1-a)\ln u_1)^{\theta_2}+(-(1-b)\ln u_2)^{\theta_2}]^{1/\theta_2}\}\end{aligned} \tag{1.2-8}$$

(9) Type Ⅱ Clayton(C_{LII})

$$C_{C_{LII}}(u_1,u_2)=(u_1^{-a\theta_1}+u_2^{-b\theta_1}-1)^{-1/\theta_1}(u_1^{-(1-a)\theta_2}+u_2^{-(1-b)\theta_2}-1)^{-1/\theta_2} \tag{1.2-9}$$

(10) Type Ⅱ Frank(F_{LII})

$$\begin{aligned}C_{F_{LII}}(u_1,u_2)=&\frac{1}{\theta_1\theta_2}\ln\left\{1+\frac{[e^{-\theta_1u_1^a}-1][e^{-\theta_1u_2^b}-1]}{e^{-\theta_1}-1}\right\}\cdot\\&\ln\left\{1+\frac{[e^{-\theta_2u_1^{1-a}}-1][e^{-\theta_2u_2^{1-b}}-1]}{e^{-\theta_2}-1}\right\}\end{aligned} \tag{1.2-10}$$

1.2.3 Copula 函数的边缘函数

Copula 函数不限定其边缘函数的类型，这是其应用的最大便利所在。参考表

1.2-2，本书上所有的应用案例采用 Pearson type Ⅲ（PⅢ）[26]，Lognormal distribution(Log)[27,28]，Gamma distribution(Gam)[29,30]，Weibull distribution (Wei)[31,32]和 Generalized extreme value distribution(Gev)[33,34]等频率线型作为对应 Copula 分析的边缘函数。

表 1.2-2　边缘函数列表

边缘函数类型	结构	参数
Pearson type Ⅲ (PⅢ)	$F(x)=\dfrac{1}{\Gamma(\lambda)}\int_0^{\frac{x-\zeta}{\beta}} t^{\lambda-1}\mathrm{e}^{-t}\mathrm{d}t$	$\beta>0,\ x\geqslant\zeta$
	$F(x)=\dfrac{1}{\Gamma(\lambda)}\int_0^{\frac{\zeta-x}{\beta}} t^{\lambda-1}\mathrm{e}^{-t}\mathrm{d}t$	$\beta<0,\ x\leqslant\zeta$
Lognormal (Log)	$F(x)=\dfrac{1}{2}\left[1+\mathrm{erf}\left(\dfrac{\ln(x-\zeta)-\mu}{\sigma\sqrt{2}}\right)\right]$	$x>\zeta$
Gamma (Gam)	$F(x)=\dfrac{\beta^{-\lambda}}{\Gamma(\lambda)}\int_0^x t^{\lambda-1}\mathrm{e}^{-t/\beta}\mathrm{d}t$	$x>0,\ \lambda>0,\ \beta>0$
Weibull (Wei)	$F(x)=1-\mathrm{e}^{-(x-\zeta)\lambda/\beta}$	$x\geqslant\zeta$
Generalized extreme value (Gev)	$F(x)=\exp\left[-\exp\left(\lambda^{-1}\ln\left(1-\dfrac{\lambda(x-\zeta)}{\beta}\right)\right)\right]$	$\lambda\neq0$
	$F(x)=\exp\left[-\exp\left(-\dfrac{x-\zeta}{\beta}\right)\right]$	$\lambda=0$

1.2.4　Copula 函数的应用流程

参考图 1.2-2，基于 Copula 函数进行水文变量遭遇规律研究，通常包含以下几个步骤：

第一步，基于各水文站点水文数据，提取不同条件下的各站样本数据序列，主要包括：各站同步水文数据序列，用于多站点水文联合分布概率、联合重现期、条件概率等相关分析；各站年最大水文数据序列，用于各站点水文变量设计值和单变量重现期分析，并与变量组合情况下的分析结果对比。

第二步，采用 Gringorten 公式[35]计算样本数据的经验频率分布：

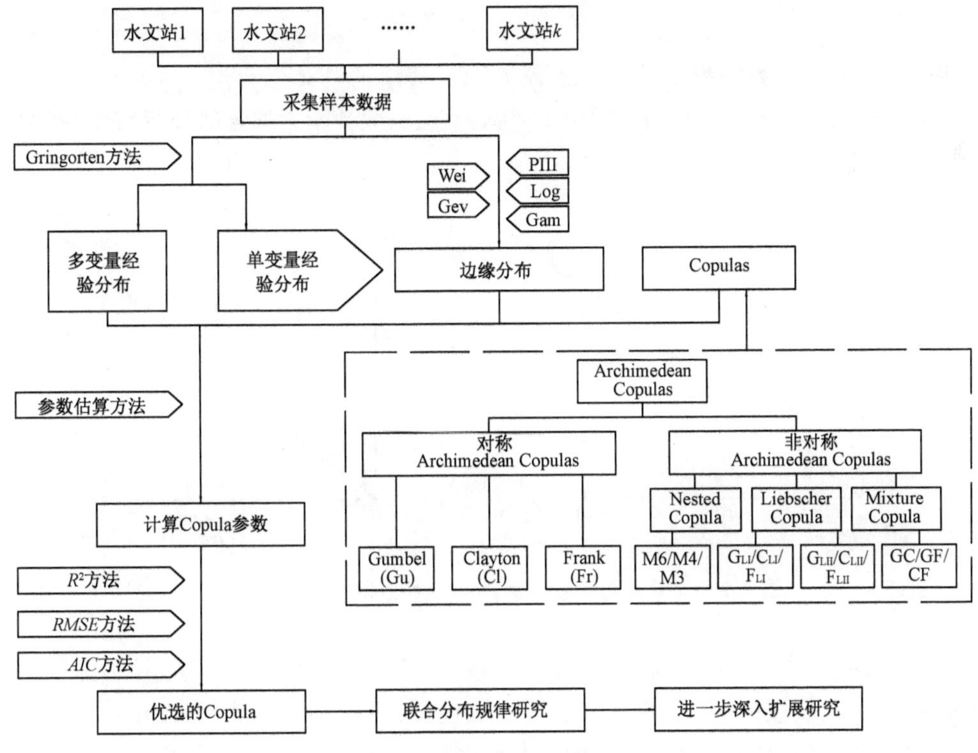

图 1.2-2 Copula 函数的一般应用流程

$$P_{ei} = \frac{i - 0.44}{N + 0.12} \tag{1.2-11}$$

式中：P_{ei}为经验频率，其定义为在 N 个观测值（按升序排列）中小于第 i 个最小观测值的概率。

参考表 1.2-2，采用 PⅢ，Log，Gam，Wei 和 Gev 等频率线型分析样本数据序列的理论分布频率 P_i，各频率线型的参数获取后，基于“R^2 最大”或“$RMSE$ 最小”或“AIC[36]最小”或一些其他原则择优为各样本数据选择合适的频率线型。

$$R^2 = 1 - \frac{\sum_{i=1}^{n} (P_{ei} - P_i)^2}{\sum_{i=1}^{n} (P_{ei} - \bar{P}_{ei})^2} \tag{1.2-12}$$

$$RMSE = \sqrt{\frac{\sum_{i=1}^{n} (P_{ei} - P_i)^2}{N}} \tag{1.2-13}$$

$$AIC = N\ln(MSE) + 2k \tag{1.2-14}$$

式中：k 是模型参数的数量；MSE 是均方根差，等于 $RMSE^2$。

绘制"经验频率 P_{ei}—理论频率 P_i"图，散点一般会较为均匀的分布在 45°线两侧，就像图 1.2-3 那样。

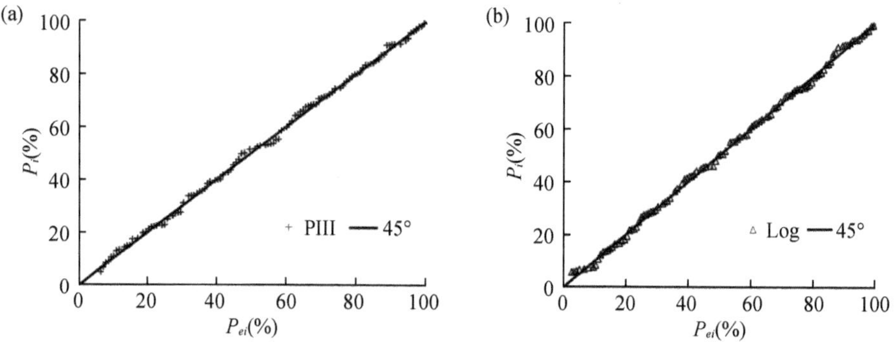

图 1.2-3　单变量经验频率 P_{ei} 和理论频率 P_i 对比假设图

第三步，计算 Copula 函数的参数。Copula 函数的参数估算是其应用最为重要的环节，水文领域中，常用的参数估算方法包括：矩法(Method of moments)[37]，极大似然法(Maximum likelihood method)[38,39]。公式(1.2-12)—式(1.2-14)同样适应 Copula 函数的比选，最后再对比水文变量"Copula 理论分布"与"经验分布"[参考公式(1.2-11)]之间的拟合度，来进一步论证优选的 Copula 函数的适宜性。

第四步，基于优选的 Copula 函数，进行多站点水文变量的联合分布分析，分析成果可进一步拓展到相关的应用研究。

1.2.5　"OR"和"AND"联合重现期

水文事件 Copula 函数应用过程中，常需要计算重现期。重现期是用来表征水文事件发生频率的特征量，其与水文事件频率或倒数关系。水文事件的联合重现期常有"OR"联合重现期和"AND"重现期两种，以 2、3、4 变量为例，如下式：

$$\begin{cases} T_2^{or} = \dfrac{\mu}{1-C(u_1, u_2)} \\ T_3^{or} = \dfrac{\mu}{1-C(u_1, u_2, u_3)} \\ T_4^{or} = \dfrac{\mu}{1-C(u_1, u_2, u_3, u_4)} \end{cases} \tag{1.2-15}$$

$$\begin{cases} T_2^{\text{and}}=\dfrac{\mu}{1-u_1-u_2+C(u_1, u_2)} \\ T_3^{\text{and}}=\dfrac{\mu}{1-u_1-u_2-u_3+C(u_1, u_2)+C(u_1, u_3)+C(u_2, u_3)-C(u_1, u_2, u_3)} \\ T_4^{\text{and}}=\dfrac{\mu}{Z}\ with\ Z=1-u_1-u_2-u_3-u_4+C(u_1, u_2)+C(u_1, u_3) \\ \qquad +C(u_1, u_4)+C(u_2, u_3)+C(u_2, u_4)+C(u_3, u_4)-C(u_1, u_2, u_3) \\ \qquad -C(u_1, u_2, u_4)-C(u_1, u_3, u_4)-C(u_2, u_3, u_4)+C(u_1, u_2, u_3, u_4) \end{cases} \tag{1.2-16}$$

其中,μ 是两个连续事件的平均间隔时间,可以通过统计的年数与水文事件数的比率来计算。例如,降雨事件的数量为 130,而年数为 48,因此 $\mu=\frac{48}{130}$。公式(1.2-15)表示"$X_1\geqslant x_1$ 或 $X_2\geqslant x_2$ 或 $X_3\geqslant x_3$ 或 $X_4\geqslant x_4$"的联合重现期。公式(1.2-16)表示"$X_1\geqslant x_1$并 $X_2\geqslant x_2$并 $X_3\geqslant x_3$并 $X_4\geqslant x_4$"的联合重现期。

1.3 Copula 函数水文问题研究现状

Copula 函数已成为水文多变量分析的一种非常有效的方法。一些学者基于 Copula 函数开展了大量的研究,其研究成果大致可以分为四个方面,包括 Copula 函数参数估算方法、多变量联合频率或联合重现期分析、随机水文过程设计、水文参数的优化组合设计等,下面分类简单介绍。

1.3.1 Copula 参数估算方法

邱小霞等[37]研究了 Gumbel Copula 函数的参数估计,提出了矩估计和近似矩估计两种方法,分别得到未知参数的估计结果,并通过模拟研究对这两种方法进行了比较,结果显示矩估计方法更为合理。另外,她们[38]还讨论了此类参数的极大似然估计方法。李述山等[40]针对 Archimedean Copula 函数求参问题,分别运用极大似然估计法、非参数估计法、矩估计法以及改进的非参数估计法进行参数估计,通过估计值与真值的比较找到了效果较好的 Archimedean Copula 函数参数估计方法。

王迪[41]利用 Archimedean Copula 函数的对称性提出了一种新的构建 Kendall 秩相关系数估计值的非参数估计法,在此基础上改进了 Archimedean Copula 参数的非参数估计法,并利用随机模拟验证了改进的有效性。陈希镇和胡兆红[42]运用非参数核密度估计技术,并结合极大似然估计方法来估计 Copula 函数中的参数,克服了传统方法在估计 Copula 函数参数时的不足。通过计算机仿真分析,证实了此方法的可行性与准确性。类似的,徐玉琴等[43]首先采用非参数核密度估计法拟合 Copula 函数的边缘分布,之后通过极大似然法估计 Copula 函数的相关参数。

于波[44]将非线性规划理论中的 BFGS 思想引入 Copula 函数的估计方法中来,并给出了一种利用 BFGS 的思想及经验分布函数估计的算法。杜江等[45]给出 Archimedean Copula 函数中参数的 Bootstrap 估计方法,并把 Bootstrap 估计方法与一些非参数法进行了比较,说明 Bootstrap 估计的有效性。张连增和胡祥[46]在极大似然法的基础上,研究 Copula 的参数和半参数方法的估计效果。通过随机模拟,比较各个估计量的偏差、均方误差和赤迟信息准则,得知两步极大似然参数估计方法受边际分布的影响较大。相比之下,半参数估计不受边际分布的影响,稳健性要好。

王沁等[47]从 Spearman 的 rho 与 Kendall 的 tau 的关系入手,讨论了一类二元 Copula 参数模型的选择问题。由于这类二元 Copula 参数模型的 Spearman 的 rho 与 Kendall 的 tau 存在某种函数关系,模型选择问题转化为了曲线拟合检验问题。高艺和王璐[48]提出了一种混合参数和非参数的金融资产边缘分布的半参数 Copula 建模方法,能将边缘分布的参数、非参数及半参数方法有机结合起来,并利用分布函数误差平方和最小准则来选择最优的资产分布模型。通过实证分析将其应用于资产投资组合的 VaR 计算中,并通过稳健性检验等方法进一步验证了该方法的有效性。

钟波和张鹏[49]研究了一种基于贝叶斯理论的 Copula 函数的择优选择方法。周艳菊等[50]鉴于两步参数估计法在应用中存在误差大、计算复杂等缺陷,采用基于经验分布的半参数估计与非参数估计法确定相应边缘分布与 Copula 参数。闫中义和李新民[51]从 6 种 Copula 模型入手,对基于参数自助的似然准则检验方法和基于参数自助的拟合优度检验方法进行了对比分析。彭选华[52]考虑到相依结构的局部特征差异,利用小波函数的局部自适应能力,将阈值规则引入 Copula 理论,提出 Copula 函数的小波收缩估计量,并以此为基准给出 Copula 参数选择的小波方法。

1.3.2 多变量联合频率分析

Copula 连接函数可以采用各种各样的边际函数来推求联合分布函数,具有灵活性和应用范围广等特点。因此,熊立华等[6]针对位于同一河流上下游的两个水文站点,采用 Copula 函数建立起两个站点的年最大洪水联合分布函数,结果表明:Copula 函数能够比较好地模拟这两个站点的年最大洪水联合分布概率。侯芸芸等[53]基于 Copula 函数，以陕北地区洪水资料为研究对象，建立了陕北地区洪水特征变量的联合概率分布和条件概率分布模型，分析了不同洪水特征变量组合情况下的洪水发生概率，以期为陕北防洪减灾和水利工程的设计、施工和管理提供相关依据。

肖名忠等[54]利用三变量 Plackett Copula 函数对东江流域 3 个水文站 1975—2009 年的日流量数据进行了分析，其中水文干旱由干旱历时、严重程度和最小流量 3 个特征表示，然后对其进行了联合重现期及条件概率分析。研究结果表明，Plackett Copula 函数对各水文站干旱历时、严重程度和最小流量任意两变量和三变量之间的相关关系拟合良好，同时发现整体上看，东江流域下游干旱风险最高，中游最低。陈永勤等[55]基于 Copula 函数，分析了鄱阳湖流域主要支流“五河”的干旱历时和干旱烈度的联合概率特征，并对引起该流域水文干旱特征频率变化的原因及影响作了有益的探讨。

陈子燊和曹深西[56]以粤东汕尾海域为例，基于二元 Copula 函数构建波高与相应波周期的长期联合分布，结果如下：(1)经拟合优度检验优选的年最大波高与相应周期的边缘分布分别为皮尔逊三型分布和广义极值分布，二者之间的较优连接函数为 Gumbel Copula 函数；(2)同频率条件下年最大波高和相应周期联合概率分布的设计要素值高于单变量的设计值；(3)同现重现期和联合重现期的设计值可作为设计波高和相应周期的上限和下限；(4)同频率下的年最大波高和相应周期的遭遇概率很高，其组合概率可作为工程建筑物损毁风险率。

徐翔宇等[57]提出了基于 Copula 函数的干旱历时-面积-烈度三变量频率分析方法。以中国西南地区为例，采用 SPI 干旱指标识别了近 52 年发生历时等于或大于 3 个月的干旱事件。通过比较概率分布函数和 Copula 函数，表明在干旱频率分析时需要考虑干旱历时、面积、烈度 3 个特征变量。曹伟华等[58]利用北京地区 2005—2014 年逐时降水资料提取强降水事件案例，通过建立能反映两个主要致灾因素—降水持续时间和过程降水量依存关系的二元联合分布模型，计算了北京地区强降水事件条件重现期，并以此为基础开展危险性分析。

高超等[59]以广东省东江流域内 32 个代表雨量站 1956—2009 年月降雨量资料为例，根据泰森多边形法计算四个子区间的面雨量，采用边际插值函数法(IFM)估计 Copula 函数参数，通过 AIC 信息准则确定研究时段内任意两相邻区间面雨量指标的联合分布。结合历史雨量极值组合所对应的重现期计算结果表明，东江流域降水时空分布不均匀，前汛期时段流域水资源状况较为安全，流域上游水资源状况也较为安全，后汛期与枯季时段流域下游水资源状况最为严峻。Copula 函数方法与传统面雨量频率分析方法相比，能更全面地反映降水的分布特征。

1.3.3 随机水文过程的设计

现行推求设计潮位过程线采用的同频率设计方法，未考虑到高潮位与潮差间的相关性及同时发生的概率，为此，刘学等[60]以天津港塘沽站长期潮位资料为研究数据，选用 G-H Copula 函数建立年最高潮位和年最大潮差的二维联合分布模型，对重现期进行计算与分析，得到以下结果：在年最高潮位与年最大潮差相关性弱的感潮河段，较大重现期的高潮位和潮差同频率发生的概率很小；实测资料中年最高潮位与相应潮差的同现重现期主要受高潮位重现期的控制，且二者间存在良好的线性相关关系。最终提出了一种以高潮位为控制要素，结合同现重现期推求设计潮位过程线的方法。

肖义等[61]采用 Copula 函数构造边缘分布为 PⅢ分布的联合分布，用以描述年最大洪峰和年最大时段洪量，并介绍两变量情形下的重现期定义。根据建立的联合分布和两变量的重现期提出基于两变量联合分布的设计洪水过程线推求方法，为设计洪水过程线推求提供了一种新思路。徐长江[62]开展了基于 Copula 函数的设计洪水过程线推求研究，丹江口水库的应用结果表明：条件最可能组合方法得到的丹江口水库设计洪水过程线精度高，结果合理可行，为水库的设计洪水过程线计算提供了一种新途径。

刘冰冰[63]以金沙江流域为研究背景，以某站点的径流量与输沙量两个水文变量为研究对象，采用 Copula 理论与时间序列技术研究该站径流量、输沙量及二者相互作用下的随机水文过程，结果显示：月径流量和月输沙量联合 Copula 函数和二元水沙时间序列模型能同时描述水沙的非平稳统计特性和自相关、互相关特性，但单独的月径流量 Copula、月输沙量 Copula 函数及月径流量时间序列、月输沙量时间序列只能描述单个变量的非平稳统计特性和自相关特性，无法表征两个变量的相关关系。多变量模型能更加客观、全面地描述水文随机过程。

刘和昌[64]以 Copula 函数作为特征变量之间的相关性结构，在主要特征变量符合某一标准的条件下，通过两两变量之间的条件概率分布，推求其余特征变量的设计值，由此设计水文过程。实例结果表明，皇庄站年径流、最小 6 个月径流和最小 3 个月径流之间存在相关关系，通过概率组合值设计的年径流过程严谨、全面，可为年径流设计提供方法参考。江聪[65]应用时变 Copula 函数检验了降水-径流相关性的时变性，发现赣江、渭河以及汾河流域的降水-径流相关性存在显著的变点，在以上统计分析的基础上，进一步从水文过程的角度探讨了年径流频率分布非一致性。

刘立燕[66]对基于 Copula 函数和神经网络模型的洪水预测技术进行了研究，方法如下：(1)提出利用 EM 算法和遗传算法计算混合 Copulas 函数模型中的参数;(2)选择拟合较好的混合 Copulas 函数模型;(3)建立洪峰与时段洪量的混合 Copulas 函数模型;(4)利用它与洪峰值的边缘分布关系求出时段洪量;(5)结果与单一 Copula 函数建立的模型预测结果进行对比分析。仿真结果表明:基于遗传算法的混合 Copulas 函数模型与单一 Copula 函数模型相比有较好的灵活性,能够更好地描绘出洪峰与整个洪水过程的时段洪量的相互关系。

1.3.4 水文参数的设计组合

郑志勤[67]以广州市中心城区为研究对象,在剖析市政排水与水利排涝衔接本质的基础上,从暴雨标准衔接的角度,考虑选样方法和设计历时不同、基于 Copula 函数,得出了两级排涝暴雨标准的重现期衔接关系。结果显示:如以 30 min 2 年一遇市政排水为主,则 24 h 水利排涝相应重现期为 90 年一遇;以 24 h 20 年一遇水利排涝为主,则 30 min 市政排水相应重现期为 50 年一遇;若 30 min 市政排水重现期为 2～5 年、水利排涝重现期为 20 年,则市政排水暴雨不超标时,水利排涝暴雨超标风险仅 0.75%～1.13%,而水利排涝暴雨不超标时,市政排水超标风险却达到 9.24%～16.95%。

短历时强降雨与外江洪水、潮水顶托是诱发广州内涝的主要因素,也是内涝风险研究的重要内容。武传号等[68]运用 Archimedean Copula 函数构建了广州市年最大 1 h 降雨量与年最大潮位、年最大潮位与相应时段 1 h 降雨量以及年最大 1 h 降雨量与相应时段潮位三种联合分布,建立了广州市雨潮组合风险概率模型,得到了雨潮组合的条件风险概率、同现风险概率、治涝风险概率及重现期。分析表明,基于 Copula 函数的雨潮联合分布拟合较好,组合风险分析可靠,分析结果可为广州市城区内涝防治提供科学依据。

洪潮遭遇分析和洪潮组合的合理选取是感潮河段整治规划设计中的重要内容。刘曾美等[3]采用 Copula 函数构建感潮河段的年最大洪水流量和相应潮位的联合分布,以及年最高潮位和相应洪水流量的联合分布,再基于联合分布提出遭遇组合的风险分析模型。以漠阳江河口段的洪潮遭遇组合分析为实例来研究,结果表明:(1)以洪为主,50 年一遇的设计洪水与下游多年平均潮位相组合的风险率为 6.89%;(2)以潮为主,50 年一遇的设计潮位与其上游多年平均洪水相组合的风险率为 4.77%。根据洪潮遭遇组合风险模型来确定遭遇组合,可为感潮河段洪潮遭遇组合的合理选取提供科学依据。

林凯荣等[69]利用一些现行常用的 Copula 函数来描述模型参数之间的相关性,提出基于 Copula-Glue 的水文模型参数不确定性估计方法。具体做法是选取采样次数为 10 000、50 000 和 100 000,阈值为 0.5、0.6 和 0.7 的 6 种组合,进行模型参数的不确定性模拟,并与 Glue 方法的模拟结果进行对比,结果表明:基于

Copula-Glue 的水文模型参数不确定性估计方法用联合分布代替单独参数分布，能够很好地考虑参数之间的相关性，在同样的采样次数下能够生成更多有效的参数组合，从而更加全面地估计参数的不确定性。

王旭滢等[70]针对目前洪水预报存在的问题，引入 Copula 函数描述参数之间相关性，结合 Glue 方法进行参数的不确定模拟，提出一种基于 Copula-Glue 的新安江模型次洪参数不确定性分析的新方法。以湖北陆水水库流域和浙江白水坑水库流域为例，应用结果表明：在同样的采样次数下，相比于传统的 Glue 方法，Copula-Glue 方法能够生成更多的有效参数组，避免了 Glue 方法的不足，减小了由于参数不确定性导致的误差，从而提高了洪水预报的精度。

1.4 本书的主要技术工作

本书重点介绍 Copula 函数编程方法、基于 Copula 函数的水文变量过程设计、水文变量遭遇概率分析、水文变量优化组合设计、河道行洪数值模拟边界条件确定等相关内容。

1.4.1 基于 Delphi 和 VB 的 Copula 函数编程方法

介绍的内容主要包括：①基于 PSO 方法的 Copula 参数估算流程；②参数估算的粒子群方法基本程序编制；③调用 Excel 内部功能函数辅助 PSO 方法；④极大似然法非线性方程组的 PSO 求解；⑤PSO 参数估值的稳定性和“异参同效”现象；⑥PSO 在其他领域的两个应用案例介绍。

1.4.2 几个典型研究区域水安全问题基本情况

介绍的内容主要包括：①深圳城市发展与涉水安全问题；②江苏沿海地区水安全问题概述；③苏南地区梅雨灾害成因和特征。

1.4.3 基于 Copula 函数的随机水文过程设计

介绍的内容主要包括：①水文过程要素的组合设计；②按风险率模型分析的设计雨型；③堵口水力计算中设计潮型的风险分析方法。

1.4.4 基于 Copula 的水文变量遭遇规律分析及应用

介绍的内容主要包括：①排水排涝暴雨重现期转换关系；②深圳市洪潮组合风险概率分析；③海堤工程风潮组合优化设计方法；④江苏台风期风雨潮联合分布规律研究；⑤苏南地区梅雨暴雨联合分布函数研究。

1.4.5 Copula 函数河道防洪影响数模分析中的应用

介绍的内容主要包括：①运用洪潮遭遇组合模型分析苏北灌溉总渠上游洪水和下游潮位的组合问题，并获得其不同洪潮组合的组合风险率；②考虑桥墩概化、洪潮组合边界条件，建立总渠涉水建筑物群防洪影响分析的一维整体数学模型。

2 基于 Delphi 和 VB 的 Copula 函数编程方法

估算 Copula 参数是一项困难的工作，特别是当参数数量很大时，现有的极大似然法或矩法将变得非常复杂。例如，由三参数边缘函数组成的非对称阿基米德 Copula 函数通常具有 6 个以上的参数，要寻找到极大似然函数的全局最大值将具有挑战性。因此，需要更快，计算更简单的估计程序。本章介绍基于粒子群优化（PSO）算法的 Copula 参数估算方法。

2.1 基于 PSO 方法的 Copula 参数估算流程

2.1.1 粒子群优化算法基本原理与应用

粒子群优化算法（PSO）[71]是 20 世纪 90 年代兴起的一门学科，其算法源于鸟群随机搜寻食物的行为。食物搜寻过程中，每只鸟都会对比自身经验（自身搜寻的最优地点）和种群经验（种群搜寻的最优地点），不断调整自身搜寻方向和速度，从而追踪到食物的位置（最优解）。PSO 算法计算速度快，全局最优解的搜索能力强，在函数优化、神经网络训练、模糊系统控制等领域获得了广泛的应用。近年来，也少量被应用于求解水文领域中的一些非线性、多峰值数学问题。

刘苏宁[72]选用 1997 年中国相关降雨、蒸发、径流数据，重点研究在应用粒子群优化算法（PSO）率定新安江模型参数时，PSO 算法中惯性权重、加速度常数和种群规模 3 个参数对算法性能的影响，并优选出适合于该问题的最优 PSO 参数区间。在此基础上率定出与研究流域匹配的新安江模型参数，定量评价了降雨径流模拟效果的优劣。另外，对 PSO 算法的效率和稳定性进行了简要分析。研究结果表明，PSO 算法率定新安江模型参数的收敛效率较传统方法明显提高，稳定性普遍较好。

张超等[73]针对标准粒子群算法的早熟收敛问题，提出了一个提高算法性能的改进途径，即引入动态改变惯性权重策略和混沌思想，在两个方面同时改进以提高粒子群算法的收敛速度和克服局部极值的能力。对两个函数进行寻优测试表明，改进后的粒子群算法收敛速度、精度以及全局搜索能力均优于标准粒子群算法。

最后将提出的改进粒子群算法应用于新安江模型进行参数优选，应用结果表明，该算法具有较强的可行性与实用性。

丁义[74]针对以往洪水预报模型参数率定所采用的人工试错法存在参数率定困难、精度不高的问题，引入粒子群优化算法，基于大盈江流域目前所能掌握的实际水文气象资料，系统地研究了粒子群算法优化新安江模型参数和水箱模型参数的理论方法，研究结果显示：用粒子群算法优化新安江模型和水箱模型参数后的预报精度均比人工试错法略有提高，从而体现出粒子群算法自身的优点。同时，比较了用粒子群算法优化参数后的新安江模型和水箱模型，前者的预报精度略高于后者。

水质水量模型参数是进行地下水资源评估、地表水水质检测的最基本数据，参数的准确性对于水资源的合理开发和水质污染的合理预测有一定的指导意义。袁帆[75]针对地下水渗流模型和河流水质模型所呈现的非线性较强的、难以求解的多参数寻优问题，将单纯形算法和粒子群优化算法结合，构造的“单纯形—粒子群混合算法”应用于估计第一越流系统参数和二维河流水质模型参数。根据数值实验的结果，讨论“单纯形—粒子群混合算法”在估计上述模型参数时的优点。

马斯京根模型是河道汇流计算广泛采用的水文模型，其参数优化求解是影响模型精确的关键问题。以往的模型参数求解大多采用试错法、矩法等方法，计算过程繁琐，计算精度不高。针对此类问题，甘丽云等[76]将免疫原理与粒子群优化算法有机结合，提出免疫粒子群优化方法，并在马斯京根模型参数优化求解中得以应用，结果表明免疫粒子群算法的计算结果精度令人满意，为河道洪水演算方面研究提供了一种新的研究方法和研究模式。

唐颖等[77]提出一种基于粒子群优化算法与自适应遗传算法的水文频率参数优化算法。该算法基于离差平方和最小准则、离差绝对值和最小准则及相对离(残)差平方和最小准则，在粒子群算法中引入自适应遗传算子，将遗传算法的全局搜索能力强与粒子群算法的收敛速度快有效结合，形成一种自适应混合算法，得到最佳水文频率统计参数。以北京市气象中心降雨资料为例，研究结果表明：该算法获得的参数值在拟合精度和适线效果上要优于常规方法，为水文频率分析领域决策提供了参考依据。

在 PSO 方法中，粒子(或鸟)在搜索空间中的位置是问题的潜在解决方案。假设搜索空间待求的参数组是(λ, β, ζ)，搜索空间中有 m 个粒子。PSO 计算的原理如图 2.1-1 所示，其中图 2.1-1(a)中黑色点的位置是参数(λ, β, ζ)的真实解，图 2.1-1(b)显示每个粒子根据其历史最佳位置(P_{best})和迄今为止所有粒子的最佳位置(G_{best})改变速度(v)，使得该粒子从当前位置(t 时刻的 P_t)飞行到更接近真实解的位置(黑色点)($t+1$ 时刻的 P_{t+1})。以下详细介绍粒子飞行相关的四个特征信息，分别是：

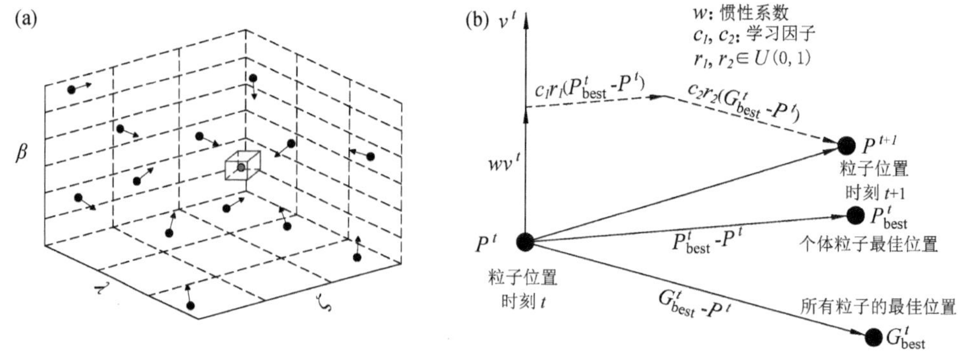

图 2.1-1　粒子群算法的示意图

(1) 每个粒子的当前位置，记为 D 维（参数数量等于 D）解向量 $\vec{P}_i=(P_{i1}, P_{i2},\cdots,P_{iD})$，$i=1, 2,\cdots,m$。所有粒子的位置可以限制在一定的搜索范围内，即 $P_{id}\in[P_{d\min}, P_{d\max}]$，上边界 $P_{d\min}$ 和下边界 $P_{d\max}$ 由用户根据经验设定。

(2) 粒子 i 的飞行速度，用来控制粒子搜索目标的路径，记为 $\vec{v}_i=(v_{i1}, v_{i2},\cdots,v_{iD})$。如果粒子飞行速度过快，很可能直接飞过最优解位置，但是如果飞行速度过慢，会使得收敛速度变慢，因此粒子的飞行速度一般被限制为 $v_{id}\in[-v_{d\max}, v_{d\max}]$，最大速度可以根据搜索范围按下式计算：

$$v_{d\max}=0.5\times(P_{d\max}-P_{d\min}) \tag{2.1-1}$$

(3) 粒子 i 迄今为止的历史最优位置，记为 $\vec{P}_{i\text{best}}=(P_{i\text{best}1}, P_{i\text{best}2},\cdots, P_{i\text{best}D})$。如果粒子 i 的当前位置优于它的历史最优位置，则用 $\vec{P}_i$ 更新 $\vec{P}_{i\text{best}}$。

(4) 粒子群迄今为止的群体历史最优位置，记为 $\vec{G}_{\text{best}}=(G_{\text{best}1}, G_{\text{best}2},\cdots, G_{\text{best}D})$。$\vec{G}_{\text{best}}$ 通过比选 $\vec{P}_{i\text{best}}$ 获得。粒子 i 通过跟踪 $\vec{P}_{i\text{best}}$ 和 $\vec{G}_{\text{best}}$ 来更新 $t+1$ 时刻的速度和位置：

$$v_{id}^{t+1}=wv_{id}^t+c_1r_1(P_{i\text{best}d}^t-P_{id}^t)+c_2r_2(G_{\text{best}d}^t-P_{id}^t) \tag{2.1-2}$$

$$P_{id}^{t+1}=P_{id}^t+v_{id}^{t+1} \tag{2.1-3}$$

式中：上标 t 代表迭代次数或当前时刻；w 表示惯性系数，用来控制粒子的历史速度对当前速度的影响程度，一般取 0.5～1；r_1 和 r_2 表示在范围[0, 1]内取值的随机函数；c_1、c_2 表示学习因子，用来控制粒子向自身历史最优位置和群体历史最优位置聚拢的速度，一般取 0～4。本书的案例，取 $w=0.729$，$c_1=c_2=1.494\ 45$ 或 $w=0.8$，$c_1=c_2=2$。

粒子的飞行速度和位置采用以下方法修正：

$$v_{id}=\begin{cases}v_{d\max}, 若\ v_{id}>v_{d\max}\\ -v_{d\max}, 若\ v_{id}<-v_{d\max}\end{cases} \tag{2.1-4}$$

$$P_{id}=\begin{cases}P_{d\max}, 若\ P_{id}>P_{d\max}\\ P_{d\min}, 若\ P_{id}<P_{d\min}\end{cases} \tag{2.1-5}$$

2.1.2 参数估算的粒子群方法基本流程

让 $\vec{P}_i$ 代表 Copula 函数或其边缘函数的参数向量，例如：PⅢ型边缘函数（参考表 1.2-2），参变量数量为 3，即 $D=3$，可分别令 $P_{i1}=\zeta$, $P_{i2}=\beta$, $P_{i3}=\lambda$；对称型 Copula 函数（参考表 1.2-1），$D=1$，可令 $P_{i1}=\theta$；非对称型 Copula 函数 G_{LII}（参考表 1.2-1），当变量为 2 的时候，$D=4$，可分别令 $P_{i1}=a_1$，$P_{i2}=a_2$，$P_{i3}=\theta_1$，$P_{i4}=\theta_2$。利用 PSO 计算上述参数的流程如图 2.1-2 所示。

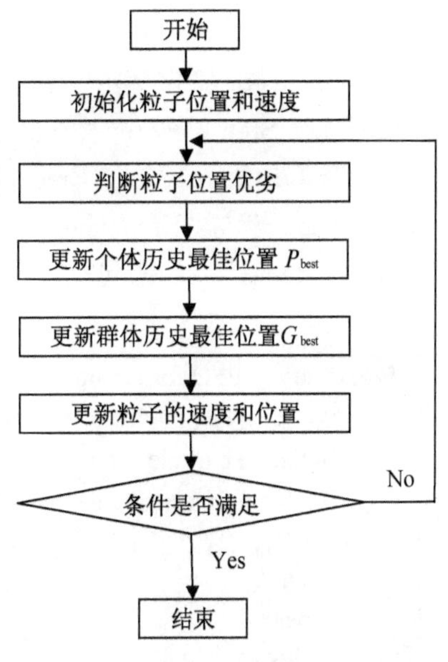

图 2.1-2 Copula 函数及其边缘函数参数的粒子群算法流程图

Step 1 初始化：随机产生每一个粒子的初始位置与初始速度：

$$z_{id}=r_1(z_{d\max}-z_{d\min})+z_{d\min} \tag{2.1-6}$$

$$v_{id}=r_2 v_{d\max} \tag{2.1-7}$$

Step 2 当前位置评估：将公式（1.2-12）或公式（1.2-13）或公式（1.2-14）作为目标函数，粒子的位置 P_i 逐一代入公式中，对应目标函数的 R^2 或 $RMSE$ 或 AIC 作为粒子位置的适应值，适应值越大，P_i 越接近真实解的位置。

Step 3 更新粒子的历史最优位置 $\vec{P}_{i\text{best}}$：比较粒子的当前位置（Step 2）与它的历史最优位置 $\vec{P}_{i\text{best}}$ 的适应值，如果前者数值更高，则更新 $\vec{P}_{i\text{best}}$。

Step 4 更新粒子群的群体历史最优位置 $\vec{G}_{\text{best}}$：比较粒子的当前位置（Step 2）与群体历史最优位置的 $\vec{G}_{\text{best}}$ 的适应值，如果前者数值更高，则更新 $\vec{G}_{\text{best}}$。

Step 5 利用公式（2.1-2）至式（2.1-5）更新粒子的速度和位置。

Step 6 循环终止条件：循环执行 Step 2 至 Step 5，直到满足循环终止条件。循环终止条件可以设置为循环次数或者高的适应值，例如循环次数 10 000 次，或者 $R^2\geqslant 0.992$。

2.2 参数估算的粒子群方法基本程序编制

基于 2.1.1 和 2.1.2 节的粒子群参数估算方法，利用 Delphi 7.0 和 VB 6.0 编制对应的计算机程序(参考图 2.2-1)，程序中必须对可能产生异常的地方进行异常处理。所谓异常，可以理解为一种特殊的事件，当这种特殊的事件发生时，程序正常的执行流程将被打断，而异常处理机制能够确保在发生异常的情况下应用程序不会中止运行，也不会丢失数据。在 Copula 函数或边缘函数的参数计算程序中，比较有可能产生的异常包括：除 0 异常；浮点数计算溢出；$\Gamma(\lambda)$函数变量为负。

使用 Delphi 的"Try...except...end"语句，在"Try..."内的代码如果发生异常，系统转向 except 部分，利用公式(2.1-2)—式(2.1-5)更新粒子的速度和位置，之后重新按照 Step 6→Step 2→Step 3→Step 4→Step 5 的次序进行循环。如果是 VB，使用"On Error GoTo ErrorHandler...ErrorHandler:"语句，"On Error GoTo ErrorHandler"与"ErrorHandler:"之间的代码如果发生异常，系统会转向 ErrorHandler:之后的语句执行。

Algorithm PSO for parameters
1: Set w, c_1, c_2, number of particles (M) and maximum number of iteration (I)
2: Initialize particle swarm P^0 and v^0 randomly
3: Evaluate fitness of each particle by R^2 or *RMES or AIC*
4: Set $P_{best}{}^0 = P^0$, and $G_{best}{}^0$ = best of $P_{best}{}^0$
5: $t = 0$
6: **repeat**
7: **for** $j = 1$ to M
Update the j th particle velocity and position using the following equations:
$v^{t+1} = wv^t + c_1 r_1 (P_{best}{}^t - P^t) + c_2 r_2 (G_{best}{}^t - P^t)$
$P^{t+1} = P^t + v^{t-1}$
Evaluate the j th particle fitness by R^2 or *RMES or AIC*
if new fitness is better, set $P_{best}{}^{t+1}$ = new fitness
end for
set $G_{best}{}^{t+1}$ = best of $P_{best}{}^t$
$t = t+1$
until $t = I$
8: **Output** G_{best}
9: **Stop**

图 2.2-1 使用 PSO 估计参数的算法伪代码

2.2.1 基于 Delphi 7.0 的程序编写和解读

以下这段 Delphi 7.0 程序，基于 PSO 原理，用于 Copula 函数及其边缘函数参数估算。程序中，自定义了几种数组变量，包括：T1S＝array of string，一维字符型数组；T1D＝array of real，一维实数型数组；T1I＝array of integer，一维整数型数组；T2D＝array of array of real，二维实数型数组；T2I＝array of array of integer，二维整数型数组。另外，方便起见，待求参数假设为 3。

```
procedure TForm1.PSOparameters; //定义的子程序名称
var  //变量定义
  P,bound,v:T2D; //粒子位置、边界、速度
  i,j,num:integer;
  vmax:T1D;
  fpbestt:real;
  gbest:T1D; //群体历史最优位置
  pbest:T2D; //个体历史最优位置
  mx:T1D;
  fvalue,svalue:T1D;
  c1,c2:real; //学习因子
  w:real; //惯性系数
  r1,r2:real;
  lizishu:integer; //设置粒子数
  xunhuan:integer; //设置最大循环数
begin  //程序开始执行
  {设置粒子位置的边界，本示例假设参数的数量是 3。粒子位置上边界 Pdmin和下边界
Pdmax由用户根据经验设定。以下边界仅作为示例，根据实际计算效果经验调整}
  setlength(bound,4,3);
  Bound[1,1]:= -1000; Bound[1,2]:=1000; //参数 1 的边界
  Bound[2,1]:=0; Bound[2,2]:=1; //参数 2 的边界
  Bound[3,1]:=0; Bound[3,2]:=1; //参数 3 的边界
  lizishu:=1000; //设置粒子数为 1000
  xunhuan:=10000;//设置最大循环次数为 10000
  c1:=1.49445;c2:=1.49445;w:=0.7290; //学习常数和惯性系数设置
  randomize; //初始化随机数发生器，只在程序开始的地方调用一次就行了
  setlength(P,lizishu+1,4); //初始化粒子群三个参数的位置
  for i:=1 to lizishu do
  for j:=1 to 3 do
```

```
    P[i,j]:= random * (bound[j,2] - bound[j,1]) + bound[j,1]; {random是Delphi的随机
函数,粒子的初始位置按公式(2.1-6)计算}
    //以下三条语句,表示按公式(2.1-1)计算每个参数对应的粒子最大速度
    setlength(vmax,4);
    for i:= 1 to 3 do
    vmax[i]:= (bound[i,2]-bound[i,1])/2;
    //以下三条语句,初始化每个粒子对应的最大速度(三个参数)
    setlength(v,lizishu + 1,4);
    for i:= 1 to lizishu do
    for j:= 1 to 3 do v[i,j]:= vmax[j] * random;

    //以下根据粒子初始位置,初步获取群体的历史最优位置
    setlength(fvalue,lizishu + 1);setlength(mx,4);
    setlength(gbest,4); //三参数情况下群体历史最优位置数组
    for i:= 1 to lizishu do
      begin
      for j:= 1 to 3 do mx[j]:= P[i,j]; //粒子i对应的三个参数
      fvalue[i]:= minjoin(…,mx,…); {计算粒子i对应的R2、RMSE或AIC子程序,根据
公式(1.2-12)或公式(1.2-13)或公式(1.2-14),该子程序"minjoin(…,mx,…)"参数组应包括样
本数据的经验频率,粒子i的位置,即对应的三参数mx等}
      if (i = 1) then fpbest:= fvalue[1] else
       begin
       if fvalue[i]>fpbest then { fpbest用于记录粒子群最优的适应值,所以当发现有粒
子的位置更有优势时,更新群体历史最优位置数组gbest [1],gbest [2],gbest [3]}
         begin
         fpbest:= fvalue[i];
         for j:= 1 to 3 do gbest[j]:= P[i,j];
         end;
       end;
    end;
  //以上根据粒子初始位置,初步获取群体的历史最优位置
  //以下初始化个体极值
  setlength(pbest,lizishu + 1,4);
  for i:= 1 to lizishu do
  for j:= 1 to 3 do pbest[i,j]:= P[i,j];
  //以上初始化个体极值
```

```
//以下为程序的主体,循环 10000(lizishu )次求最优解
setlength(svalue,lizishu + 1);
for num: = 2 to xunhuan do
  begin
  for i: = 1 to lizishu do
    begin
    for j: = 1 to 3 do
      begin
      r1: = random;r2: = random;
      //更新粒子 i 速度
      v[i,j]: = w * v[i,j] + c1 * r1 * (pbest[i,j] - P[i,j]) + c2 * r2 * (gbest[j] - P[i,j]);
      P[i,j]: = P[i,j] + v[i,j]; //更新粒子 i 位置
      If (P[i,j]<bound[j,1]) or (P[i,j]>bound[j,2]) then//粒子越界后的处理
      P[i,j]: = P[i,j] - v[i,j]; //注意:未按公式(2.1-5)计算,保留粒子原地不动
      end;
    for j: = 1 to 3 do mx[j]: = P[i,j];
    svalue[i]: =  minjoin(…,mx,…); //计算粒子 i 对应的适应值
    //更新粒子 i 的最佳位置
    if(fvalue[i]<svalue[i]) then
    for j: = 1 to n do pbest[i,j]: = P[i,j];
    //更新全局最佳位置
    if(svalue[i]>fpbest)  then
      begin
      for j: = 1 to 3 do gbest[j]: = P[i,j];
      fpbest: = svalue[i];
      end;
    fvalue[i]: = svalue[i];
    end;
 end;
 //以上为程序的主体,循环 lizishu 次求最优解
 end; //程序结束执行
```

2.2.2　基于 VB 6.0 的程序编写和解读

以下这段 VB 6.0 程序,基于 PSO 原理,用于 Copula 函数及其边缘函数参数估算,其计算过程和 2.2.1 节的 Delphi 7.0 程序一致。仍然假设粒子数为 1 000,最大循环次数是 10 000,待求的参数数量是 3。

```
Private Sub PSOparameters();'定义的子程序名称
'变量定义
  Dim lizishu As Integer, xunhuan As Integer; //设置粒子数、最大循环数
  Dim P(1 To 10000) As Double '为每个粒子的位置分配存储单元
  Dim bound(1 To 3,1 To 2) As Double '为每个参数的上边界和下边界分配存储单元
  '为每个粒子的速度(三个参数)分配存储单元
  Dim v(1 To 10000,1 To 3) As Double
  Dim i As Integer, j As Integer, num As Integer
  Dim fpbestt As Double
  Dim gbest(1 To 3) As Double '为群体历史最优位置(三个参数)分配存储单元
  Dim pbest(1 To 10000,1 To 3) As Double '为每个粒子的历史最优位置(三个参数)分配存储单元
  Dim mx(1 To 3) As Double '中间变量分配存储单元
  Dim fvalue (1 To 10000) As Double, svalue (1 To 10000) As Double '中间变量分配存储单元
  Dim c1 As Double, Dim c2 As Double '学习因子
  Dim w As Double '惯性系数
  Dim r1 As Double, Dim r2 As Double '存储产生的两个随机数
  Bound(1,1) = -1000: Bound(1,2) = 1000 '参数 1 的边界
  Bound(2,1) = 0: Bound(2,2) = 1 '参数 2 的边界
  Bound(3,1) = 0: Bound(3,2) = 1 '参数 3 的边界
  lizishu = 1000 '设置粒子数为 1000
  xunhuan = 10000 '设置最大循环次数为 10000
  c1 = 1.49445: c2 = 1.49445: w = 0.7290 '学习常数和惯性系数设置
  Randomize '随机数发生器,只在程序开始的地方调用一次就行了
  For i = 1 To lizishu
    For j = 1 To 3
      P(i,j) = rnd * (bound(j,2) - bound(j,1)) + bound(j,1)
      Next j
    Next i
  ' rnd 是 VB 的随机函数,粒子的初始位置按公式(2.1-6)计算
```

```
//以下三条语句,表示按公式(2.1-1)计算每个参数对应的粒子最大速度
For i = 1 To 3
  vmax(i) = (bound(i,2) - bound(i,1))/2
  Next i
'以下四条语句,初始化每个粒子对应的最大速度(三个参数)
For i = 1 To lizishu
  For j = 1 To 3
    v(i,j) = vmax(j) * rnd;
    Next j
Next i

'以下根据粒子初始位置,初步获取群体的历史最优位置
For i = 1 To lizishu
  For j = 1 To 3
   mx(j) = P(i,j) '粒子 i 对应的三个参数
    Next j
    '计算粒子 i 当前位置对应的适应值,子程序“minjoin(…,mx,…)”
  '参数组应包括样本数据的经验频率,粒子 i 的位置,即对应的三参数 mx 等
  Fvalue(i) = minjoin(…,mx,…)
    If i = 1 then
      fpbest = fvalue(1)
      else
      If fvalue(i)>fpbest then
       fpbest = fvalue(i)
       For j = 1 to 3
       Gbest(j) = P(i,j)
       Next j
       End If
     End If
   Next i
'以上根据粒子初始位置,初步获取群体的历史最优位置

'以下初始化个体极值
For i = 1 To lizishu
  For j = 1 To 3
```

```
  Pbest(i,j) = P(i,j)
  Next j
Next i
'以上初始化个体极值

'以下为程序的主体,循环 10000(lizishu )次求最优解。
For num = 2 To xunhuan
  For i = 1 To lizishu
    For j = 1 To 3
      r1 = rnd: r2 = rnd
      v(i,j) = w * v(i,j) + c1 * r1 * (pbest(i,j) - P(i,j)) + c2 * r2 * (gbest(j) - P(i,
      j)) '更新粒子 i 速度
      P(i,j) = P(i,j) + v(i,j) '更新粒子 i 位置
      If (P(i,j)<bound(j,1)) or (P(i,j)>bound(j,2)) then '粒子越界后的处理
       P(i,j) = P(i,j) - v(i,j) '注意:未按公式(2.1 - 5)计算,保留粒子原地不动
      End If
      Next j
    For j = 1 To 3
      mx(j) = P(i,j)
      Next j
    svalue(i) = minjoin(…,mx,…) '计算粒子 i 对应的适应值
    '以下更新粒子 i 的最佳位置
    If fvalue(i)<svalue(i) then
    For j = 1 To 3
      pbest(i,j) = P(i,j)
      Next j
    '以下更新粒子群全局最佳位置
    If svalue(i)>fpbest then
      For j = 1 To 3
        gbest(j) = P(i,j)
        Next j
      fpbest = svalue(i)
    End If
    fvalue(i) = svalue(i)
```

```
  Next i
Next num
'以上为程序的主体,循环 lizishu 次求最优解。
End Sub //程序结束执行
```

2.3 调用 Excel 内部功能函数辅助 PSO 方法

2.2 节程序代码中,求解粒子位置的适应值时,需要将粒子位置(即参数)代入对应边缘函数或者 Copula 函数中进行分布函数求解。参考表 1.2-2,对于一些编程较为复杂的边缘函数,例如 PⅢ、Log、Gam,因为其结构里涉及的 $\Gamma(\lambda)$ 和 erf() 函数在 Excel 里已经内置,所以可以直接调用 Excel 里的这两个函数辅助 PSO 参数估算方法进行求解。下面分 Delphi 和 VB 进行 Excel 内部函数调用方法讲解。

2.3.1 基于 ActiveX Automation 的二次开发技术

ActiveX Automation 是微软公司基于组件对象模型体系结构开发的一项技术,是 Excel、Word、AutoCAD 等常见工具软件的编程接口。ActiveX 对象模型是 ActiveX 技术的基础,图 2.3-1 所示为 Excel 的对象:Excel 以层结构来组织对象,其中顶层对象是 Application,它集成了 Excel 全部的功能和函数,也可以称它为应用程序对象,其他对象均为 Application 对象的子对象,子对象也可能再包含子对象。

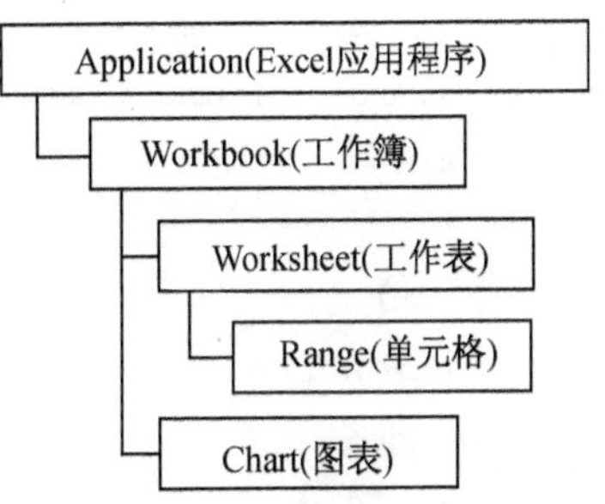

图 2.3-1 Excel 对象模型结构图

ActiveX Automation 分为两层:自动服务器(Automation Server)和自动控制端(Automation Controller)。如果一个应用程序支持 ActiveX Automation 技术,那么其他应用程序就可以访问、操作这些对象。就 Delphi 和 VB 二次开发 Excel 而言,编程语言开发的程序为自动控制端,Excel 是服务器,程序通过对 Excel 的各级对象进行操作,来达到调用 Excel 内部函数的目的。

2.3.2 基于 Delphi 7.0 的 Excel 内部函数调用案例

程序分为三段,第一段是 Delphi 的 Unit 的部分内容,第二段是 Delphi 常见的按钮单击事件,第三段是以边缘函数为例,调用 Excel 内部函数,计算粒子适应值的子程序片段。

2.3.2.1 Unit的部分内容解读

```
unit Unit1;
interface
uses
  Windows, Messages, SysUtils, Variants, Classes, Graphics, Controls, Forms,
  Dialogs, comobj, ActiveX, StdCtrls;
type
  TForm1 = class(TForm)
    Button1: TButton;
    Edit1: TEdit;
    procedure Button1Click(Sender: TObject);
  private
   { Private declarations }
  Public
   { Public declarations }
  eclapp, workbook, sheet, range:OLEvariant;
  end;
var
  Form1: TForm1;
implementation
{$R *.dfm}
```

● 在引用单元中要包含ComObj，ActiveX单元，用于支持ActiveX Automation操作。

● 声明公共变量，"eclapp，workbook，sheet，range:OLEvariant;"，eclapp:Application对象，代表Excel应用程序；workbook:代表一个独立的工作簿对象；sheet:代表一个独立的工作表对象；range:代表工作表里的某个区域，可以是一个单元格，或者一组连续的区域。"变量(OLEvariant)"是一种特殊的数据类型，可以包含任何类型的数据，Excel ActiveX Automation使用变量数据类型替换大部分的数据类型。

2.3.2.2 调用excel函数的程序解读

```
procedure TForm1.Button1Click(Sender: TObject);   //Delphi按钮单击事件
var //变量定义
xlsfilename:string;
begin
```

```
  try
  eclapp:= GetActiveOleObject('excel.application');
  sheet:= eclapp.ActiveSheet;
  except
  OpenDialog1.Title:='打开任意一个 Excel 文件';
  OpenDialog1.Filter := '*.xls|*.xls';
  if not OpenDialog1.Execute then exit;
  xlsfilename:= OpenDialog1.FileName;
    try
    eclapp:= createoleobject('excel.application');
    eclapp.visible:= true;
    except
    showmessage('初始化 Excel 失败,可能没装 Excel,或者其他错误');
    exit;
    end;
    try
    workbook:= eclapp.workbooks.open(xlsfilename);
    sheet:= workbook.worksheets[1];
    except
    showmessage('不能正确操作');
    workbook.close;
    eclapp.quit;
    eclapp:= unassigned;
    exit;
    end;
  end;
end;
```

● GetActiveOleObject、CreateOleObject 是 comobj 单元文件提供的获取"Application 对象"的函数。前者表示通过已启动的 Excel 获得 Application 对象，后者表示通过打开一个新的 Excel 程序获得 Application 对象。程序里用了一个 Delphi 的异常处理语句"try... except"，表示如果 Excel 已启动，则执行 GetActiveOleObject 直接获得 Application 对象，CreateOleObject 将跳过不执行。如果 Excel 未启动，则 GetActiveOleObject 产生异常，转而执行 CreateOleObject 函数，Excel 打开。

● “eclapp.visible:=true;”设置 Excel 为可见,设置“False”表示 Excel 在后台运行,不可见。

● “sheet:=eclapp.ActiveSheet;”,ActiveSheet 是 Application 对象的属性,表示获得 Excel 中当前活动的表单,例如在图 2.3-2 中,当前活动的表单是“Sheet3”。

● “sheet:=workbook.worksheets[1];”,该语句的意思则是取工作薄的第一张表单,图 2.3-2 中的第一张表单是“Sheet1”。图 2.3-3 还显示了不同的工作簿。

图 2.3-2 Excel 活动表单示意图:本例显示为 Sheet3

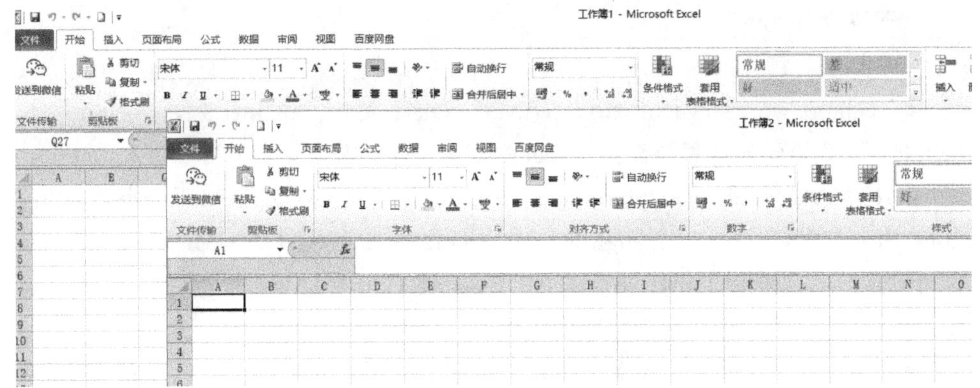

图 2.3-3 Excel 工作簿示意图:本例显示工作簿 1 和工作簿 2

2.3.2.3 调用 Excel 内部函数的程序解读

对照表 1.2-2,为调用 Excel 内部函数,辅助计算粒子适应值,定义变量"i, n: integer; z, z1, z2, d1, d2, Pa:real; sinz:real; fx, x, ex:T1D;",并假设:已知样本数据数量为 n,存储在数组 x 中;样本数据经验频率存储在 ex 数组;样本数据经验频率的平均值为 Pa。

(1) 计算 PⅢ,假设已知参数数组,分别是 canshu[1],代表 ζ; canshu[2],代表 β; canshu[3],代表 λ。该参数组由 PSO 程序提供。

```
for i: = 1 to n do
  begin
  d1: = x[i] - canshu[1];
  if d1<1e - 10 then goto FoundAnAnswer; //如果出现异常,跳转执行相关程序
  d2: = eclapp.worksheetfunction.GAMMADIST(d1,canshu[3],canshu[2],TRUE);
  fx[i]: = d2;
  end;
z1: = 0;z2: = 0;
for i: = 1 to n do
  begin
  z1: = z1 + (ex[i] - fx[i]) * (ex[i] - fx[i]);
  z2: = z2 + (ex[i] - Pa) * (ex[i] -  Pa);
  end;
try
  z: = 1 - z1/z2;
  except
  ……
```

```
    exit;
    end;
```

● "eclapp.worksheetfunction.GAMMADIST(d1, canshu[3], canshu[2], TRUE);",该语句的意思是调用 Excel 的 GAMMADIST 函数。

● GAMMADIST(x, alpha, beta, cumulative):x 用来计算伽玛分布的数值;alpha 为分布参数;beta 为分布参数。如果 beta = 1,函数 GAMMADIST 返回标准伽玛分布。如果 cumulative 为 TRUE,函数 GAMMADIST 返回累积分布函数;如果为 FALSE,则返回概率密度函数。

● 如果 x < 0,函数 GAMMADIST 返回错误值。如果 alpha ≤ 0 或 beta ≤ 0,函数 GAMMADIST 返回错误值。

● 根据公式(1.2-12),"(ex[i]-fx[i]) * (ex[i]-fx[i])"表示样本 i 经验频率和理论频率差值的平方;"(ex[i]-Pa) * (ex[i]-Pa)"表示样本 i 经验频率和经验频率平均值之间差值的平方;"z:=1-z1/z2;"表示该组参数下的 R^2,也可将该值理解为对应该参数的粒子群位置的适应值。

(2) 计算 Log,假设已知参数数组,分别是 canshu[1],代表 ζ; canshu[2],代表 μ; canshu[3],代表 σ。该参数组由 PSO 程序提供。

```
for i: = 1 to n do
  begin
  d1: = x[i] - canshu[1];
  if d1<1e-10 then goto FoundAnAnswer; //如果出现异常,跳转执行相关程序
  try
    d1: = (ln(x[i] - canshu[1]) - canshu[2])/canshu[3]/sqrt(2);
    d2: = 0.5 + 0.5 * eclapp.worksheetfunction.ERF(d1);
    fx[i]: = d2;
    except
    ......
    exit;
    end;
  end;
z1: = 0;z2: = 0;
for i: = 1 to n do
  begin
  z1: = z1 + (ex[i] - fx[i]) * (ex[i] - fx[i]);
  z2: = z2 + (ex[i] - Pa) * (ex[i] - Pa);
  end;
```

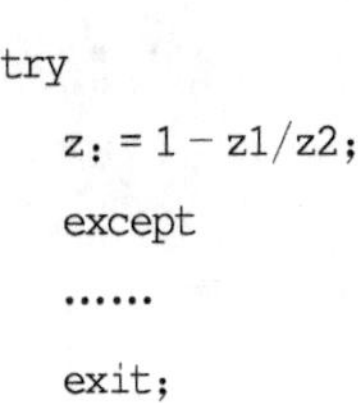

```
try
   z: = 1 - z1/z2;
   except
   ......
   exit;
   end;
```

● “eclapp.worksheetfunction.ERF(d1);”,该语句的意思是调用 Excel 的 ERF 函数。

● ERF(Lower_limit, [Upper_limit]):Lower_limit 表示 ERF 函数的积分下限;Upper_limit 表示 ERF 函数的积分上限,可选。如果省略,ERF 积分将在零到 Lower_limit 之间。

(3) 计算 Gam,假设已知参数数组,分别是 canshu[1],代表 β; canshu[2],代表 λ。该参数组由 PSO 程序提供。

```
for i: = 1 to n do
  begin
  d1: = x[i];
  if d1<1e - 10 then goto FoundAnAnswer; //如果出现异常,跳转执行相关程序
  d2: = eclapp.worksheetfunction.GAMMADIST(d1,canshu[2],canshu[1],TRUE);
  fx[i]: = d2;
  end;
z1: = 0;z2: = 0;
for i: = 1 to n do
  begin
  z1: = z1 + (ex[i] - fx[i]) * (ex[i] - fx[i]);
  z2: = z2 + (ex[i] - Pa) * (ex[i] -  Pa);
  end;
try
  z: = 1 - z1/z2;
  except
  ......
  exit;
  end;
```

2.3.3 基于 VB 6.0 的 Excel 内部函数调用案例

程序分为两段,第一段是 VB 常见的按钮单击事件,该事件用于连接 Excel,第

二段是 VB 调用 Excel 内部函数的简单示例，计算粒子适应值的子程序片段。

2.3.3.1 连接 Excel 程序解读

```
Dim eclapp As Object, workbook As Object, sheet As Object, range As Object
Private Sub Command1_Click()  'VB 的按钮单击事件
   On Error Resume Next
   Set eclapp = GetObject(, "Excel.Application")  '获得已经打开的 Excel 程序
   If Err Then '如果 Excel 程序未启动，会出错
    Err.Clear
    MsgBox "请先打开 EXCEL!", vbOKOnly, "工程 1!"
    Exit Sub
    End If
   Set sheet = eclapp.ActiveSheet     '获得当前活动的表单
End Sub
```

2.3.3.2 VB 调用 Excel 内部函数示例

VB 调用 Excel 内部函数和 Delphi 基本一样。例如，对应 PⅢ 边缘函数的，eclapp.worksheetfunction.GAMMADIST(d1, canshu[3], canshu[2], TRUE)；对应 Log 边缘函数的，eclapp.worksheetfunction.ERF(d1)；对应 Gam 边缘函数的，eclapp.worksheetfunction.GAMMADIST(d1, canshu[3], canshu[2], TRUE)。这里不再详细描述。更多的 Excel 内部函数，可以参考相关的 Excel 技术资料。

2.4 极大似然法非线性方程组的 PSO 求解

极大似然估计(MLE)是分布函数参数估计的一种标准方法，有广泛的应用案例。但是，由极大似然函数得到的导数方程组是非线性方程组，为求解这些非线性方程组发展的牛顿法及其改进的迭代法，依然存在一些弊端：①在迭代方法的每个步骤中，通常都需要计算雅可比矩阵并求解线性方程，这需要大量工作；②在大多数情况下，迭代方法对初始解的选择非常敏感，很难给出可以收敛到真实解的初始解；③当雅可比矩阵为奇异或接近奇异时，很难求解相应的线性方程。

为了克服上述迭代方法的缺点，过去 15 年，PSO 方法已被广泛用于求解非线性方程组，与迭代方法相比，PSO 方法具有一些优点：①PSO 方法对初始解的选择不敏感；②PSO 方法避免了奇异矩阵的问题；③PSO 方法将求解非线性方程组的问题转换为函数优化问题；④PSO 方法的原理简单、易编程，从而使求解变得简

单。在某些情况下,PSO 被用作极大似然法的辅助技术,例如 Xue 等人[78]将 PSO 理论引入极大似然法以求解非线性方程组,并验证了该方法的可行性和有效性。

2.4.1 极大似然非线性方程组

假设存在 n 组二维样本数据,u_{1i} 和 u_{2i} 是对应二维样本数据的边缘分布,令 C 为二变量 Copula 分布函数,其最大似然函数可表示为:

$$L(\theta_1,\ \theta_2\cdots\theta_m)=\prod_{i=1}^{n}c(u_{1i},\ u_{2i}) \tag{2.4-1}$$

其中,θ_i 是待求的参数,$i=1,\ 2,\cdots,m$;c 表示 C 的密度函数。

$$c=\frac{\partial^2 C}{\partial u_1\partial u_2} \tag{2.4-2}$$

令 $\frac{\partial\log L}{\partial\theta_1}=0$,$\frac{\partial\log L}{\partial\theta_2}=0$,…,和 $\frac{\partial\log L}{\partial\theta_m}=0$,我们能得到含待求参数的非线性方程组,传统的求解方法以牛顿迭代法为主。

2.4.2 非线性方程组的 PSO 求解

类似于公式(1.2-12)或公式(1.2-13)或公式(1.2-14),PSO 方法求解非线性方程组时需要定义一个目标函数。根据上节的分析,设置目标函数如下:

$$F_{\min}=\sum_{i=1}^{m}\left(\frac{\partial\log L}{\partial\theta_i}\right)^2 \tag{2.4-3}$$

其中,$F_{\min}$越小,参数的适宜性越高,特别是趋近 0 时。PSO 编程方法参考 2.1 节和 2.2 节,重点是要把上述程序代码中的目标函数替换。

2.5 PSO 参数估值的稳定性和“异参同效”现象

针对表 1.2-1 和表 1.2-2 列举的 Copula 函数和边缘函数,以某地上游洪水和下游潮位、上游降雨和下游潮位样本数据为例,简单分析 PSO 方法的参数估值稳定性和分布函数的“异参同效”现象。

2.5.1 PSO 参数估值的稳定性

针对 PⅢ、Log、Gam、Wei 和 Gev 分布函数,利用 PSO 方法优选其参数,编程方法按 2.2 节所述。取“粒子数 1 000,最大迭代次数 1 000,循环终止条件为最大迭代次数”为一组分析条件，重复运行 1 000 组。通过重复计算，消除 PSO 算法可能带来的解的随机性。图 2.5-1 为各变量“组次～R^2”散点图：其中 a～e 对应的是洪水变量，f～j 对应的是同地区潮位变量；k～o 对应的是降雨变量，p～t 对应的是同地区潮位变量。从图上可以发现：无论是哪种理论分布函数，各组次对应的稳定解聚集成直线形态，仅有少量组次的解游离在直线之外，说明 PSO 算法在分析上述理论分布函数时十分稳定；不同的变量、不同的理论分布函数，其对应的最大 R^2 是不一样的，R^2 总体趋近 1，说明样本的理论分布函数与样本经验分布函数相近。

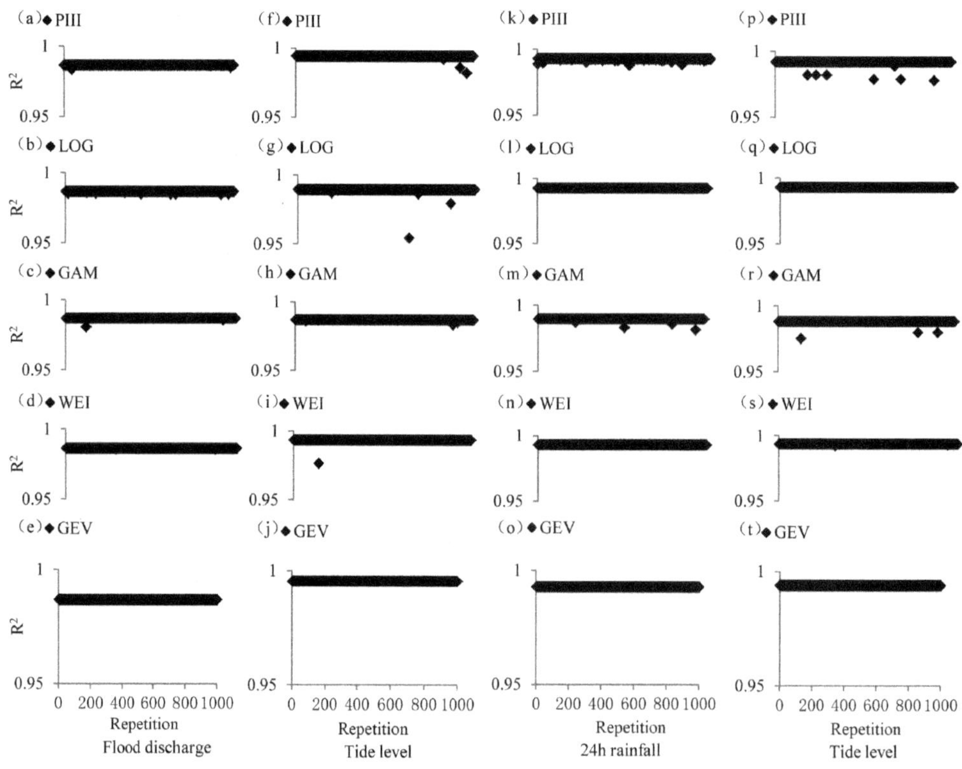

图 2.5-1　PSO 算法边缘函数参数估值稳定性测试结果示意图

基于 PSO 方法，进行部分对称型和非对称型 Clayton、Gumbel 和 Frank Copula 理论联合分布函数比选。与图 2.5-1 的绘图形式不同，图 2.5-2 展示的是不同 Copula 函数对应的“R^2”散点分布情况，从图上可以看出：各组次的“R^2”全部介于 0.97～0.99 之间，其中三种对称型 Copula 函数和二种非对称型 Asymmetric Frank 函数对应的各组次“R^2”完全一样，PSO 算法在分析上述理论联合分布函数时也十分稳定。

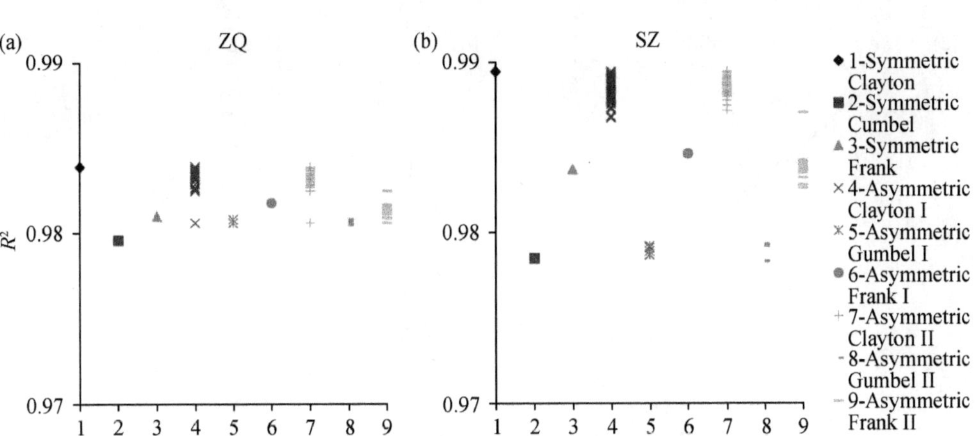

图 2.5-2　PSO 算法 Copula 参数估值稳定性测试结果示意图

2.5.2　分布函数“异参同效”现象

在参数率定过程中常出现多组参数具有相同模拟效果的现象，即参数异参同效现象。参数解越稳定，基于 PSO 方法择优选择理论分布函数的随机性越低。图 2.5-3 至图 2.5-7 显示了各变量对应[最大 $R^2-0.000\,05$，最大 $R^2+0.000\,04$]时的参数集合：本例中，Wei 和 Gev 分布函数的解最稳定，各个变量 PSO 算法最后都收敛到了一个稳定的解；PⅢ型分布函数参数不唯一，且存在较大的差异性，“异参同效”现象较为突出；Log 型和 Gam 型分布函数解的“异参同效”现象介于其他函数之间。

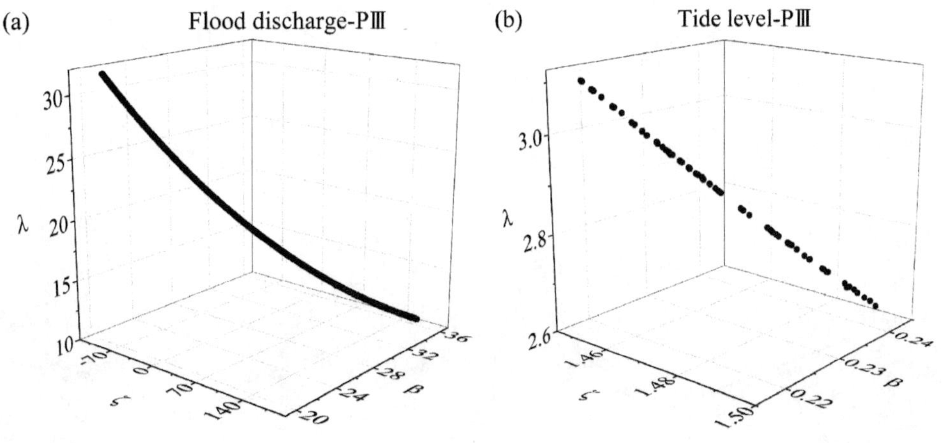

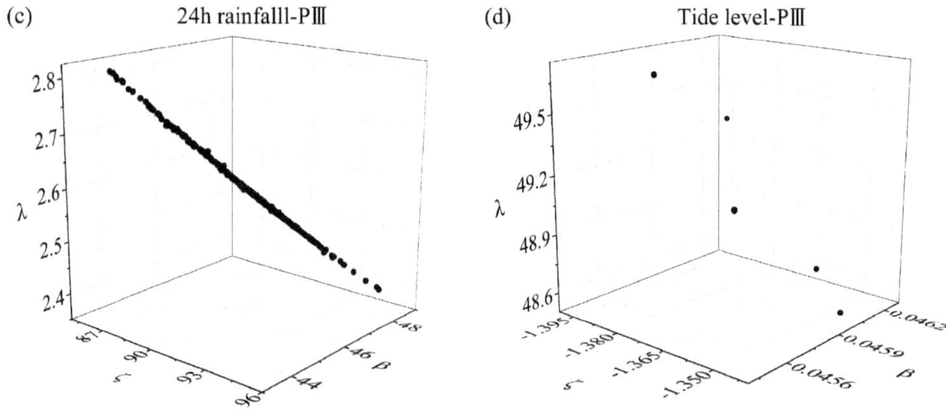

图 2.5-3　PⅢ 参数"异参同效"现象示意图

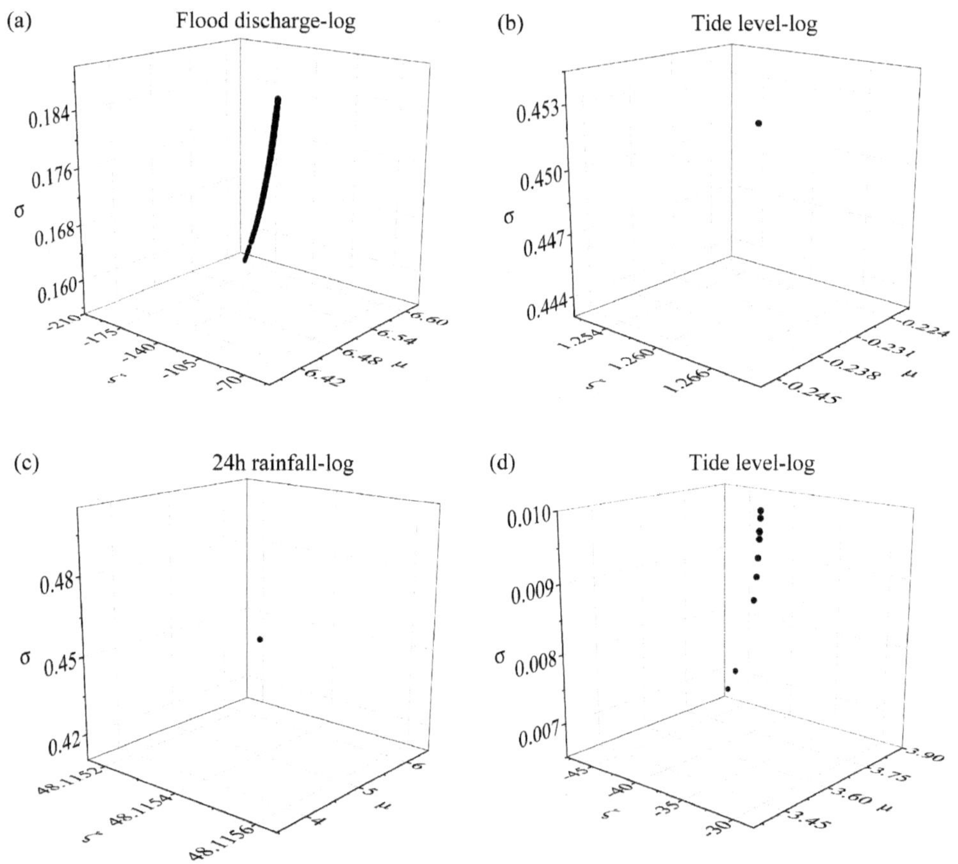

(a) Flood discharge-log

(b) Tide level-log

(c) 24h rainfall-log

(d) Tide level-log

图 2.5-4　Log 参数"异参同效"现象示意图

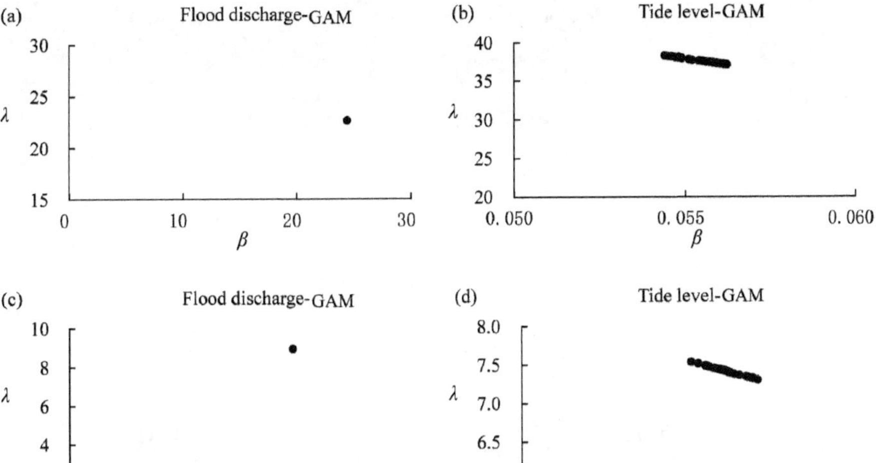

图 2.5-5　Gam 参数"异参同效"现象示意图

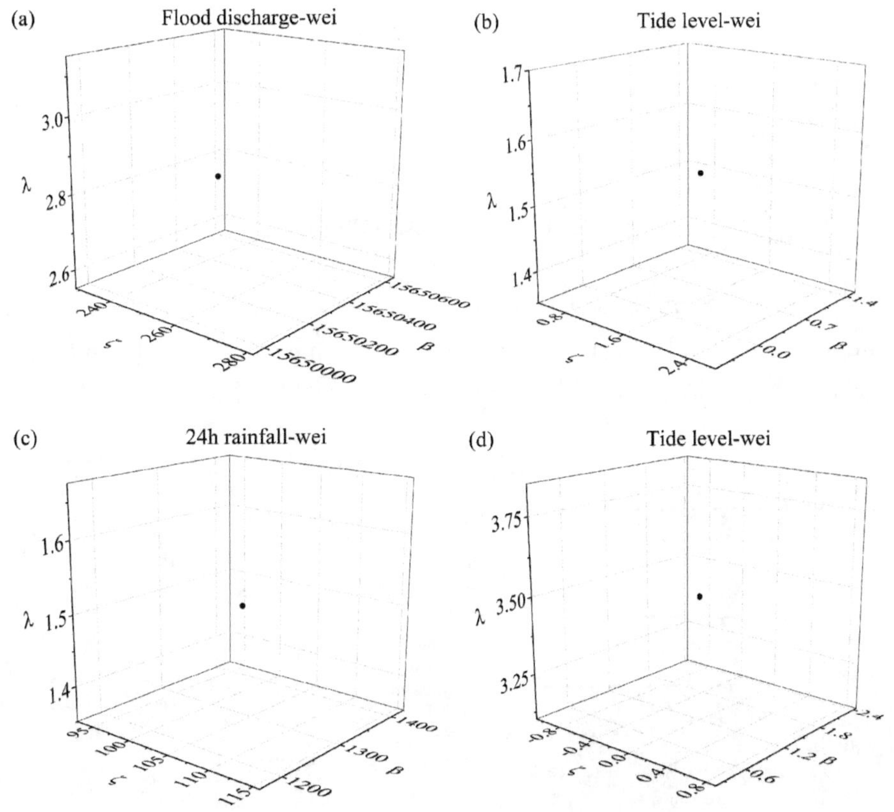

图 2.5-6　Wei 参数"异参同效"现象示意图

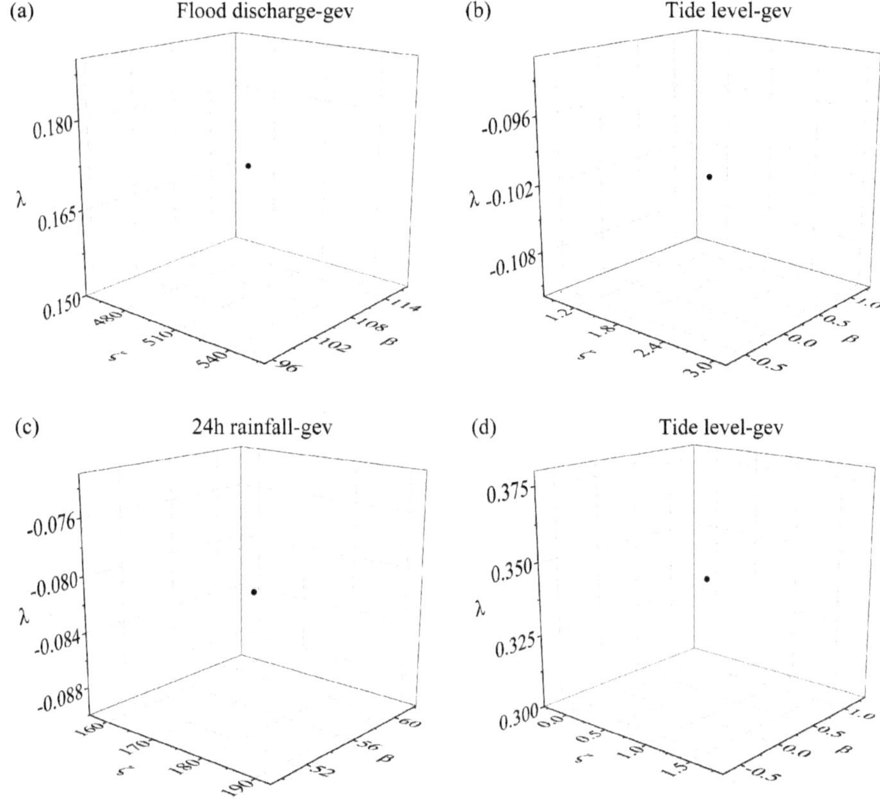

图 2.5-7 Gev 参数"异参同效"现象示意图

本案例中，Symmetric Clayton，Symmetric Gumbel，Symmetric Frank，Asymmetric Clayton I，Asymmetric Frank I，Asymmetric Frank Ⅱ等 6 个分布函数的最优参数十分稳定，例如图 2.5-8(a)所示的各组次对称型分布函数参数 θ。

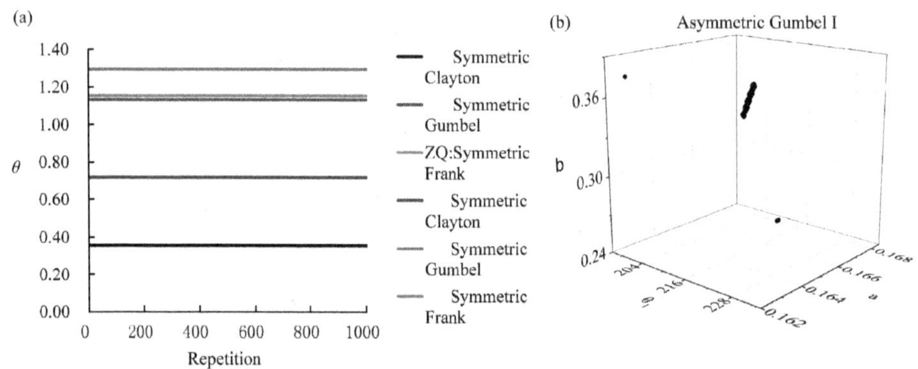

图 2.5-8 Copula 参数"异参同效"现象示意图

其余Copula 函数存在较为突出的“异参同效”现象，例如图 2.5-8(b)所示的 Asymmetric Gumbel Ⅰ型分布函数在[最大 $R^2-0.000\,05$，最大 $R^2+0.000\,04$]范围内的参数集合。

2.6 PSO 在其他领域的两个应用案例介绍

简单介绍两个其他领域的应用案例，包括基于 PSO 的灰色系统船闸货运量预测和空间坐标非线性转换参数的粒子群解法，有助于读者进一步了解 PSO 方法在非线性问题求解上的便利性和实用性。

2.6.1 基于 PSO 的灰色系统船闸货运量预测

采用灰色系统理论，建立基于 GM(1, 1)的船闸货运量预测模型。GM(1, 1)模型由一个只包含两个参数变量的一阶微分方程构成，计算时需要将模型微分方程转化为矩阵形式。由于参数变量只有两个，而方程数却有多个，传统的做法是用最小二乘法得到最小二乘解。相对于最小二乘法，粒子群优化算法可以避免繁琐的矩阵运算，降低运算难度。

2.6.1.1 模型 GM(1, 1)的建立

GM(1, 1)模型是灰色系统理论中常用的预测模型，也是灰色预测法建模的基础。GM(1, 1)表示一阶的、具有两个参数变量(a, b)的微分方程模型。GM(1, 1)具体形式如下：

$$\frac{\mathrm{d}x}{\mathrm{d}t}+ax=b \tag{2.6-1}$$

设数列 $x^{(0)}$ 共有 n 个观测值，表示为：

$$x^{(0)}=(x^{(0)}(1),x^{(0)}(2),\cdots,x^{(0)}(n)) \tag{2.6-2}$$

对 $x^{(0)}$ 做一阶累加，生成新的序列 $x^{(1)}$：

$$\begin{gathered}x^{(1)}=(x^{(1)}(1),x^{(1)}(2),\cdots,x^{(1)}(n))\\ x^{(1)}(1)=x^{(0)}(1)\\ x^{(1)}(2)=x^{(0)}(1)+x^{(0)}(2)\\ x^{(1)}(k)=\sum_{m=1}^{k}x^{(0)}(m)\end{gathered} \tag{2.6-3}$$

令 $z^{(1)}$ 为 $x^{(1)}$ 的均值序列

$$z^{(1)}(k)=0.5x^{(1)}(k)+0.5x^{(1)}(k-1);\quad k=2,3\cdots;\quad z^{(1)}=(z^{(1)}(2),z^{(1)}(3),\cdots,z^{(1)}(n)) \tag{2.6-4}$$

则 GM(1，1)的微分方程模型为：

$$x^{(0)}(k)+az^{(1)}(k)=b \tag{2.6-5}$$

将 $k=2, 3,\cdots,n$ 代入上式，有

$$\begin{aligned} x^{(0)}(2)+az^{(1)}(2)&=b\\ x^{(0)}(3)+az^{(1)}(3)&=b\\ &\cdots\\ x^{(0)}(n)+az^{(1)}(n)&=b \end{aligned} \tag{2.6-6}$$

对上述离散方程组求解得到 $\boldsymbol{P}=(a, b)^{\mathrm{T}}$，把所求得的系数 $\boldsymbol{P}=(a, b)^{\mathrm{T}}$ 代入公式 $x^{(0)}(k)+az^{(1)}(k)=b$，然后求解微分方程，得到 GM(1，1)预测模型为：

$$\hat{x}^{(1)}(k+1)=\left[x^{(0)}(1)-\frac{b}{\alpha}\right]\mathrm{e}^{-\alpha k}+\frac{b}{\alpha},\ k=1, 2\cdots \tag{2.6-7}$$

累减后得到原始数据序列的预测公式：$\hat{x}^{(0)}(k+1)=x^{(1)}(k+1)-x^{(1)}(k)$，$k=1, 2\cdots$，其中规定 $\hat{x}^{(0)}(1)=x^{(0)}(1)$。

以上所述即 GM(1，1)的建模过程，也是建立船闸货运量灰色预测模型的基础。

2.6.1.2 求解预测模型的参数 *a*，*b*

参照公式(2.6-6)，设定船闸货运量预测问题的目标函数为：

$$\min F=\sum_{m=1}^{n}F(m)^2 \tag{2.6-8}$$

式中：min*F* 数值越小时参数适宜性越优；*F* 表示为：

$$F(k)=x^{(0)}(k+1)+az^{(1)}(k+1)-b,\ k=1, 2\cdots n \tag{2.6-9}$$

由于公式(2.6-8)中只存在两个变量(a, b)，搜索空间为 2 维。取粒子数=50、$c1=2$、$c2=2$、$w=0.8$、最大迭代数=1 000；用式(2.6-8)评价所有粒子，评价值为 min*F*；寻找当前群体内最优解 $\vec{G}_{\mathrm{best}}$。

2.6.1.3 船闸货运量预测精度

建模数据采用 1996—2005 年淮阴船闸的货物运输量(见表 2.6-1)：

表 2.6-1 淮阴船闸近年货物运输量

年份	1996	1997	1998	1999	2000	2001	2002	2003	2004	2005
货运量(万 t)	3 457	3 413	3 616	3 731	4 142	4 673	5 122	5 275	6 966	7 053

根据以上数据,有:

$$x^{(0)}(i)=[3\,457\quad 3\,413\quad 3\,616\quad 3\,731\quad 4\,142\quad 4\,673\quad 5\,122\quad 5\,275\quad 6\,966\quad 7\,053]$$

$$x^{(1)}(i)=[3\,457\quad 6\,870\quad 10\,486\quad 14\,217\quad 18\,359\quad 23\,032\quad 28\,154\quad 33\,429\quad 40\,395\quad 47\,448]$$

$$z^{(1)}(i)=[5\,163.5\quad 8\,678\quad 12\,351.5\quad 16\,288\quad 20\,695.5\quad 25\,593\quad 30\,791.5\quad 36\,912\quad 43\,921.5]$$

粒子群优化算法计算得到 $a=-0.102\,471\,368\,29$, $b=2\,552.303\,797\,468\,35$; 最小二乘法计算得出 $a=-0.101\,513\,575\,46$, $b=2\,627.581\,978\,163\,14$。代入 GM(1, 1)模型,则船闸货运量预测模型为:

$$\begin{cases}\hat{x}^{(1)}(k+1)=28\,364.482\,353\,950\,6\mathrm{e}^{0.102\,471\,368\,29k}-24\,907.482\,353\,950\,6 & (\text{粒子群优法}) \\ \hat{x}^{(1)}(k+1)=29\,341.045\,225\,049\,7\mathrm{e}^{0.101\,513\,575\,46k}-25\,884.045\,225\,049\,7 & (\text{最小二乘法})\end{cases},\quad k=1,2\cdots \tag{2.6-10}$$

累减还原得到:

$$\hat{x}^{(0)}(k+1)=x^{(1)}(k+1)-x^{(1)}(k),\ k=1,2\cdots \tag{2.6-11}$$

应用该模型对 1996—2005 年淮阴船闸货运量进行计算,并进行模型精度的比较(见表 2.6-2),结果显示:粒子群优化法平均相对误差为 3.81%,最小二乘法(LS)平均相对误差为 3.79%,两者均小于 10%,预测模型精度较好。

表 2.6-2 淮阴船闸货运量模型预测值及误差值(1996—2005 年)

年份	计算值(万 t)		原始值(万 t)	绝对误差(万 t)		相对误差(%)	
	PSO	LS		PSO	LS	PSO	LS
1996	3 457	3 457	3 457	0	0	0	0
1997	3 061	3 135	3 413	252	278	10.31	8.15
1998	3 391	3 470	3 616	225	146	6.22	4.04
1999	3 757	3 841	3 731	26	110	0.69	2.94
2000	4 162	4 251	4 142	20	109	0.49	2.63
2001	4 611	4 705	4 673	62	32	1.32	0.69

（续表）

年份	计算值(万 t)		原始值(万 t)	绝对误差(万 t)		相对误差(%)	
	PSO	LS		PSO	LS	PSO	LS
2002	5 109	5 208	5 122	13	86	0.25	1.68
2003	5 660	5 764	5 275	385	489	7.30	9.28
2004	6 271	6 380	6 966	695	586	9.98	8.41
2005	6 948	7 062	7 053	105	9	1.49	0.13

2.6.2 空间坐标非线性转换参数的 PSO 解法

我国工程应用中采用的坐标系统繁杂，既有国家坐标系（北京 54、西安 80 坐标系），又有地方独立坐标系，还存在 WGS84 坐标，常需要对这些坐标进行互相转换。数学上，将已知点从一个坐标系统映射到另外一个坐标系统时，若两坐标系统原点不一致，则该点应该首先进行坐标平移，若坐标轴间互不平行，再进行坐标旋转，最后如果两个坐标系尺度不一样，还要进行一次比例缩放，才能获得其在另一个坐标系统下的对应坐标，坐标之间是一种非线性的映射关系。特殊情况下，若两坐标之间不需要旋转变换时，映射是一种线性关系。具体到三维空间坐标系统（X、Y、Z）之间的转换，则存在 3 个平移参数（ΔX、ΔY、ΔZ），3 个旋转角度参数（ε_x、ε_y、ε_z），以及一个尺度变化参数（k），共 7 个参数，7 参数法从数学角度来说也是最严密的转换方法。目前常用的非线性空间坐标转换模型，如布尔莎（Bursa）模型、莫洛金斯基模型（Molodensky）和武测模型，都采用 7 参数的计算方法，只是在 7 参数的定义上略有差异，转换结果是等价的。

具体到实际工作中，难点不在于模型的选择，而是转换参数的解算方法，原因是求 7 个转换参数至少需要 3 个及以上的公共点，独立方程数目多于变量数目，不可避免地要遇到非线性超定方程组的求解。一般情况下，超定方程组没有精确解，测量上普遍采用最小二乘法将超定方程组转换成非线性方程组，然后通过 Gauss-Newton 法、Euler 法、ABS 投影法、拟 Newton 法、Brown 法或者割线法等求近似解。文献[79]和文献[80]都是基于最小二乘法原理，通过 Gauss-Newton 法求解 7 参数的近似值。由于公共点距离一般较近，非线性方程矩阵病态问题严重，会影响解的准确性[81]。另外，大量的三角函数不仅影响求解速度、增大计算误差，还存在求解过程中初值选取困难、影响求解收敛性等问题。为此，文献[82]和文献[83]基于最小二乘法的同时，辅助采用稳健估计法提高解的精度。文献[84]和文献[85]则从解析变换法的角度进行了一些积极的探索。实际上，非线性分析十分繁琐，很难找到一种通用解法或者简单解法。考虑到旋转角度参数通常为微小转角，还可

以对旋转角参数作线性处理，从而将布尔莎、莫洛金斯基和武测模型简化为线性模型，大量的研究也主要围绕着线性模型展开[86-89]。

综上，非线性模型存在矩阵严重病态、求解困难的问题，线性模型则只在小旋转角时适用，若旋转角稍大，极易导致解算的转换参数严重偏离真值。为了提高非线性模型的计算效率和计算精度，寻求一种简单易行的算法成为必需。鉴于粒子群算法作为高效的计算技术，已被证明可用于求解大量非线性、不可微和多峰值的复杂问题，而且其算法简洁，编制程序容易，已经被应用于多项科学和工程领域。特别是，相对于最小二乘法而言，粒子群算法不用求解矩阵，可以避免矩阵病态性带来的计算误差，同时可以避免最小二乘法求解过程中非线性超定方程组线性化后带来的计算误差，再考虑到 Bursa 模型是应用主流，所以，拟采用粒子群算法建立 Bursa 非线性模型转换参数的求解方法，并通过实际算例证明其解的精度。

2.6.2.1 Bursa 非线性模型

设任意点 P 在坐标系 1 中的坐标为 X_1、Y_1、Z_1，在坐标系 2 中的坐标为 X_2、Y_2、Z_2；ε_x、ε_y 和 ε_z 分别为 X_2、Y_2、Z_2 轴绕 X_1、Y_1、Z_1 轴的旋转角，也称欧拉角；ΔX、ΔY、ΔZ 分别为两坐标系原点在 X、Y、Z 方向上的平移量；k 为尺度变化系数。根据以上 7 个参数，Bursa 非线性模型可以表达为：

$$\begin{bmatrix} X_2 \\ Y_2 \\ Z_2 \end{bmatrix} = \begin{bmatrix} \Delta X \\ \Delta Y \\ \Delta Z \end{bmatrix} + (1+k) \cdot \begin{bmatrix} \cos\varepsilon_y\cos\varepsilon_z & \cos\varepsilon_x\sin\varepsilon_z + \sin\varepsilon_x\sin\varepsilon_y\cos\varepsilon_z & \sin\varepsilon_x\sin\varepsilon_z - \cos\varepsilon_x\sin\varepsilon_y\cos\varepsilon_z \\ -\cos\varepsilon_y\sin\varepsilon_z & \cos\varepsilon_x\cos\varepsilon_z - \sin\varepsilon_x\sin\varepsilon_y\sin\varepsilon_z & \sin\varepsilon_x\cos\varepsilon_z + \cos\varepsilon_x\sin\varepsilon_y\sin\varepsilon_z \\ \sin\varepsilon_y & -\sin\varepsilon_x\cos\varepsilon_y & \cos\varepsilon_x\cos\varepsilon_y \end{bmatrix} \begin{bmatrix} X_1 \\ Y_1 \\ Z_1 \end{bmatrix} \tag{2.6-12}$$

特殊情况下，如果旋转角都为 0，则公式(2.6-12)可以简化为线性模型：

$$\begin{bmatrix} X_2 \\ Y_2 \\ Z_2 \end{bmatrix} = \begin{bmatrix} \Delta X \\ \Delta Y \\ \Delta Z \end{bmatrix} + (1+k) \begin{bmatrix} 1 & 0 & 0 \\ 0 & 1 & 0 \\ 0 & 0 & 1 \end{bmatrix} \begin{bmatrix} X_1 \\ Y_1 \\ Z_1 \end{bmatrix} \tag{2.6-13}$$

2.6.2.2 Bursa 模型的粒子群解法

设公共点 i（$i=1,\cdots,n$）在坐标系 1 中的坐标为 X_{1i}、Y_{1i}、Z_{1i}，则根据公式(2.6-12)，推算其在坐标系 2 下的坐标 X'_{2i}、Y'_{2i}、Z'_{2i} 如下：

$$\begin{cases} X'_{2i}=\Delta X+(1+k)(\cos\varepsilon_y\cos\varepsilon_z X_1+\cos\varepsilon_x\sin\varepsilon_z Y_1 \\ \quad +\sin\varepsilon_x\sin\varepsilon_y\cos\varepsilon_z Y_1+\sin\varepsilon_x\sin\varepsilon_z Z_1-\cos\varepsilon_x\sin\varepsilon_y\cos\varepsilon_z Z_1 \\ Y'_{2i}=\Delta Y+(1+k)(-\cos\varepsilon_y\sin\varepsilon_z X_1+\cos\varepsilon_x\cos\varepsilon_z Y_1 \\ \quad -\sin\varepsilon_x\sin\varepsilon_y\sin\varepsilon_z Y_1+\sin\varepsilon_x\cos\varepsilon_z Z_1+\cos\varepsilon_x\sin\varepsilon_y\sin\varepsilon_z Z_1 \\ Z'_{2i}=\Delta Z+(1+k)(\sin\varepsilon_y X_1-\sin\varepsilon_x\cos\varepsilon_y Y_1+\cos\varepsilon_x\cos\varepsilon_y Z_1 \end{cases} \tag{2.6-14}$$

设点 i 坐标系 2 下的真实坐标为 X_{2i}、Y_{2i}、Z_{2i}，则可将粒子飞行的目标函数设置为式(2.6-15)：

$$\Delta f=\sum_{i=1}^{n}\left[(X'_{2i}-X_2)^2+(Y'_{2i}-Y_2)^2+(Z'_{2i}-Z_2)^2\right] \tag{2.6-15}$$

利用粒子群搜寻 7 参数，代入公式(2.6-15)，当 $\Delta f\to 0$ 时，所求 7 参数为最优解。

2.6.2.3 模型 PSO 解法的实例验证

文献[79]采用的三维直角坐标转换最小二乘稳健估计法具有代表性，为了便于比较，以文献[79]中的实例作为实例，如表 2.6-3 所示。

表 2.6-3 模拟数据

点名	坐标系 1 下的坐标(m)			坐标系 2 下的坐标(m)		
	X_1	Y_1	Z_1	X_2	Y_2	Z_2
1	2 000	2 000	2 000	3 814.313 14	2 589.568 268	4 931.851 653
2	−2 000	2 000	2 000	2 400.099 577	5 039.058 011	2 103.424 528
3	−2 000	−2 000	2 000	−1 307.007 204	4 531.752 075	3 517.638 09
4	2 000	−2 000	2 000	107.206 359	2 082.262 332	6 346.065 215
5	2 000	2 000	−2 000	3 307.007 204	−531.752 075	2 482.361 91
6	−2 000	2 000	−2 000	1 892.793 641	1 917.737 668	−346.065 215
7	−2 000	−2 000	−2 000	−1 814.313 14	1 410.431 732	1 068.148 347
8	2 000	−2 000	−2 000	−400.099 577	−1 039.058 011	3 896.575 472

采用的 ε_x、ε_y、ε_z、ΔX、ΔY、ΔZ、k 的取值范围分别为 $[0, 180^0]$、$[0, 180^0]$、$[0, 180^0]$、$[-10\,000, 10\,000]$、$[-10\,000, 10\,000]$、$[-10\,000, 10\,000]$、$[-1, 1]$，$w=0.8$，$c_1=2$、$c_2=2$。采取不同方案的计算结果如表 2.6-4 所示：①当粒子数为 1 000，飞行次数 10 000，计算误差 1.89E-12，显示了粒子群算法求解 7 参数具有极高的精度；②不同方案下的参数计算结果存在较小的偏差，但是表中数据显示小的参数偏差会造成坐标转换误差的成倍增大；③由于粒子群算法中

存在随机函数，同一方案下重复计算会出现不同的计算结果，但是总的趋势没有改变，即计算精度随着粒子数和飞行次数的增大而显著提高。

表 2.6-4　转换参数的计算结果

转换参数	方案 1		方案 2		方案 3	
	粒子数	飞行次数	粒子数	飞行次数	粒子数	飞行次数
	100	1 000	100	10 000	1 000	10 000
ΔX(m)	913.104 109 705 9		1 000.459 097 797 8		1 000	
ΔY(m)	2 000.009 394 881 7		2 000.000 003 836 7		2 000	
ΔZ(m)	3 020.577 335 506 1		2 999.866 617 578 6		3 000	
ε_x(°)	26.979 644 731 4		29.846 934 797 1		29.999 999 997 0	
ε_y(°)	45.040 220 672 1		45.000 295 325 4		44.999 999 997 2	
ε_z(°)	62.148 704 156 4		60.117 058 627 8		60.000 000 000 5	
k	−4.59E−04		−1.20E−06		−1.00E−11	
Δf(m)	152 649.697 151 627 0		231.726 795 823 4		1.89E−12	

按照方案 3，计算坐标与实际坐标的误差如表 2.6-5 所示：最大绝对误差 0.000 4 mm，小于文献[79]中的最大绝对误差 20.001 mm，也小于文献[79]中 5、6、7、8 号点的最大绝对误差 0.001 mm。

表 2.6-5　计算坐标与实际值差异

点名	粒子群算法计算坐标(m)			坐标差(mm)		
	$X_{算}$	$Y_{算}$	$Z_{算}$	$X_{算}-X_2$	$Y_{算}-Y_2$	$Z_{算}-Z_2$
1	3 814.313 139 8	2 589.568 268 4	4 931.851 652 6	−0.000 19	0.000 43	−0.000 38
2	2 400.099 577 4	5 039.058 011 3	2 103.424 528 0	0.000 40	0.000 32	0.000 04
3	−1 307.007 203 7	4 531.752 075 0	3 517.638 090 3	0.000 26	−0.000 04	0.000 34
4	107.206 358 7	2 082.262 332 1	6 346.065 214 9	−0.000 34	0.000 07	−0.000 08
5	3 307.007 203 7	−531.752 075 0	2 482.361 909 7	−0.000 26	0.000 04	−0.000 34
6	1 892.793 641 3	1 917.737 667 9	−346.065 214 9	0.000 34	−0.000 07	0.000 08
7	−1 814.313 139 8	1 410.431 731 6	1 068.148 347 4	0.000 19	−0.000 43	0.000 38
8	−400.099 577 4	−1 039.058 011 3	3 896.575 472 0	−0.000 40	−0.000 32	−0.000 04

以此开发了导航定位软件——星航软件，软件可接任何符合 NEMA-0183 协议的 GPS 接收机以及本软件指定的测深仪，能广泛应用于 GPS 导航、定位以及水下地形测量。其测量时的转换原理可以用图 2.6-1 表示，软件界面如图 2.6-2 所示。

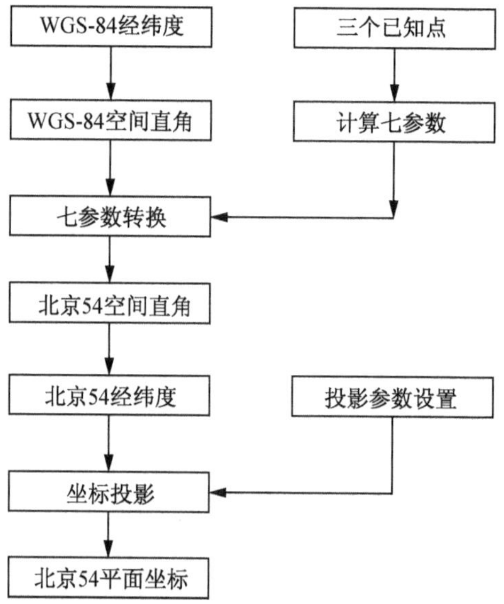

图 2.6-1 WGS84 转换到北京 54 坐标

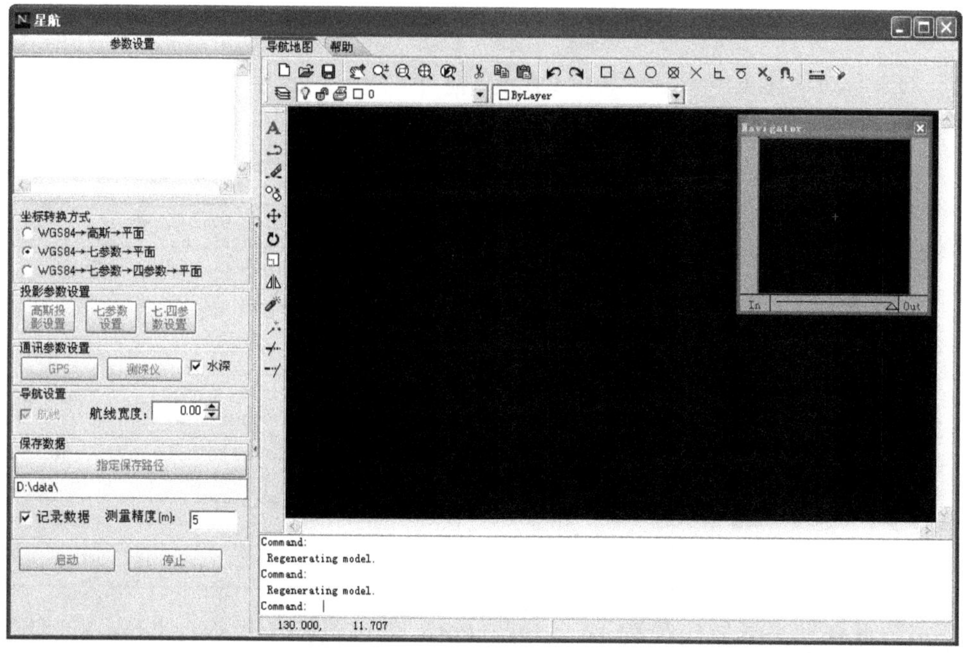

图 2.6-2 星航软件界面

3 几个典型研究区域水安全问题基本情况

深圳市、江苏沿海地区、江苏苏南地区是本书案例的主要研究区域。这几个研究区域，水汽充沛，气候湿润。受过境洪水、台风、暴雨、天文大潮等多因素影响甚至是叠加影响，极易引发水文气象灾害，且这些灾害普遍具有发生频率高、突发性强、危害范围广、损失严重的特征，严重影响地区经济社会的发展。对这几个典型区域进行基本水安全问题的专题研究，有助于我们加深对水文变量遭遇规律的认识和重视。

3.1 深圳城市发展与涉水安全问题

城市水系(含河、湖、库、海)作为城市的水源地、交通航运通道、污染物质的净化场所、生态调节器及景观旅游绿色廊道，具有调蓄雨水、防洪排涝、调污治污、维持生态平衡、改善城市微气候、改善城市人居环境、保护城市特色、提高城市魅力等重要作用，是影响和制约城市形态形成和演变的重要因素，是城市空间的重要组成部分，也是评价城市环境舒适性的重要指标。美国纽约《货币杂志》2002 年评选了十个美国最适宜居住的城市，前 6 位的城市水面率都超过了 10%。

深圳近 30 年来大规模超强度的开发建设，人口从十几万发展到 1 000 多万，河道填塞、河网缩减现象普遍，河网结构简单化、主干化、渠道化趋势明显，河道间的沟通减弱，加上大面积不透水硬地面取代了自然植被为主的透水软地面，已经严重改变了原有的水系状况，降低了城市水面率，产生了水系调蓄能力不足与城市防洪安全的矛盾、水资源短缺与城市需水的矛盾。

3.1.1 深圳水系历年数据统计

本次调查的水系包括如下三个部分：

(1) 河道——包括自然河道、人工渠道、河流湿地等；

(2) 湖泊、水库——包括一些人工水体景观、湖泊湿地、水库湿地等，不包括一般的池塘和水产养殖水域；

(3) 海岸线向外 1 km 范围海域面积——纳入城市水面率。

3.1.1.1 调查数据源与统计内容

本次调查选择1970年、1980年、1990年和2003年共4个年份的地形图、遥感影像和河道普查资料作为数据源，图3.1-1至图3.1-4是通过调查后绘制得到的

图3.1-1 1970年深圳水系分布图

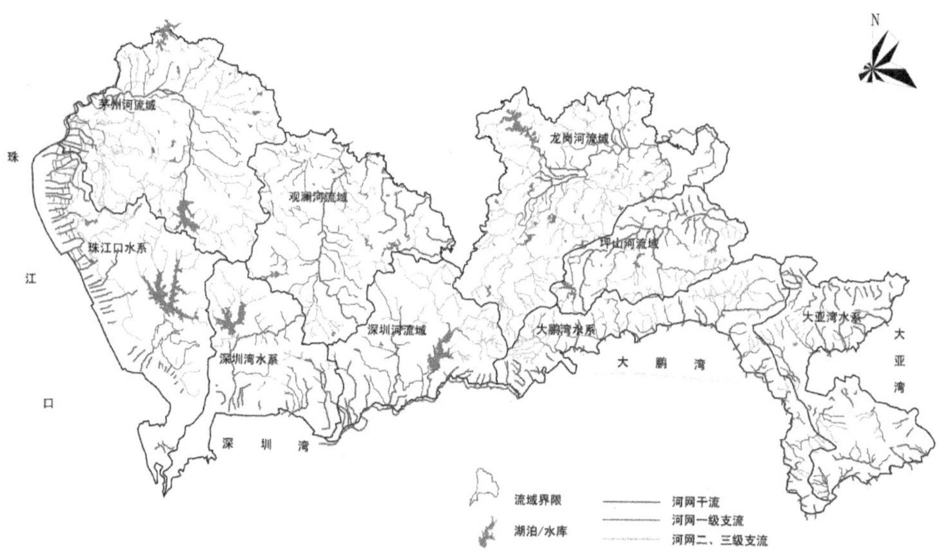

图3.1-2 1980年深圳水系分布图

1970 年、1980 年、1990 年及 2003 年深圳水系分布图。统计数据包括 1970 年、1980 年、1990 年及 2003 年深圳河道数量、河道长度、水库及湖泊数量、水库及湖泊面积、城市及流域水面率等，其中水面率统计含邻近海岸线 1 km 范围的海域。

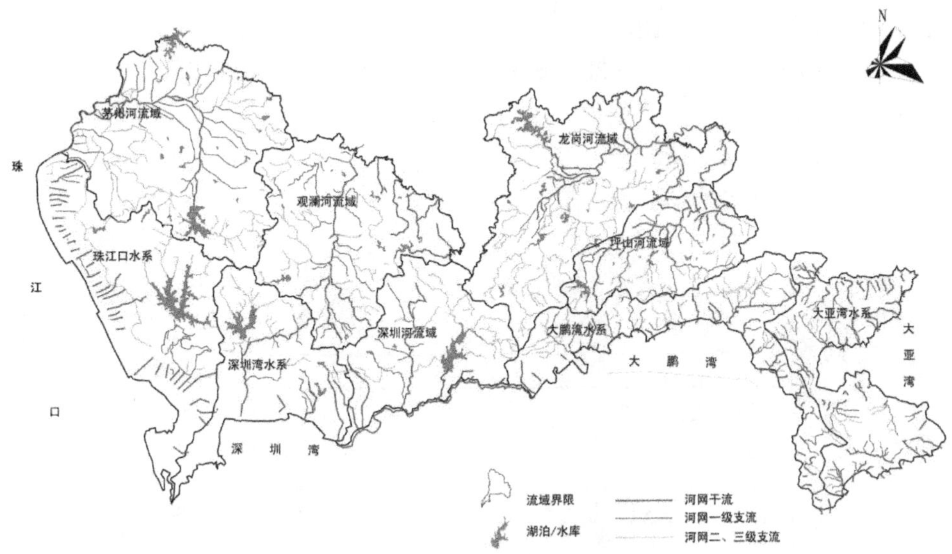

图 3.1-3　1990 年深圳水系分布图

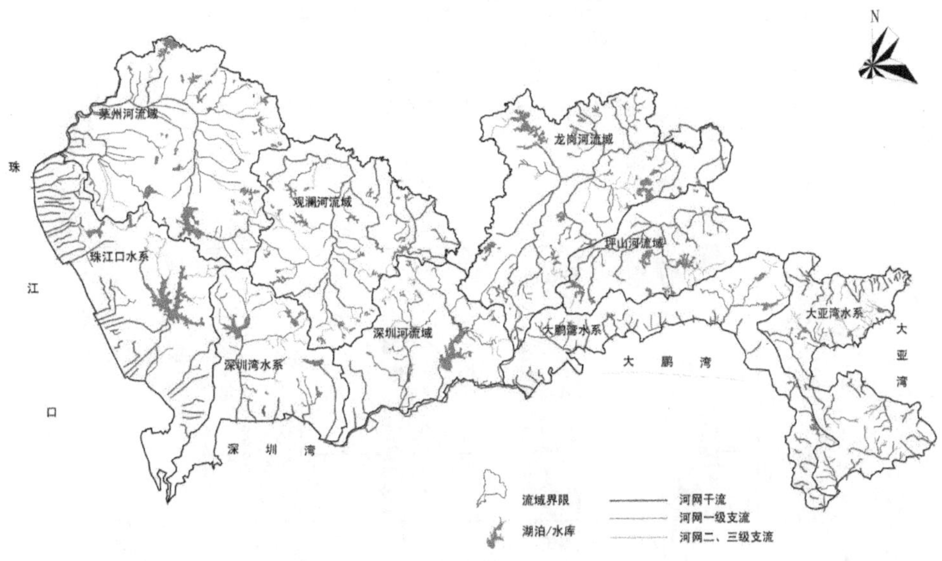

图 3.1-4　2003 年深圳水系分布图

3.1.1.2 水系历史数据与变化

统计数据参考图3.1-5至图3.1-8：

(1) 1970年河道数量为868条，河道总长度为2 014.74 km，湖泊和水库的数量为95个，湖泊和水库的面积为30.94 km^2，城市水面率19.95%，不考虑邻近海域的城市水面率为13.3%。

(2) 2003年，河道数量为326条，河道总长度为1 253.14 km，湖泊和水库的数量为184个，湖泊和水库的面积为48.24 km^2，城市水面率11.92%，不考虑邻近海域的城市水面率为4.61%。

(3) 1970—2003年，河道数量减少了542条，减少比例62.4%，河道总长度减少了761.59 km，减少比例37.8%，湖泊和水库的数量增加了89个，湖泊和水库的面积增加了17.3 km^2，城市水面率减少了65.3%。

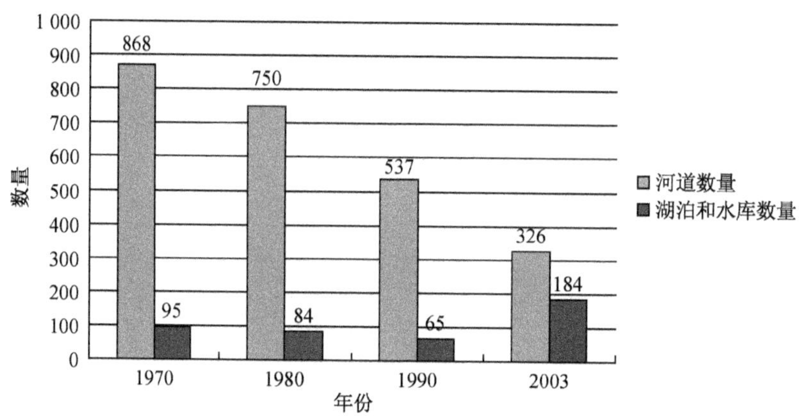

图3.1-5 深圳地区河道、湖泊及水库数量统计

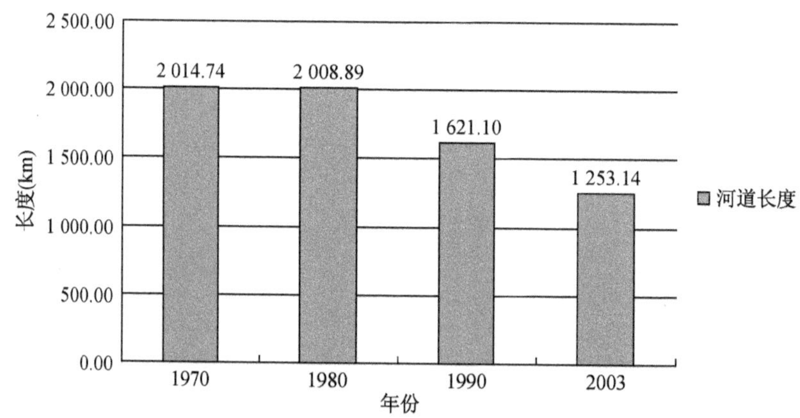

图3.1-6 深圳地区河道长度统计

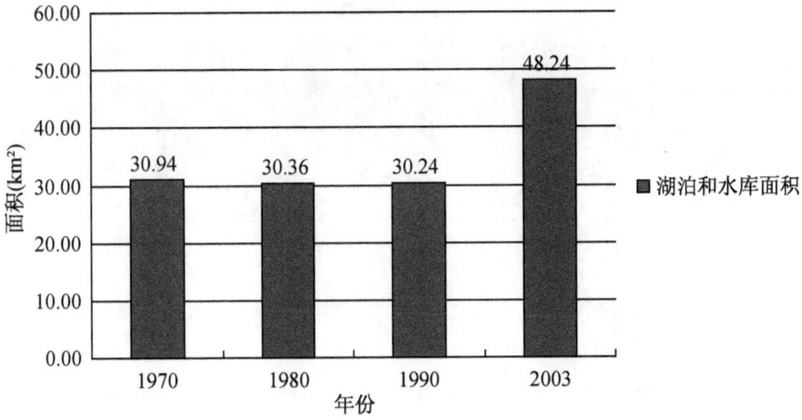

图 3.1-7　深圳地区湖泊及水库面积统计

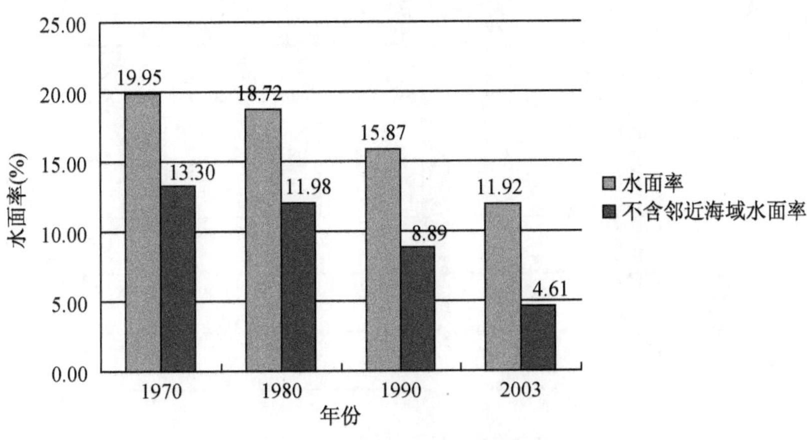

图 3.1-8　深圳地区水面率统计

3.1.1.3　各流域历史数据对比

各流域 1970—2003 年水系变化数据如图 3.1-9 至图 3.1-14，图上正数表示增加，负数表示减少，变化比例＝(2003 年指标－1970 年指标)/1970 年指标×100％，结果显示：

(1) 1970—2003 年，河道数量减少比例最多的是龙岗河流域，达到 74.5％；

(2) 1970—2003 年，河道长度减少比例最多的是大鹏湾水系，达到 55.3％；

(3) 1970—2003 年，湖泊和水库数量增加最多的是观澜河流域、深圳河流域和大鹏湾水系，均增加了 15 个；

(4) 1970—2003 年，湖泊和水库面积增加最多的是龙岗河流域，增加 3.68 km^2；

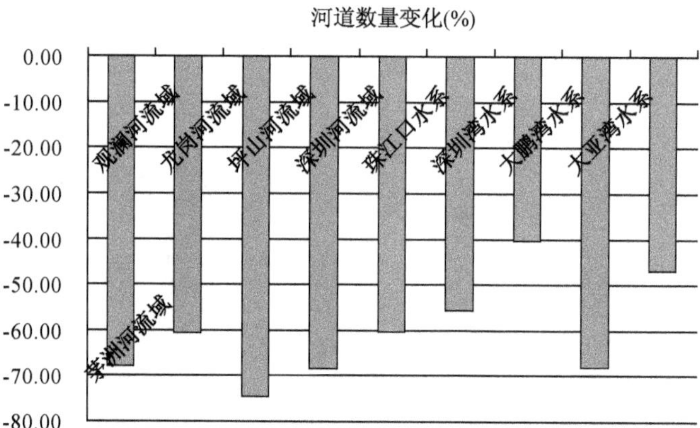

图3.1-9　各流域河道数量变化

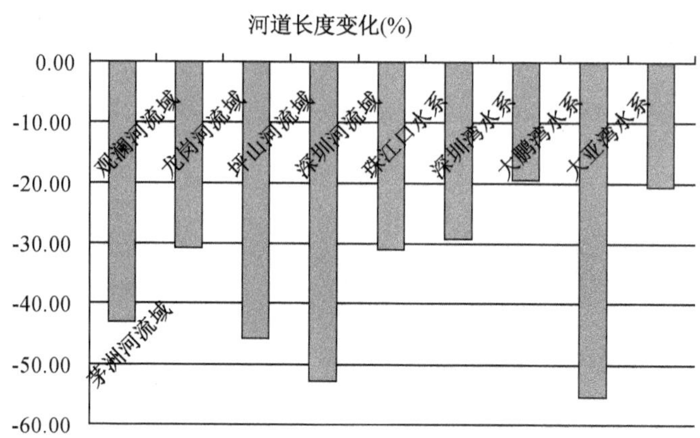

图3.1-10　各流域河道长度变化

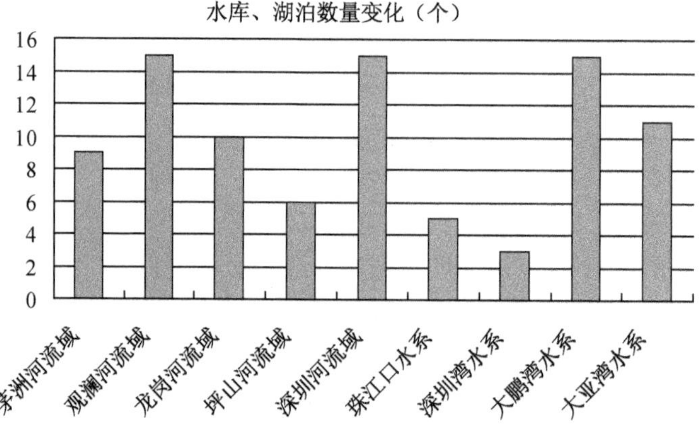

图3.1-11　各流域水库、湖泊数量变化

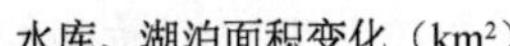

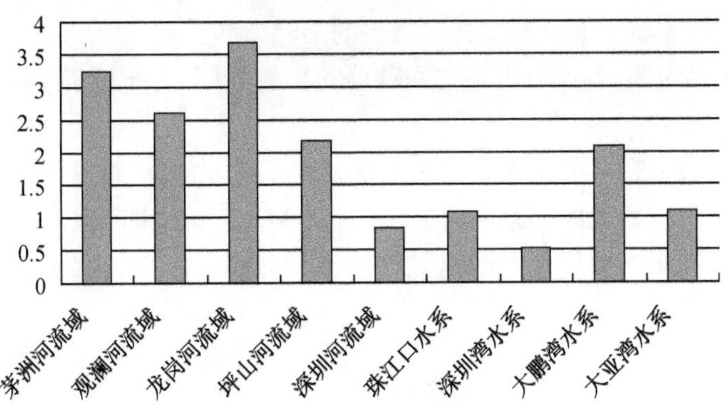

图 3.1-12 各流域水库、湖泊面积变化

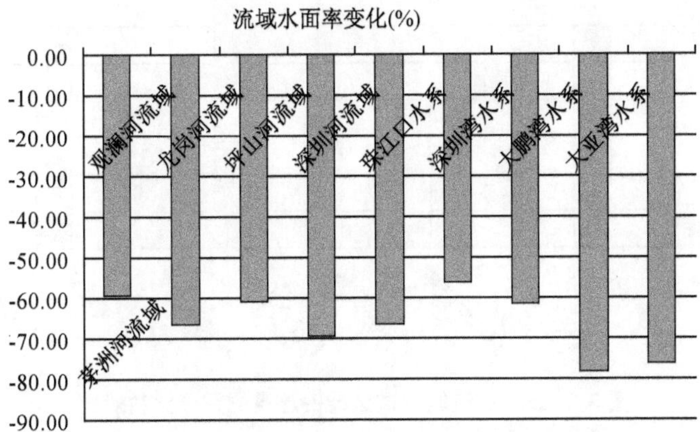

图 3.1-13 各流域水面率变化

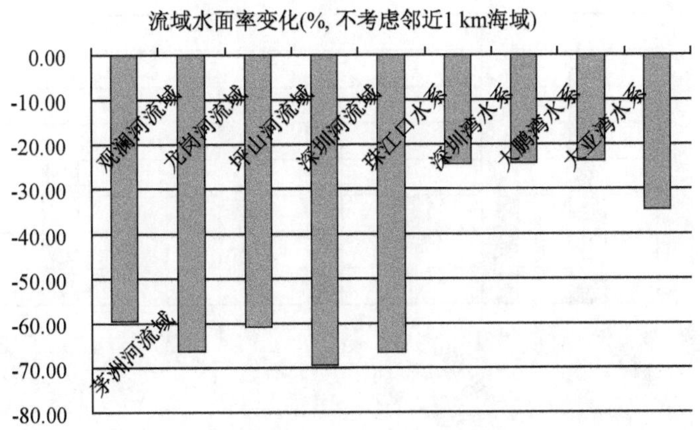

图 3.1-14 各流域水面率(不考虑邻近 1 km 海域)变化

(5) 1970—2003年，流域面积减少比例最多的是大鹏湾水系，达到78.2%，不考虑邻近海域，流域水面率减少比例最多的是坪山河流域，达到69.4%。

以2003年为例，各流域水系空间数据的比较如图3.1-15至图3.1-20所示，数据显示：

(1) 河道数量最多的是大亚湾水系，达到50条，占河道总量的15.3%；

(2) 河道长度最大的是茅洲河流域，达到209.7 km，占河道总长的16.7%；

(3) 湖泊和水库数量最多的是龙岗河流域，达到38个，占湖泊和水库总数量的20.7%；

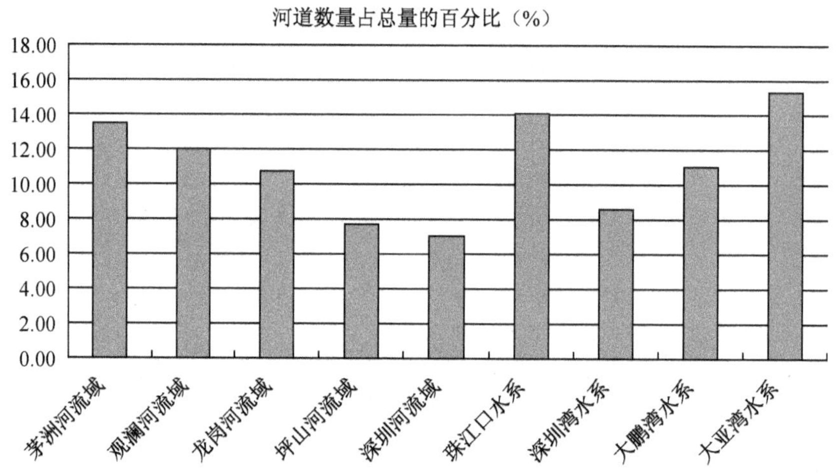

图3.1-15　各流域河道数量占总量的百分比数对比

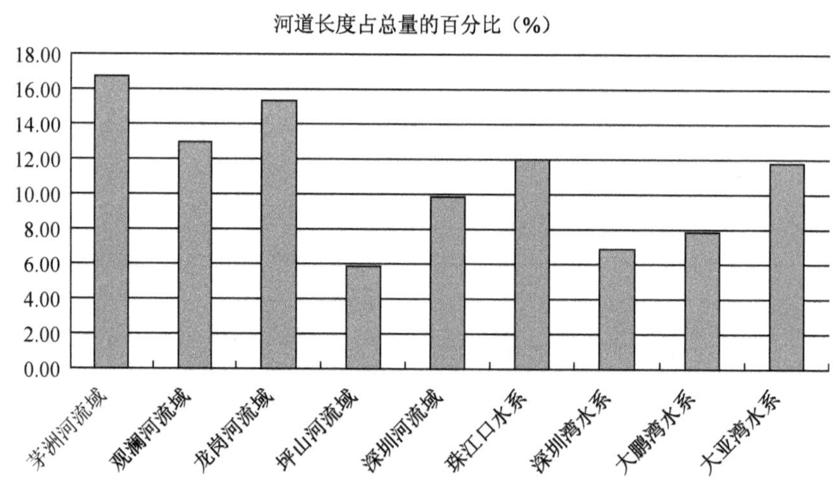

图3.1-16　各流域河道长度占总量的百分比数对比

(4) 湖泊和水库面积最大的是茅洲河流域，达到 9.8 km^2，占湖泊和水库总面积的 20.3%；

(5) 流域水面率最大的是大鹏湾水系，达到 29.2%，不考虑邻近海域，流域水面率最大的是珠江口水系，达到 6.2%。

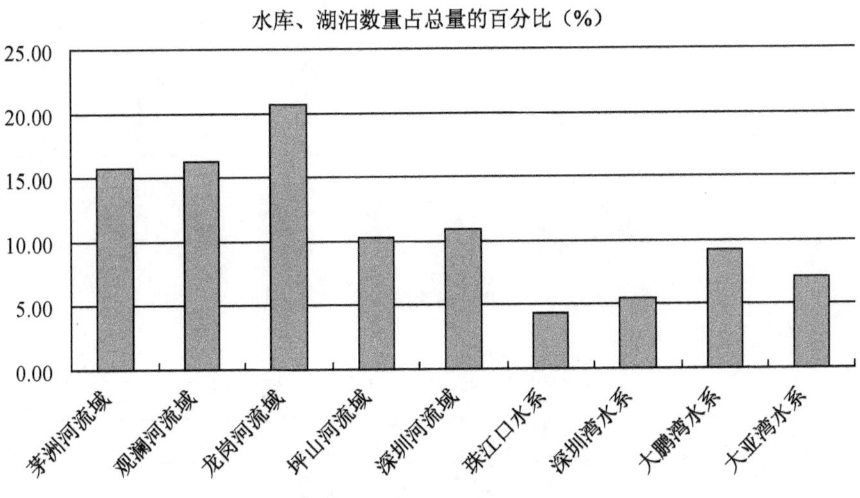

图 3.1-17　各流域水库、湖泊数量占总量的百分比数对比

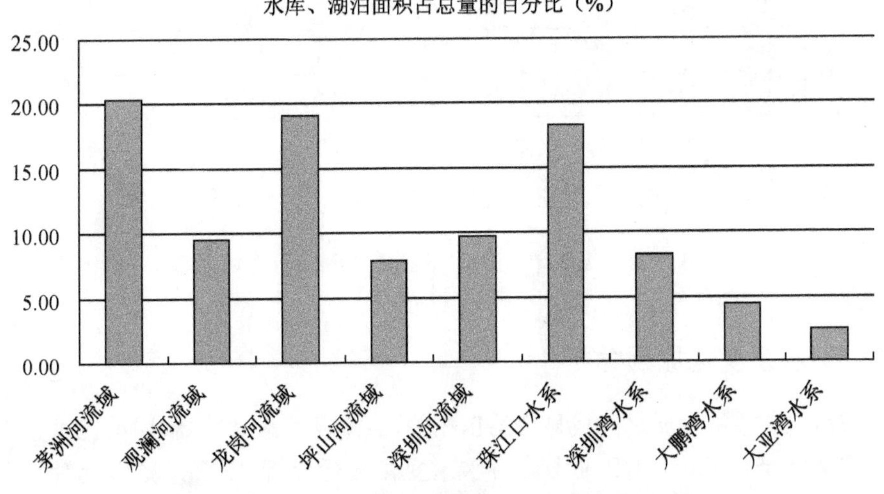

图 3.1-18　各流域水库、湖泊面积占总量的百分比数对比

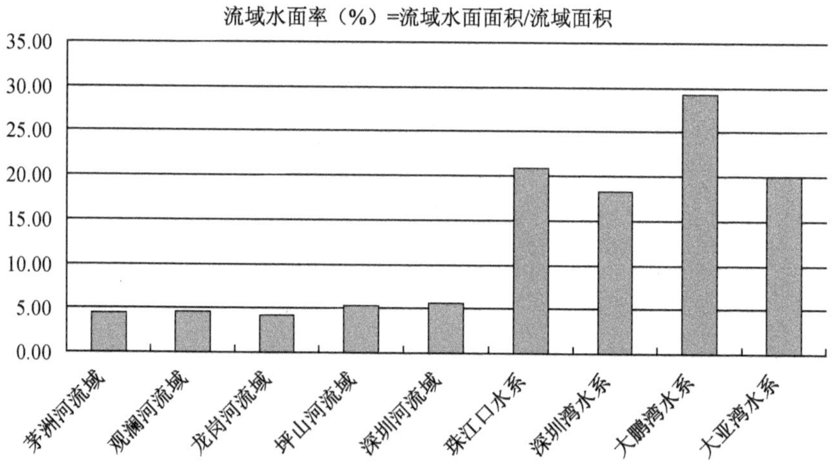

图 3.1-19　各流域水面率对比

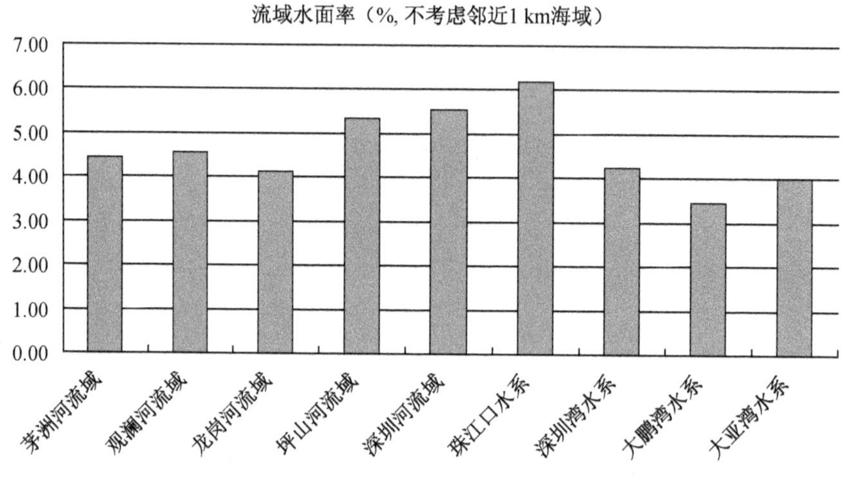

图 3.1-20　各流域水面率(不考虑邻近 1 km 海域)对比

3.1.2　水系变化原因分析

城市化与经济发展之间成显著的正相关，经济发展水平越高，城市化水平也越高。本节将结合城市 GDP 的走势对水系变化进行分析，以解读城市化对水系的影响。

3.1.2.1　深圳市 GDP 走势

过去几十年，深圳 GDP 高速增长（图 3.1-21），1970 年其 GDP 仅约 1.13 亿

元，到 2009 年这一数字已经达到了 8 201.23 亿元。经济高速发展，给城市带来大量的物质基础的同时，随之而来的是水资源、水环境破坏问题。

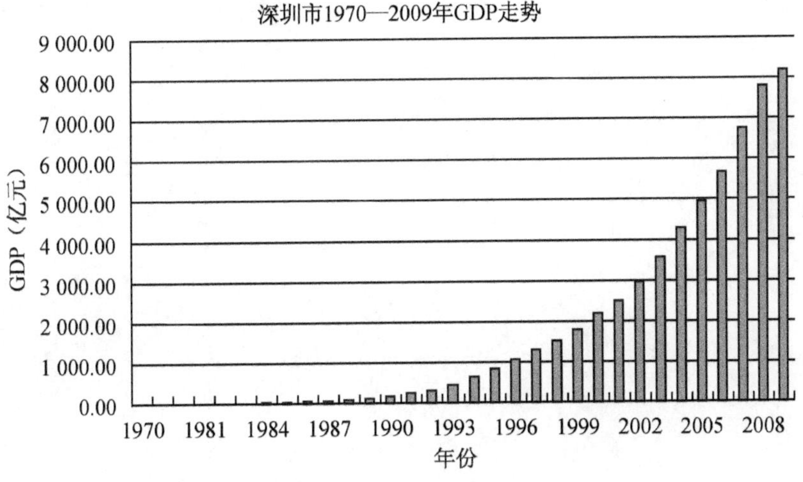

图 3.1-21 深圳市 GDP 走势

3.1.2.2 城市化对水系变化的影响

1970—2003 年间，深圳 GDP 由 1.13 亿元增加到 3 585.72 亿元，翻了约 3 500 倍。城市的快速发展，是造成以上水系变化的直接原因，具体可概括为如下几点：

(1) 城市用地紧张导致城市水面率降低，调蓄面积减少，其具体表现在：河道填塞现象突出、城市用地挤占河道空间普遍，大量滩地、湿地消失，河道过水断面减少，河道变窄。根据前面的统计，1970—2003 年间，深圳河道数量减少了 542 条，河道总长度减少了 761.59 km，其中被填塞的二、三级及以上支流占 90%以上，这些被填埋的河道一旦改作他用，很难恢复。图 3.1-22 显示了 20 世纪 80 年代大沙河河道以及滩地分布情况，现状情况下图上滩地几乎消失殆尽。

(2) 得益于城市饮用水增长的需求及营造景观水体工程的需要，水库、湖泊的数量增加了 89 个，其水域面积相应的增加了 17.3 km^2。

3.1.3 对城市防洪安全的影响

洪水多由暴雨产生。深圳市位于广东省珠江口地区，属南亚热带海洋性季风气候，受季风和台风影响雨量充沛。全年之中，4～9 月份暴雨最为频繁，城市易遭受洪涝灾害。河网缩减、城市水面率降低，削弱了水系的调蓄能力，增大了深圳市遭受特大暴雨时发生洪涝灾害的风险。1953—2008 年深圳市每年平均降雨量参考图 3.1-23，其多年平均降雨量为 1 966.3 mm，年最大降雨量 2 747 mm(2001

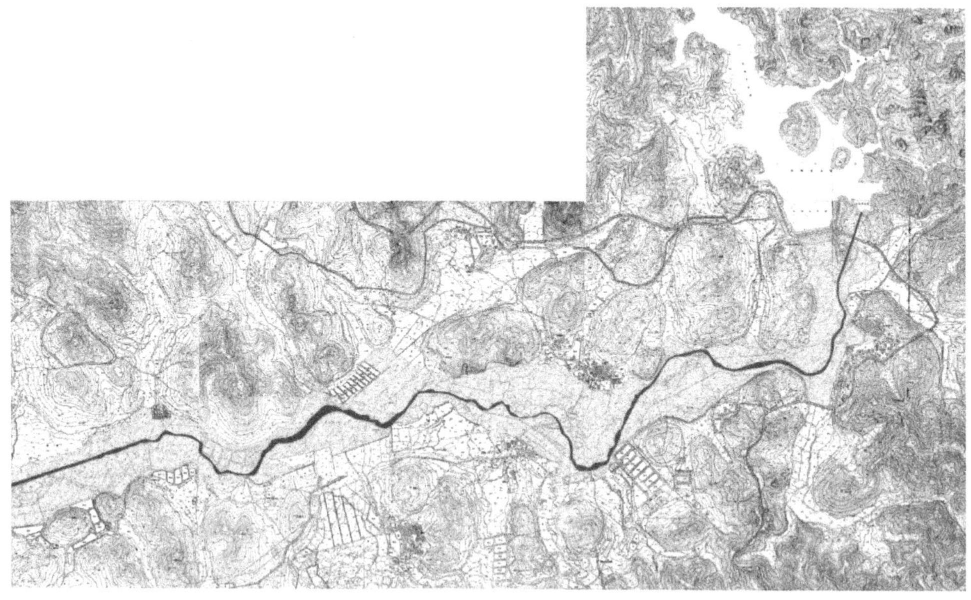

图 3.1-22　大沙河 20 世纪 80 年代河道情况

年)，年最小降雨量 913 mm(1963 年)。受地理位置和地形作用影响，深圳降雨量大致由东南向西北递减分布。

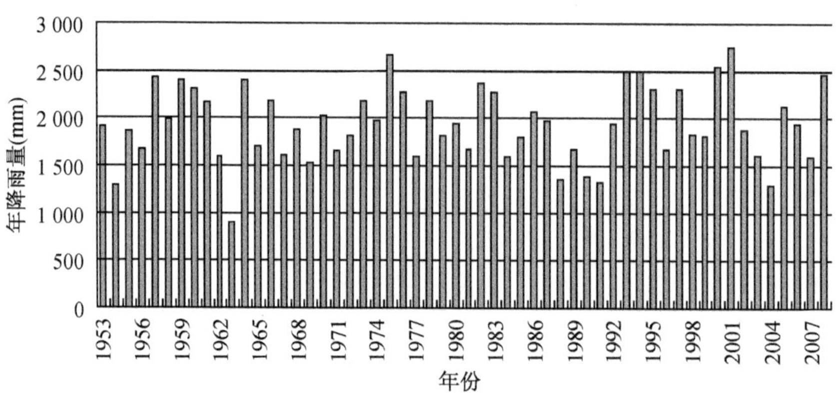

图 3.1-23　深圳 1953—2008 年各年平均降雨量

3.1.3.1　主要河道现状和规划防洪标准

深圳市现状主要河道防洪标准分布情况如图 3.1-24 所示，规划标准如图 3.1-25 所示，本次统计时间截至 2010 年，统计河长约 786.4 km，占总河长 62.8%。

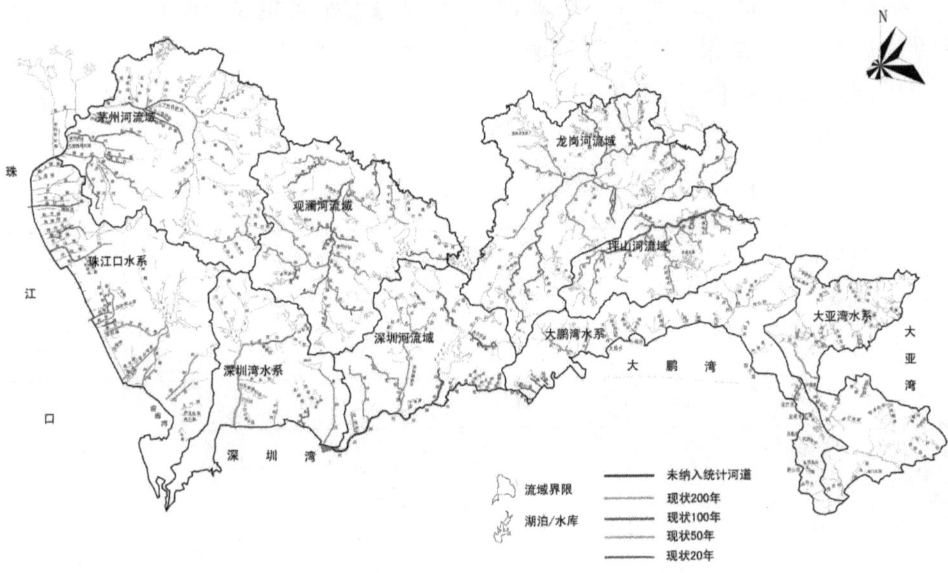

图 3.1-24　深圳主要河道现状防洪标准(未纳入统计的河道主要包含未治理的二、三级支流)

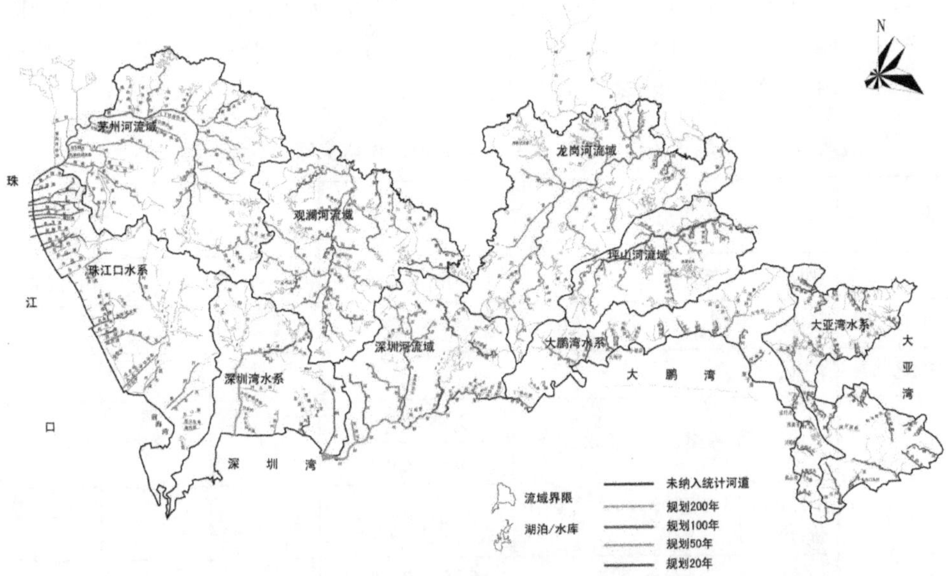

图 3.1-25　深圳主要河道规划防洪标准(未纳入统计的河道主要包含未治理的二、三级支流)

3.1.3.2 深圳河道防洪标准的达标率

通过对比图 3.1-24 和图 3.1-25，可以获得深圳水系主要干流和支流的防洪标准达标率，统计结果（表 3.1-1）显示：①现状主要河道防洪标准达标率仅为 30.1%，堤防标准偏低；②还存在大量未治理的二、三级及以上支流，这部分河流约占总河长的 40%。

表 3.1-1 2010 年深圳市主要河道防洪标准达标率统计

规划标准	20 年一遇河长	50 年一遇河长	100 年一遇河长	200 年一遇河长	累计
统计河长(km)	211.99	383.14	153.35	37.92	786.40
达标长度(km)	52.02	207.39	93.78	23.34	376.53
达标率(%)	24.54	54.13	61.15	61.55	
达标河段占统计河长的比例(%)	47.9				
达标河段占深圳水系总河长的比例(%)	30.1				

3.1.3.3 1980—2008 年主要洪涝灾害

深圳洪涝灾害在年内发生的时间多为 4～10 月，集中在 7～9 月，如表 3.1-2 所示：1980—2008 年的 29 年间深圳市发生的较大洪涝灾害达 27 次，造成的经济损失约 36.01 亿元，死亡 110 人。其中，洪涝灾害发生在 7 月份的约占 30%，8 月份约占 15%，9 月份约占 19%，3 个月共占约 64%。

表 3.1-2 1980—2008 年深圳市洪涝灾害统计

发生时间	发生地点	降雨(mm/h)	经济损失(亿元)	死亡人数(人)	主要灾害成因
1980.7.28	罗湖区东门老街	200/数小时			涝、洪
1981.7.20	松岗镇				涝
1983.9.9	沙井、福永		0.05	7	台风
1987.5.20	光明、公明、松岗、沙井、福永、西乡	光明：406/8 石岩：270/5	0.63	6	洪(漫堤)
1988.7.19	罗湖区文锦渡、嘉滨路；布吉穿孔桥；田面村	41.3/2			潮
1989.5.20	罗湖区、南头大街、西乡、福永、沙井、松岗、公明	特区：227～377 宝安：334～449	1.3	1	涝
1989.7.18	南山前、后海，福永镇		0.17		潮

(续表)

发生时间	发生地点	降雨(mm/h)	经济损失(亿元)	死亡人数(人)	主要灾害成因
1992.7.18	龙华，观澜，桂花、松元、新田	龙华 380/8 观澜 246/8			洪
1992.9.7	福田岗厦、皇岗，罗湖草埔、水贝、渔农村	59.0/2		4	涝
1993.6.16	布吉镇、福田区沿河机场、广深铁路	布吉河上游 256/5	7.37	11	涝
1993.9.26	罗湖商业区 6.57 km^2、福田区 5.84 km^2、盐田区	深圳水库 338～429 盐田 441/24	7.64	14	洪
1994.7.22	特区深南路以南	303/24	2	7	涝、潮
1994.8.6	罗湖区	深圳水库 360/24	0.05	4	涝
1996.6.24	盐田、沙井、福永、公明、松岗	233/6	0.03		涝
1997.7.19	龙岗区	三洲田 497/24	1.05		洪
	盐田区	横岗、龙岗、坪山/390 盐田 495/24			
1997.8.12	南山区 4 km^2	76.4/2	0.22		涝
1998.5.24	罗湖区罗芳村、新秀村(沙湾河)	沙头角 412 深圳水库 385 横岗镇 343	1.83	8	洪
1999.8.22	全市	468.8/49	1.5	7	台风
1999.9.16	梅林、福田、洪湖、盐田、南澳	214.4/53	0.76		台风
2000.4.14	全市、西乡臣田村、 广深公路钟尾村段	307.0/41	0.51	6	涝
2001.6.27	全市	249/34	0.3		涝
2001.7.6	西海堤	149.8～192.5/35			台风
2003.5.4	全市 36 个村、5 个居委会；13 处河堤	264/72 南澳 537/72	1.2	2	涝、洪
2003.9.2	南头检查站、水围村、文锦北路、田贝四路	98/24	2.5	22	台风
2005.8.20	全市	200～300/24	1.8	5	涝、洪
2007.6.10	南山区	50/1	0.1		涝、洪
2008.6.13	全市	200～400/24	5	6	涝、洪
合计			36.01	103	

深圳市洪涝灾害的危害巨大，2008年6月13日，深圳遭遇接近百年一遇的特大暴雨袭击，自12日夜间到14日早晨，累积雨量普遍在200～400 mm，其中宝安区最大降雨量达415 mm，福田区、光明新区、龙岗北部最大降雨量都达到了200 mm以上。暴雨导致广深铁路中断1 h，深圳机场130个出港航班延误，多个航班迫降广州、福州等地，深圳全市100多条路段积水严重，50多个街道和社区出现不同程度内涝，近100处边坡出现滑坡险情、70多间房屋倒塌、受影响人数近百万，直接经济损失约5亿元。

3.1.3.4 洪涝灾害成因及其受水系的影响

河网缩减和河道间的沟通减弱削弱了深圳城市水系的调蓄能力，加上城市扩张过程中土地利用方式的转变，大量耕地、林地、草地、水域转换为城市建设用地，土壤物理、化学、生物性质改变，不透水面积加大，直接改变了城市暴雨径流形成条件，使得径流系数增大、汇流时间缩短、洪峰流量增大，从而对城市水灾成灾机制产生影响，水灾发生频次增加。具体可概括为如下几点：

(1) 水系调蓄能力下降：城市发展导致河网缩减，河道滩地、湿地大量消失，降低了城市水面，削弱了水系调蓄洪水的能力；

(2) 气象因素：深圳地处沿海地区，水汽充沛，气候湿润，台风活动频繁，暴雨多且强度大；

(3) 地理条件：河流短小，山高坡陡，洪水陡涨陡落；

(4) 下垫面条件的改变：城市发展及经济建设的需要，原有的池塘、稻田、耕地、山坡被开发为市政用地，降低了流域内的调蓄能力，使径流系数加大；

(5) 沿海区域潮水的顶托；

(6) 堤防标准偏低，排涝设施不足：按照3.1.3.2节统计，深圳市现状主要河道防洪标准达标率仅为30.1%。

3.2 江苏沿海地区水安全问题概述

江苏沿海地区位于三大流域水系尾闾，废黄河以北属沂沭泗水系，流域面积8 961 km^2，占沿海地区总面积的27.59%；废黄河以南至328国道、如泰运河为淮河下游区，流域面积17 684 km^2，占54.51%；如泰运河以南属长江流域，流域面积5 813 km^2，占17.90%。除北部连云港市有低山丘陵分布外，其他大部分为黄淮海与滨海平原区。地面高程在1.5～5.0 m，局部洼地地面高程不足1 m。江苏省沿海地区具有四季分明的气候特征，苏北灌溉总渠以南属亚热带气候，以北属暖温带气候。江苏沿海地区“洪、涝、旱、潮、台”灾害多发并发，淡水资源短缺，水环境生态问题突出，水安全问题成为江苏沿海发展的重要制约因素。

3.2.1 水文气象基本特征

3.2.1.1 气象

江苏沿海地区多年平均降雨量982.4 mm。降水年内分配不均，主要集中在汛期(5～9月)，占全年的70%～80%；降雨年际变化大，降雨年际丰枯比为3.0左右。降水空间分布南部多于北部，沿海多于内陆，南北差距达200 mm以上。沿海地区受梅雨以及台风雨的影响，降雨集中、范围广，极易造成区域性洪涝。沿海地区多年平均蒸发量800～850 mm。汛期(5～9月)约占全年蒸发量的60%，年内蒸发量最大月一般出现在7、8月份，最小月蒸发量出现在1、2月。受季风影响，全年风向具有明显的季节性变化。冬季盛行偏北风，夏季盛行偏南风。平均风速、风压等值走向，基本与海岸线平行，自内陆向海风速明显增大。海风的年平均风速是3.7 m/s，最大风速主要出现在7～9月热带气旋活动的季节。

3.2.1.2 潮汐

江苏沿海主要受东海前进波和南黄海旋转波两个潮波系统控制，属正规半日潮型，近岸受大陆径流和地形影响、呈不规则半日潮型。南部海域平均潮差较大，在2.5～4.0 m之间，最大可能潮差5～7 m，北部较小，北部海区中央最大可能潮差1～3 m。弶港至小洋口一带海域潮差最大，平均可达3.9 m以上，小洋口近海可能最大潮差6.68 m，长沙港北为8.39 m。

近岸的水流状况受外海的潮波系统、海流系统和海岸轮廓影响，射阳河口以北近岸比较开敞，潮流流速较小，由北向南逐步增大，大潮汛时最大流速一般低于50 cm/s，最大不超过80 cm/s，涨潮流顺岸向西南，落潮流顺岸向东北。射阳河口以南，受东沙洲和海岸的束窄作用，潮流速度加快，逐步过渡为强潮流区，最大流速一般在100 cm/s以上，弶港—小洋口—北坎附近是沿岸潮流最强的区域。

3.2.1.3 波浪

江苏沿海受季风影响，产生以风浪为主的混合浪。春季偏东风频繁，多出现东向浪，强浪向西北偏北和西北偏西，北部为西北和东北偏东，平均波高0.9～1.4 m。夏季多受台风影响，北部多为东偏北浪，强浪向为东北；南部多为偏南向浪，强浪向为东南或西北。秋季，特别是晚秋，偏北大风已相当活跃，以偏北向浪为主，强浪向南部为北向，北部为东北和东北偏北。夏秋两季风缓时平均波高0.7～1.3 m，台风时，出现最大风浪，最大波高达4.4 m，且多涌浪，对海岸建筑破坏力强。冬季盛行偏北风，风力强而持久，以偏北向浪为主，强浪向南部为西北向，北部为东北偏北，平均波高与春季相近。全线最强波浪区为射阳河口以北、启东茅家港以南和辐射沙洲区边缘，而中部辐射沙洲内侧为弱波浪区。

3.2.1.4 风暴潮

对江苏海岸影响最大的主要自然因素为大风和天文大潮汛耦合，两者遭遇概率较大。据 1951—1981 年资料分析(取自南京水利科学研究院研究资料)：出现较强台风与天文大潮汛(农历初一至初四和十四至十八间)耦合的次数有 18 次，占总次数(34 次)的 52.9%；较强台风中心穿过海岸登陆的有 15 次，占 44.1%；较强台风中心穿过海岸登陆，同时又耦合天文大潮汛的有 7 次，占总次数的 20.6%。其中，1981 年 14 号台风，适逢农历 8 月初大潮，沿海各站增水 2 m 以上，其中，小洋口最大增水为 3.81 m，射阳河口达 2.95 m，吕四为 2.38 m。1997 年 11 号台风增水也十分明显，沿海各站纷纷接近历史最高潮位，遥望港附近超过历史最高潮位达 0.31 m。另外，台风时常伴有暴雨，多因素的叠加作用，极易造成洪涝灾害。

3.2.2 沿海水系

江苏跨江临海，仪六丘陵经江都六闸至如泰运河为一线将江苏分为长江与淮河两大流域。江苏沿海位于淮河、长江流域的尾闾。废黄河以北为淮河流域沂沭泗水系；废黄河以南为淮河流域淮河干流水系；如泰运河以南属长江流域苏北沿江水系。

3.2.2.1 沂沭泗水系

沂沭泗水系是淮河流域内一个相对独立的水系，系沂、沭、泗(运)三条水系的总称，位于淮河流域东北部，北起沂蒙山，东临黄海，西至黄河右堤，南以废黄河与淮河水系为界。全流域介于东经 114°45′～120°20′、北纬 33°30′～36°20′之间，东西方向平均长约 400 km，南北方向平均宽不足 200 km。流域面积 7.96 万 km^2，占淮河流域面积的 29%。

3.2.2.2 淮河干流水系

淮河干流发源于河南省桐柏山，向东流经豫、鄂、皖、苏四省，在三江营入长江，全长 1 000 km，总落差 200 m，平均比降约万分之二。洪河口以上为上游，流域面积 3.06 万 km^2，长 360 km，地面落差 178 m，平均比降约万分之五；洪河口以下至洪泽湖出口中渡为中游，长 490 km，地面落差 16 m，平均比降约万分之零点三，中渡以上流域面积 15.8 万 km^2；中渡以下为下游入江水道，长 150 km，地面落差约 6 m，平均比降约万分之零点四，三江营以上流域面积为 16.46 万 km^2。

3.2.2.3 苏北沿江水系

苏北沿江水系位于江淮分水线以南，面积 11 845 km^2，跨南京、扬州、南通三市所辖 14 个县(市)。区内滁河为跨苏皖两省汇入长江的河道，其余均为省内南流入江的河道，苏北沿江水系又可分为滁河水系、通扬水系和通启水系。

3.2.3 防洪(治涝)工程

3.2.3.1 排水涵闸

江苏沿海地区水闸、泵站星罗棋布。其中,连云港赣榆区沿海排水涵闸共48座,包括大中型涵闸8座,小型涵闸40座,与区域排水关系比较密切的排水涵闸主要有6座;沂北区(主要包括连云港市区及灌云县)沿海共有排水涵闸11座,其中市区6座,灌云县5座;沂南区连云港境内共有排水涵闸35座,其中盐东控制工程4座,灌河沿线中小型涵闸31座。盐城境内淮河水系有中型河流28条,建有入海涵闸29座。其中入海水道建有海口南、北两闸,灌溉总渠建有六垛南闸,沿海垦区建有射阳河闸、黄沙港闸、新洋港闸、斗龙港闸、川东港等里下河五大港闸。南通境内淮河水系有中型河流7条,建有入海涵闸5座。表3.2-1~表3.2-3列出了部分排水涵闸的统计资料。

表3.2-1 连云港境内沿海部分排水涵闸统计

闸名	河名	建成时间(年.月)	孔数(孔)	总净宽(m)	闸底高程(m)	设计排涝流量(m^3/s)
燕尾挡潮闸	五灌河	1972.8	6	36	−2.0	332
车轴河闸	车轴河	1953.10	8	48	−2.0	604
东站自排闸	蔷薇河	2011.5	6	60	−2.5	650
烧香河新闸	烧香河	2003.5	5	50	−2.0	650
武障河闸	武障河	1977.4	14	112	−2.5	841
龙沟河闸	龙沟河	1979.7	17	102	−2.5	874
滨海新闸	中山河	2008.7	6	60	−2.5	1 000
善后新闸	善后河	1958.6	10	100	−3.0	1 050
临洪闸	蔷薇河	1959.12	5	130	−3.0	1 380
三洋港挡潮闸	临洪河	2012.6	33	495	−2.0	6 400

表3.2-2 盐城境内沿海部分排水涵闸统计

闸名	河名	建成时间(年.月)	孔数(孔)	总净宽(m)	闸底高程(m)	设计排涝流量(m^3/s)
大丰闸	大丰干河	1958.5	7	70	−2.0	619
利民河闸	利民河	1970.6	11	58	−3.0	756
六垛南闸	苏北灌溉总渠	1953.7	7	64.4	−0.35	800
四卯酉闸	四卯酉河	1978.7	11	58	−2.5	818

（续表）

闸名	河名	建成时间（年.月）	孔数（孔）	总净宽（m）	闸底高程（m）	设计排涝流量（m^3/s）
王港新闸	王港	1959.7	19	78	−2.5	1 060
斗龙港闸	斗龙港	1966.6	8	80	−3.0	1 164
黄沙港闸	黄沙港	1972.6	16	83	−3.5	1 418
运棉河闸	运棉河	1960.7	15	90	−3.0	1 467
新洋港闸	新洋港	1957.5	17	170	−3.5	3 077
射阳河闸	射阳河	1956.5	35	350	−3.5	6 340

表 3.2-3　南通境内沿海部分排水涵闸统计

闸名	河名	建成时间（年.月）	孔数（孔）	总净宽（m）	闸底高程（m）	设计排涝流量（m^3/s）
掘苴河闸	掘苴河	1958.6	12	36	−1	282
东安闸	如泰运河	1960.6	9	36	−1	321
大洋港闸	通吕运河	1964.7	5	32	−1.76	368
如皋港闸	如皋港	1992.6	3	30	−2	463.7
北凌新闸	北凌河	1980.11	5	32	−2	476
小洋口闸	栟茶运河	1955.7	9	72	−1	596
洋口外闸	栟茶运河	2003.5	7	74	−1.5	740
碾砣港闸	如海运河	1959.7	16	66	−1.5	775
南通节制闸	通吕运河	1960.7	23	92	−3	1 209
九圩港闸	九圩港	1959.6	40	200	−2	1 900

3.2.3.2　海堤

江苏海堤北起赣榆县绣针河口，南至长江口启东嘴，海堤长约 800 km，保护区面积 15 368 km^2，保护区人口 833.3 万人，保护耕地 1 084.3 万亩*。其中侵蚀性堤段长 338 km（含严重侵蚀段长 100 km，主要分布在沿海北部）。江苏省海堤达标工程从 1997 年开始实施，自 1998 年以来，全省沿海各县（市）均进行了大规模的海堤达标建设，目前沿线海堤断面均已基本达标，仅防护工程和建筑物加固工程建设相对滞后。

工程设计标准为 50 年一遇高潮位加 10 级风浪爬高和安全超高。对于历史最

* 1 亩≈666.7 m^2。

高潮位超过设计潮位的岸段，一般取历史最高潮位为设计潮位。近年来，江苏在一线主海堤以外已实施大量围海工程，但这些围海工程的围堤并未完全纳入行业海堤管理范围。例如，南通沿海 70%以上的一线主海堤外均为新建围堤，尽管上述海堤也采用江苏省达标海堤标准，但起围高程均低于现状海堤，并且普遍存在围堤过程中直接在堤外取沙的现象。

3.2.4 江苏沿海地区水安全问题成因

江苏沿海地区包括连云港、盐城和南通三市，海岸线长 954 km，陆地面积 2.98 万 km^2，人口超过 1 900 万。该地区南部毗邻我国最大的经济中心上海，北部连云港是陇海-兰新地区的重要出海门户，东临黄海，与日本、韩国隔海相望，是丝绸之路经济带和 21 世纪海上丝绸之路的交汇点，中国东部地区重要的经济增长极，战略地位十分重要。2009 年 6 月，国务院常务会议审议通过《江苏沿海地区发展规划》，从顶层设计层面，对江苏沿海地区水安全保障提出新的战略要求：① 扩大引江送水重点工程的建设，利用沿海滩涂、洼地建设平原水库，保障沿海发展的淡水资源供给；②强化海洋灾害监测预警、防灾减灾体系建设，适时外移沿海挡潮港闸，全面提升防洪排涝和防台防潮能力；③发挥江苏沿海滩涂资源丰富的优势，适度围填，优先用于发展现代农业、耕地占补平衡和生态保护与建设；④强化污染治理，保障饮用水安全，重点加强饮用水源地保护区的建设。因此，江苏沿海地区水安全保障面临新的、巨大的挑战。

3.2.4.1 水资源短缺、供需矛盾突出

主因包括：水资源时空分布不均；过境水量丰沛但湖库调蓄能力不足；水系联系复杂，水资源配置与调度困难；多年年平均降水量与蒸发量相当，洗盐洗碱淡水需求量大，本地淡水资源补给不足；河湖水体富营养化和水体咸化风险严重，沿海平原水库建设存在技术瓶颈。江苏沿海地区多年平均水资源总量 93.8 亿 m^3，年用水量 120 亿～130 亿 m^3，一般干旱年水资源供给量仅 64.3 亿 m^3，特殊干旱年只有 27.3 亿 m^3，缺口巨大。另外，沿海平原地区河流流速小，自净能力差，水质为Ⅲ～劣Ⅴ类，大多河道达不到水功能区的目标要求。

3.2.4.2 灾害形成机理复杂、洪涝灾害风险高

主因包括：沿海地区地势低洼，洪、涝、旱、渍、风暴潮、台风、海平面上升等灾害易发频发甚至叠加影响；江苏沿海闸下淤积问题严重，近 60 座大中型挡潮闸中，严重淤积的 15 座，基本淤死的 5 座，一般淤积的 20 座，制约了工程防洪排涝效益的发挥；现有的陆地水文资料难以满足沿海水利建设需要，但海洋水文基础资料积累有限，海洋水文监测站点严重匮乏；一线主海堤外的大量围海工程，其围堤未完全纳入行业海堤管理范围，建设标准、质量控制等都亟待加强，规范化的海堤安全管

理信息系统建设迫在眉睫；水闸老化病害问题突出，未列入达标建设的堤防，建设标准不足，已完成达标工程建设的海堤存在险工险段，增大了局部海堤溃决灾变风险。

下面仅以风暴潮灾害为例，结合全国以及江苏一并介绍。我国是西太平洋沿岸海洋灾害最严重的国家，也是世界上海洋灾害最严重的国家之一。在各种海洋灾害中，风暴潮造成的经济损失最为严重。统计(参考中国各年度海洋灾害公报)从 2000 到 2010 年之间受灾最重的 2005 年、2006 年和 2008 年，如表 3.2-4 所示：①5 种海洋灾害共计造成直接经济损失达 742.95 亿元，其中 99%是因为风暴潮引起的；②共计造成 1 015 人死亡或失踪，因风暴潮引起的占 51%，其余 49%全部由灾害海浪引起。

表 3.2-4　各种海洋灾害损失对比

灾害种类	2005 年		2006 年		2008 年	
	死亡或失踪(人)	直接经济损失(亿元)	死亡或失踪(人)	直接经济损失(亿元)	死亡或失踪(人)	直接经济损失(亿元)
风暴潮	137	329.8	327	217.11	56	192.24
灾害海浪	234	1.91	165	1.34	96	0.55
海冰	0	0	0	0	0	0.02
海啸	0	0	0	0	0	0
赤潮	0	0.69	0	0	0	0.02

2000 年至 2010 年风暴潮总体灾害情况显示：风暴潮总共发生 174 次(图 3.2-1)，因灾死亡或失踪 855 人(图 3.2-2)，直接经济损失 1 373.52 亿元(图 3.2-3)；2005 年为我国沿海风暴潮重灾年，经济损失为历年之最；2010 年风暴潮总体灾情较轻，直接经济损失和死亡(含失踪)人数相对较少。

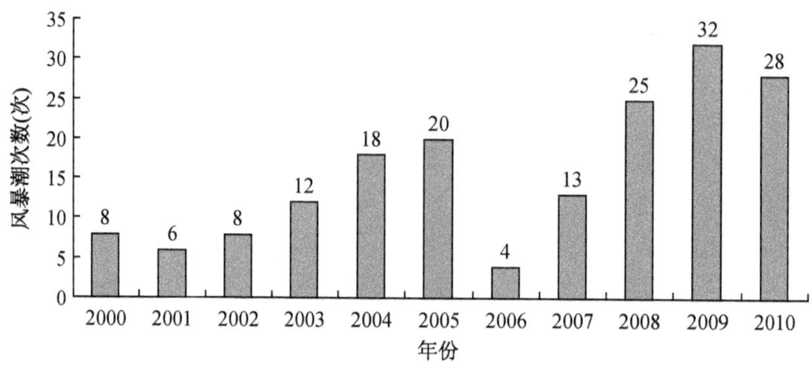

图 3.2-1　2000—2010 年中国风暴潮灾害次数

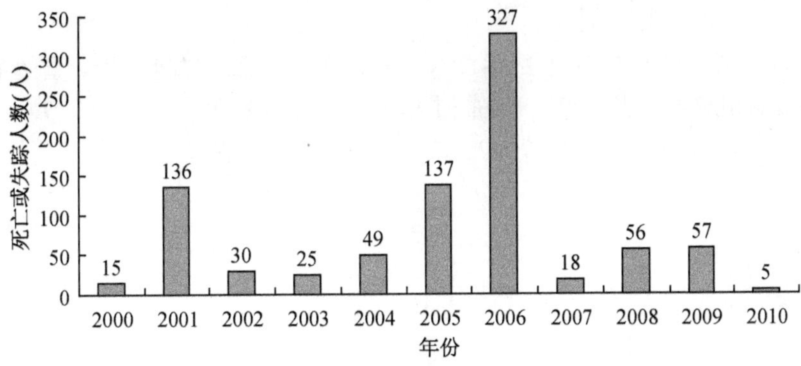

图 3.2-2　2000—2010 年中国因风暴潮灾害死亡或失踪人数

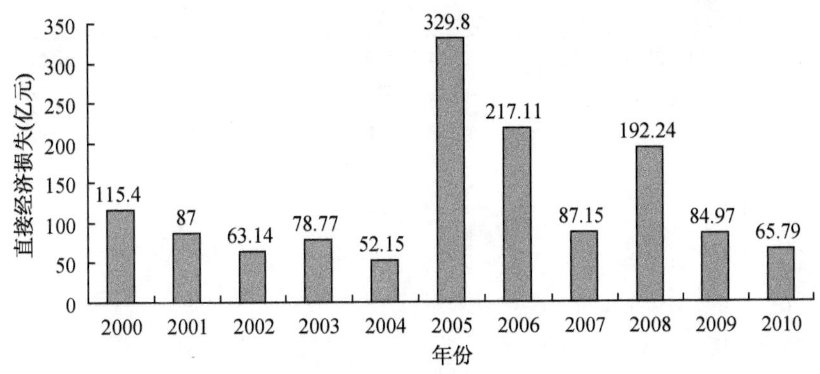

图 3.2-3　2000—2010 年中国因风暴潮灾害直接经济损失

统计 2000—2010 年我国主要受灾省份受灾情况，如表 3.2-5 所示：①福建省和广东省受风暴潮影响最严重；②江苏省受风暴潮影响相对较小，灾情相对较轻；③南部沿海省份，包括浙江、福建、广东、海南总计占据了风暴潮灾害经济损失的 86.9%。

表 3.2-5　2000—2010 年主要受灾省份灾害情况

区域	死亡或失踪(人)	死亡或失踪比例(%)	直接经济损失(亿元)	直接经济损失比例(%)
全国	855	/	1 373.52	/
江苏省	33	3.9	59.55	4.3
浙江省	61	7.1	166.57	12.1
福建省	542	63.4	465.33	33.9
广东省	117	13.7	417.74	30.4
海南省	51	6.0	144	10.5

主要受灾省份灾情如下：

① 江苏省 2000—2010 年风暴潮灾害死亡人数和直接经济损失。江苏省受风暴潮的影响相对其他省份较轻，灾害损失较小，其中受灾最严重的是 2000 年，直接经济损失 56.1 亿元，死亡(含失踪)9 人。参考图 3.2-4 和图 3.2-5。

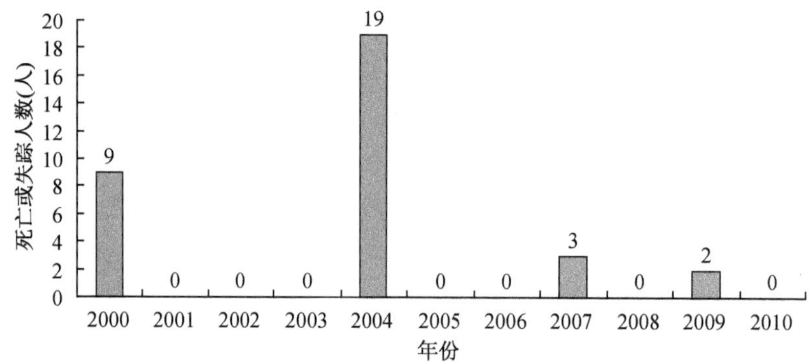

图 3.2-4　2000—2011 年江苏省因灾死亡或失踪人数

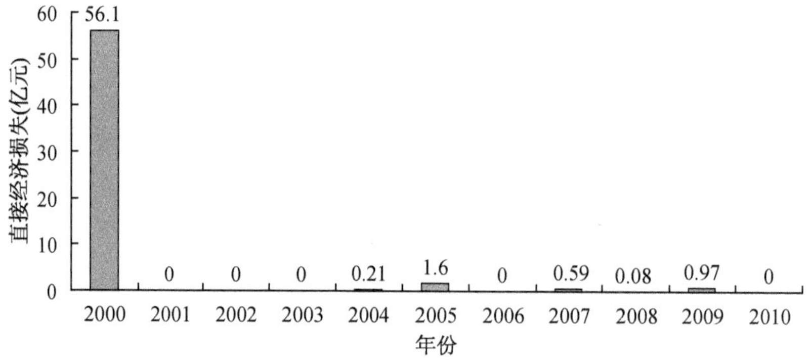

图 3.2-5　2000—2011 年江苏省因灾直接经济损失

② 浙江省 2000—2010 年风暴潮灾害死亡人数和直接经济损失。浙江省受风暴潮的影响比江苏省的略重，其中受灾最严重的 2000 年，共造成 43 亿元的经济损失，死亡(含失踪)4 人。参考图 3.2-6 和图 3.2-7。

③ 福建省 2000—2010 年风暴潮灾害死亡人数和直接经济损失。福建省是受风暴潮的影响严重的省份，其中受灾最严重的 2005 年，直接经济损失 138.2 亿元，死亡(含失踪)74 人。参考图 3.2-8 和图 3.2-9。

④ 广东省 2000—2010 年风暴潮灾害死亡人数和直接经济损失。广东省也是受风暴潮影响严重的省份，其中受灾最严重的 2008 年，直接经济损失 154.22 亿元，死亡(含失踪)55 人。参考图 3.2-10 和图 3.2-11。

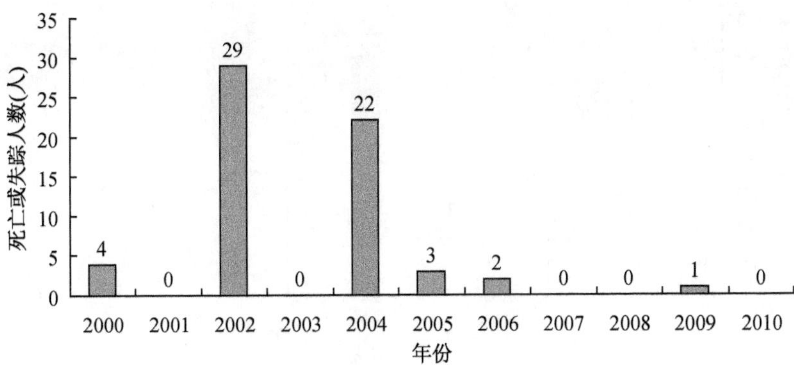

图 3.2-6　2000—2011 年浙江省因灾死亡或失踪人数

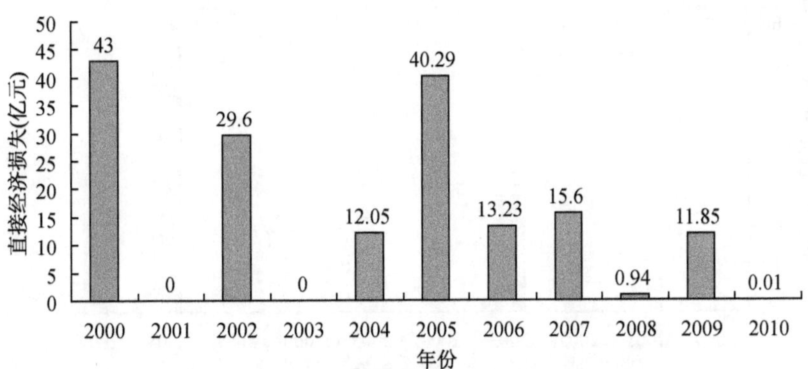

图 3.2-7　2000—2011 年浙江省因灾直接经济损失

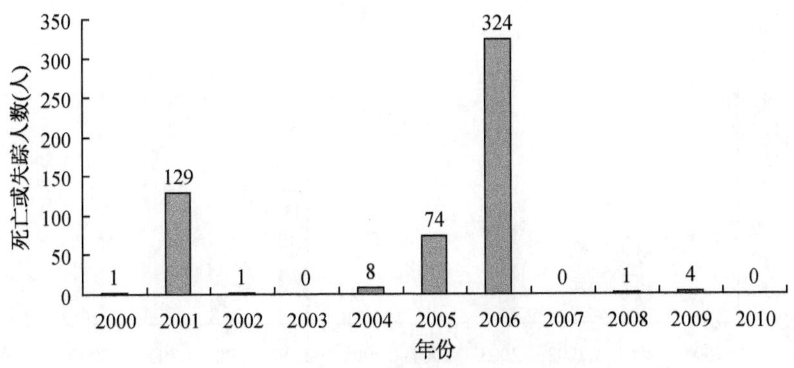

图 3.2-8　2000—2011 年福建省因灾死亡或失踪人数

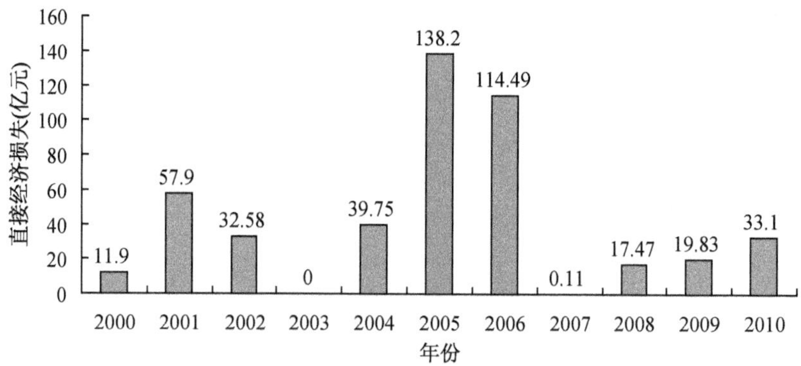

图 3.2-9　2000—2011 年福建省因灾直接经济损失

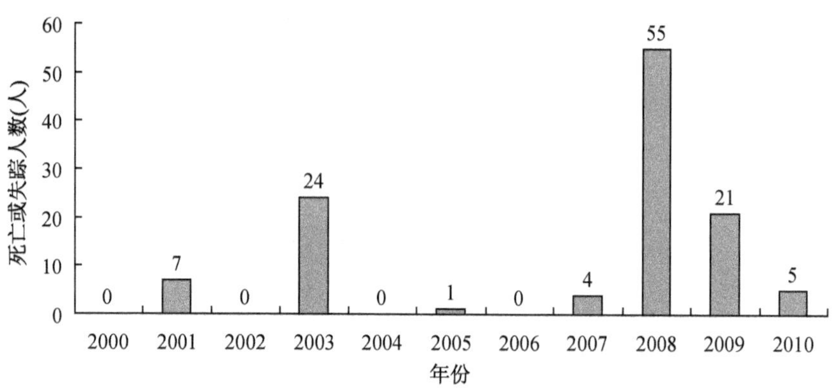

图 3.2-10　2000—2011 年广东省因灾死亡或失踪人数

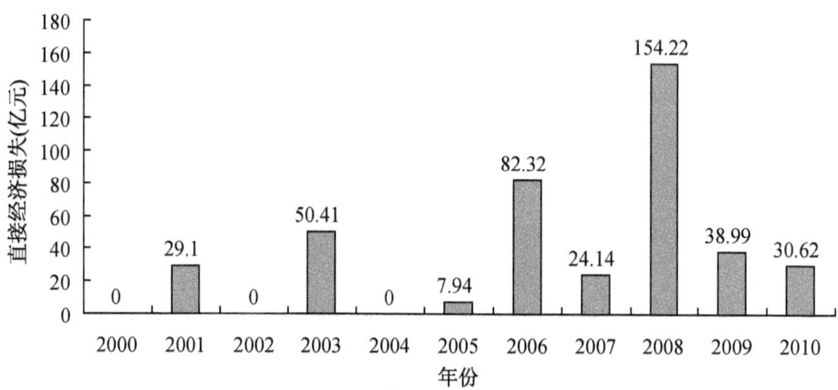

图 3.2-11　2000—2011 年广东省因灾直接经济损失

⑤ 海南省 2000—2010 年风暴潮灾害死亡人数和直接经济损失。海南省灾害发生次数多，其中多数灾害造成的损失较小，但是在其受灾最严重的 2005 年，直接经济损失也达到了 117.67 亿元，死亡(含失踪)37 人。参考图 3.2-12 和图 3.2-13。

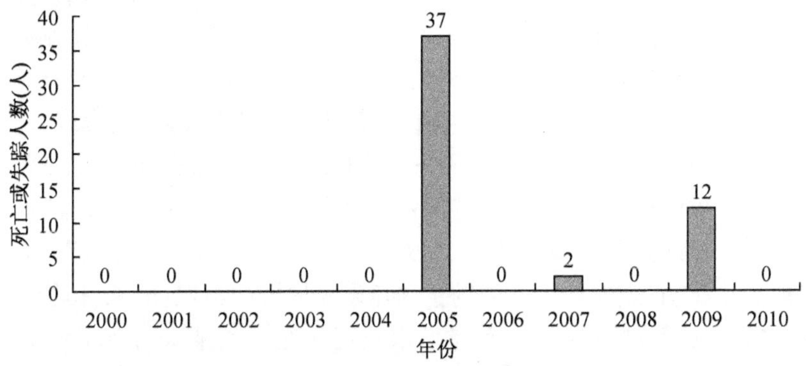

图 3.2-12　2000—2011 年海南省因灾死亡或失踪人数

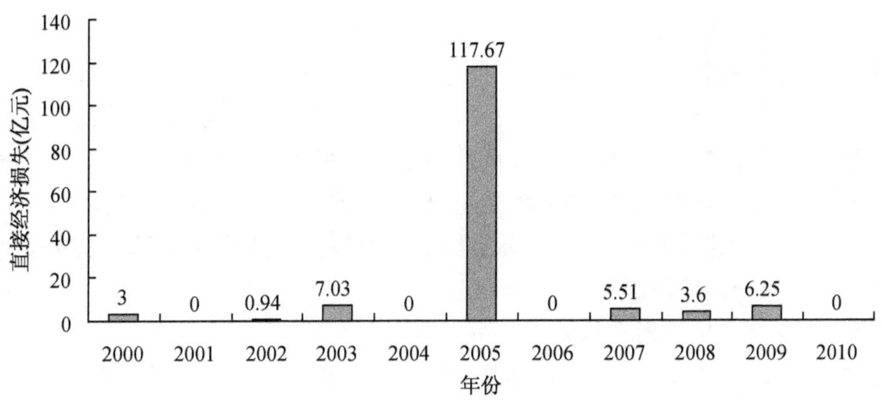

图 3.2-13　2000—2011 年海南省因灾直接经济损失

3.2.4.3　新一轮滩涂保护利用技术难度大、挑战问题多

主因包括：新一轮滩涂保护利用由潮上带转为潮间带，水利基础设施建设面临的水文地质条件更为复杂和恶劣；新一轮滩涂保护利用存在的水环境扰动、淡水资源保障、防洪排涝降渍、土壤脱盐控盐等问题，既无可直接套用的规范，常规技术也难以直接借鉴，更缺乏实践经验。

3.2.5　江苏沿海地区水安全研究进展

2012 年，江苏省水利厅委托水利部交通运输部国家能源局南京水利科学研究院、河海大学、江苏省水利科学研究院、江苏省水文水资源勘测局、江苏省水利工程建设局、江苏省水资源服务中心等单位，组织开展了江苏水利科技重大技术攻关项目“江苏沿海地区水安全保障关键技术研究与应用”的课题研究，课题分10个专项课题(项目编号:2012001-1～2012001-10)，包括:“江苏沿海深淤地基新型海堤结构应用关键技术”“江苏沿海垦区水资源需求与优化配置”“江苏沿海水闸老化病害修复技术”“江苏沿海地区暴雨与排水”“江苏沿海闸下港道淤积机理与健康运行”“江苏沿海平原水库水质保护技术”“围垦区灌排系统优化布局”“江苏海堤设防标准与溃决灾变影响”“江苏沿海挡潮闸外移的相关技术”“海流、风暴潮及海平面上升对江苏沿海防洪排水影响”。这些课题在江苏沿海开发的国家战略背景下，从完善江苏省沿海地区防灾减灾体系、加快建设水资源调蓄和配置工程、大力推进节水型社会建设、有效保护水资源等水利建设发展方向出发，凝练、排解包括沿海地区防洪减灾、水资源保障及配置、垦区农业现代化水利保障、沿海水(海)工结构安全等重点领域的关键技术，全面提升了新形势下水利服务能力。下面主要围绕该重点课题的研究成果进行介绍。

3.2.5.1 课题的研究思路或路线

该课题沿四条主线，即水资源安全、防洪排涝安全、海堤工程安全、垦区灌排与土壤改良，通过资料收集、现场监测、理论分析、原型观测、数值模拟、物理模型等技术手段，形成五大创新性成果，厘清了“洪-涝-暴-潮”耦合作用、闸下港道水沙运动及淤积、海堤溃决灾变等机理问题，系统构建了水资源优化配置、水库水质长效保持、闸下淤积精细预报、病害水闸修复、沙土区沟渠防护与土壤脱盐等技术体系，提出垦区田间工程建设新标准，为江苏沿海地区发展国家战略建设提供水安全保障技术支撑。项目总体思路见图3.2-14。

3.2.5.2 主要的创新内容和成果

创新点1:首次系统厘清了江苏沿海地区水安全面临的关键性问题;揭示了区域暴雨、水资源、洪涝、潮汐、泥沙、水质等涉水要素的时空变化特征及其内在机制，构建了江苏沿海地区水安全保障科学基础。

(1) 江苏沿海地区水资源供给能力不足，特别是处于供水末梢的沿海垦区和滩涂是缺水重灾区，水安全保障标准不高，海堤险工险段、闸下淤积问题突出，土壤盐度高、改良难度大，为此，从沿海水资源安全、防洪排涝安全、海堤工程安全、垦区灌排与土壤改良入手，系统梳理了江苏沿海水安全面临的关键性问题，明确了水利建设的重点内容，协同攻关，为形成项目总体研究构架、构建水安全保障体系提供科学基础。

(2) 在提升水安全保障服务能力方面，利用统计模型、水文模型、气候模式、降尺度模型等技术手段，以沿海地区水利基础现代化建设需求为导向，认真剖析了气

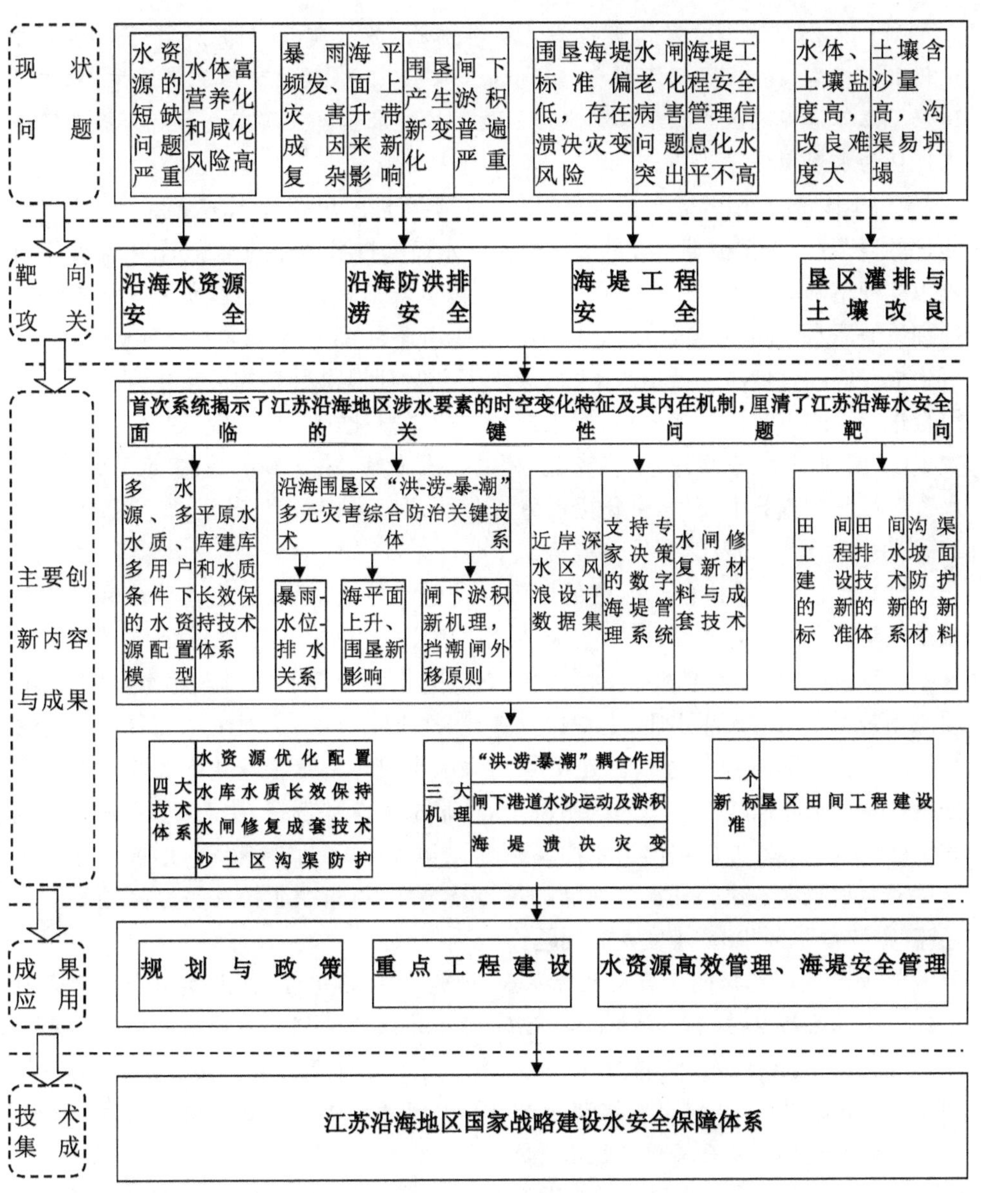

图 3.2-14　总体思路图

候系统自然变异、上游输入条件变化、外海水沙条件变化、下垫面变化和区域人类活动等因子的环境驱动能力，着力开展了水资源演变规律及其归因、平原水库蓄水的富营养化和咸化风险、洪涝灾害变化特征及其驱动机制、潮汐和海平面变化规律及其影响、工程泥沙等基础性问题研究，充分发挥了应用基础研究成果在沿海水利基础工程规划建设中的支撑作用。

创新点 2：首次建立了江苏沿海地区多水源、多水质、多用户条件下的水资源优化配置模型，提出了“两河引水、三线送水、多支配水”的水资源保障方案；构建了适应于江苏沿海地区平原水库的水质长效保持技术体系。研究成果有力提升了沿海地区的水资源保障能力。

(1) 国内外常规的需水预测模型多采用确定性的思路和方法，然而，由于气候变化的复杂性、水文极端事件的突发性及需水模型自身存在的不确定性，需水一直难以实现精确的预测。本课题的需水预测以贝叶斯理论为工具，研究基于不确定性理论的需水预测模型或方法。以不确定性理论为基础，实现需水预测的同时，还可生成对应的置信区间及出现概率，为水资源管理提供科学的决策依据。本课题综合进行不同下垫面产流分析，用水户分片归类概化，不同来水水源分片概化，首次提出“两河引水、三线送水、多支配水”的技术措施，建立多水源、多水质、多用户水资源优化配置数学模型，量化沿海垦区供水承载力，制定江苏沿海垦区(滩涂围填区)供水通道布局及综合保障策略。

(2) 沿海平原水库位于河流的尾闾和盐碱滩地上，面临着富营养化和咸化的双重风险。通过野外监测、模拟实验、模型预测、对比研究和风险分析，系统研究了入库河流污染通量、土壤和地下水的传质作用、水体自净能力对入库水质的影响。预测预警了在河道入库水质、土壤盐分释放、地下水补给、蒸发浓缩和降雨稀释等综合因素影响下，8 座拟建或已建平原水库水质咸化和富营养化的风险。在综合分析各规划水库面临的环境问题基础上，从来水水源地选择、生态截污、水库建设和调度运行方案等方面提出了水库富营养化和咸化风险防控措施，形成了适应于江苏沿海平原水库建库和水质保障的关键技术体系，解决了沿海平原降雨和河道径流“截”“蓄”“调”“治”难度大的问题。

创新点 3：研究探明了典型大涝期暴雨-水位-排水关系；探明了海平面上升对江苏沿海地区河口排洪效率的影响规律；研究并揭示了河口至闸下不同淤积形态的形成机理，完善了闸下港道冲淤关系、挡潮闸下河口泥沙运动模拟技术，提高了闸下淤积预报精度，并提出了挡潮闸外移影响因素和选址原则。研究成果为江苏沿海地区防洪排涝安全提供了技术支撑。

(1) 江苏沿海暴雨强度大、致灾能力强，又常叠加海潮台风，灾害损失十分严重。本研究系统阐明了江苏沿海地区暴雨致涝与排水特征，定量评估了暴雨与风暴潮增水等致灾因子的联合遭遇概率，预报了里下河区超过 200 mm 面降雨量与新洋港闸超过 200 cm 增水(联合发生概率高达 80%)等存在的叠加遭遇风险，创新提出了里下河区在内的 6 大水利分区暴雨雨量-水位-排水流量经验公式，丰富和发展了沿海地区暴雨与排水分析方法与理论体系，为“提高区域排涝标准，加快防洪排涝工程体系建设”提供了技术依据。

(2) 针对外海海平面上升对江苏沿海防洪排水可能带来的影响，通过西北太平洋数学模型研究了边界海平面上升后江苏沿海潮汐分布和风暴潮增水变化，揭示了江苏沿海潮汐、风暴潮水位与海平面上升之间存在非线性响应特征，如外海海平面上升 0.90 m 时，苏北辐射沙洲海域潮位将出现 0.20 m 左右的增高。通过排洪数学模型模拟研究了风暴潮及海平面上升对江苏沿海建闸和不建闸河口排洪效率的影响，明晰了风暴潮增水及海平面上升对江苏沿海河口排洪效率的影响规律。如外海海平面上升 0.2 m、0.5 m、0.8 m 和 1.0 m 时，灌河口口门断面下泄流量分别减少 3.8%、8.9%、13.7% 和 17.0%。里下河四港排洪流量分别减小 6.0%～9.0%、18.0%～22.0%、28.0%～36.0%、35.0%～42.0%。

(3) 江苏沿海大多数挡潮闸位于淤涨型海岸，闸下河道淤积严重，致使河道行洪断面大大减少，对排涝产生不利影响。受临近海域滩涂大规模围垦的影响，闸下河道淤积更趋严重，挡潮闸外迁是解决闸下严重淤积的有效手段。然而，如何避免外迁后的挡潮闸再次淤死，如何延长挡潮闸使用寿命，是挡潮闸外迁选址需要解决的关键技术问题。

① 通过现场观测和试验分析，研究了闸下不同长度港道的淤积分布，提出泥沙从河口至闸下的输移过程和淤积机理，即上游无径流下泄时，在潮流和风浪共同作用下形成一个由悬沙、近底高浓度泥沙、浮泥和底沙构成的泥沙系统，在动力的作用下，河口泥沙向闸下输移，并不断与床面泥沙进行冲淤交换，造成挡潮闸下不同的泥沙淤积过程和淤积形态，完善了淤涨型海岸挡潮闸闸下淤积理论。

② 建立闸下港道年均平衡流量与汛期排水、河床断面、潮差、潮波变形、港道长度等复杂因素间的河相关系，构建了包含浮泥、浑水异重流、底床湿容重等影响因素在内的闸下河道挟沙能力公式和水动力泥沙数学模型，解决了淤涨型海岸闸下河道淤积模拟和预报的技术难题。

③ 提出江苏沿海闸下河道不同走向对闸下淤积的影响程度，建立了江苏入海河口闸下河道泥沙淤积危害评估指标体系，提出了挡潮闸外移的影响因素和选址原则，新闸址下游应有稳定归槽潮沟，避免闸下港道位于两侧围垦工程内，闸下港道走向应尽量与落潮主流流向一致，闸址选择应考虑大米草对闸下港道的影响等，填补了相关研究的空白。

创新点 4：系统建立了江苏近岸深水区风浪数据集；开发了基于 GIS 技术的江苏海堤数字管理系统；集成了水闸结构修复成套技术，研发了抗裂、耐久的水泥基弹性防护砂浆材料。研究成果为有效应对海堤工程安全问题提供了技术支撑。

(1) 现状江苏主海堤建设标准低，海堤险工险段较多，加之海堤工程安全管理信息化水平不高，当极端气象条件发生时，在风暴增水和极端风浪的共同作用下，存在局部海堤溃决灾变风险。本项目基于 GIS 技术，首次建立了以海堤基本信息、水文地质信息、灾变分析模型、专家决策等为基础的规范化江苏数字海堤管理系统，实现了风暴潮、波浪作用下的海堤安全状态高效评价和决策支持，为提升海堤管理水平，特别是围海工程海堤交叉管理难题，奠定了基础。

(2) 风浪是影响海堤结构安全的关键因素，随着江苏沿海近岸深水开发，海堤所处的风浪条件将变得复杂而恶劣，但现状江苏海洋水文监测站点极度匮乏，海洋水文基础资料积累严重不足，难以满足近海岸防护结构设计的需要。本项目采用现场调研、统计分析和数学模型等方法，分层构筑了连云港、盐城、南通近岸5～20 m水深条件下不同重现期波浪和风速设计数值集，发现了50年一遇强浪向波浪设计值普遍大于10级风生浪的实际情况，为制定江苏近岸深水海防工程建设新标准提供了技术依据。

(3) 混凝土碳化、冻融、氯盐腐蚀，材料、施工质量控制不严，除险加固投入不足，加固不彻底等，导致江苏沿海早期修建的水闸普遍存在老化病害问题。本项目采用现场调研、理论分析等手段，完成江苏沿海腐蚀环境等级划分，借此来指导钢筋混凝土配合比优化设计。同时，创新研发了适宜江苏气候特点的抗裂、耐久水泥基弹性防护砂浆材料及其制备方法，形成具有地方特色的水闸结构隐患快速探测、测试诊断与建模、修复方案设计、加固施工和效果评估的成套技术。

创新点5：首次以地下水位控制达标率为主控指标，构建了“浅沟＋暗管”“深斗沟＋浅农沟”排水技术体系；研发了以当地高钠盐粉砂土为主要材料的沟渠坡面低成本防护技术；提出了适应江苏沿海垦区规模化、标准化的田间工程建设新标准。研究成果解决了江苏沿海垦区脱盐速度慢、灌排沟渠易坍塌且占地多、沟渠防护成本高等实际问题。

(1) 针对目前排水模型未考虑斗沟降渍效果、设计偏于保守的不足，首次提出了“地下水位控制面积达标率”的概念，并将排水斗沟和农沟排水效果综合考虑，建立三维渗流模型；通过模拟计算，构建了“深斗沟＋浅农沟”节地、高产的最优组合；提出了与生产路相结合的“浅沟＋暗管”布置模式，利用暗管排水，而浅沟仅承担除涝任务以及兼做生产路使用，可以节约土地，大幅度减少沟道维护成本。

(2) 沿海平原沙土区，沟渠边坡坍塌、淤塞严重，影响排水和脱盐效果。本研究以当地高钠盐粉砂土为骨料，代替传统砂、石，在满足强度要求的前提下，研发了低成本边坡防护材料和护坡技术，具有造价低、生态效果好的特点。

(3) 通过现场调查、数值模拟、室内外试验等，提出了适应江苏沿海垦区规模化、标准化的灌排工程建设标准，包括灌溉设计保证率(宜达到90%)；排涝标准(日降雨200 mm，2 d排除)和主要作物(小麦、油菜、棉花)的地下水控制标准；制定了条田、土地平整、格田与畦田等工程的建设标准；融入生态用地因素，提出垦区水面率取12%为宜。

3.2.5.3　与国内外同类技术或成果的比较

与国内外同类技术相比，本项目在多个关键领域形成的创新技术体系，具有显著的行业引导、推进作用，整体技术水平达到国际领先。主要创新成果对比参考表 3.2-6：

表 3.2-6　主要成果国内外对比

创新点	国内	国外
1	国内研究较多，但针对江苏沿海地区的研究成果鲜见	国外没有这方面研究成果报道
2	国内外水库主要针对富营养化或咸化的单一问题，而江苏沿海平原水库面临富营养化和咸化的双重影响，本成果在分析入库河流尾闾的水质、滩涂高盐土壤盐分释放、地下水补给、蒸发和降雨等综合影响因素基础上，针对水库的建设、运行和调度方案，提出了一套防治沿海平原水库水质咸化和富营养化风险的技术措施，并在沿海地区水库首次成功应用	国外有大量针对水库富营养化机理和防治对策的研究，但缺乏对水库面临富营养化和咸化双重风险的研究
3	国内研究风暴潮增水及海平面上升对非建闸河口径流或排洪影响，未有从闸下潮波和风暴潮传播变形角度关注其对建闸河口的排洪影响	国外研究风暴潮增水及海平面上升对非建闸河口径流或排洪影响，未有关注其对建闸河口的排洪影响
	① 国内闸下淤积机理主要是从潮波变形、泥沙来源、海岸类型和不平衡输沙等角度研究，未明确口外至闸下泥沙输移机制； ② 国内已有水流挟沙能力公式较多，但无法反映闸下不同性质泥沙的运动规律，已有数学模型也无法反映挡潮闸下流速很小、淤积很大的淤积分布特征； ③ 国内没有闸下淤积危害评估指标体系，挡潮闸外迁闸址确定尚缺系统研究	国外挡潮闸只是在涨潮或发生风暴潮时才关闭，不会出现由于长期关闸、无径流下泄导致的闸下河道淤积问题，因此专门针对闸下淤积的研究很少，未见与本次成果类似的研究
4	国内针对江苏省海堤未见有关数字化管理系统的报道，本成果首次建立了基于 GIS 技术的江苏海堤数字管理系统，为有效应对海堤安全、水闸老化病害、海堤工程安全管理信息化、海堤溃决灾变风险等问题提供了技术支撑，为安全数字海堤系统建议提供了范例	国外文献未见江苏海堤数字管理系统的研究成果
	国内针对江苏沿海水工结构病害修复加固先进成熟的成套技术未见报道，本成果利用粉煤灰、矿渣粉等工业废渣，就地取材，开发绿色高耐久混凝土修补材料，使之具有特别优异的耐久性能，可为江苏沿海水闸加固、病害处理提供技术支撑，亦可提高我国老化病害混凝土结构评估和加固修复技术水平	欧美等发达国家与我国地域气候、经济发展水平存在巨大差异，修复技术与我国的水工结构病险特点不相适应，并且费用成本较高，难以在我国推广使用
5	① 国内外排水模型和规范未考虑斗沟的排水作用，且要求以最难控制点确定排水沟间距和深度，导致排水农沟间距偏小，占地多；本成果提出的“地下水位控制面积达标率”，丰富了沟道排水设计理论；所提出“深斗沟＋浅农沟”模式，在节约用地的同时，可利用斗沟集蓄淡水，在国内属于首创； ② 有关水泥土的研究较多，但未有以粉砂盐土为骨料试验成功的先例；本研究成果在满足强度前提下，成本低，可自我降解，生态效果好，有利于大规模推广使用	国外有植物浅沟的应用成果，但未考虑与排水暗管、生产路相结合；本研究提出的“浅沟＋暗管”模式，属于首创

3.3 苏南地区梅雨灾害成因和特征

江苏省南部地区位于长江以南，包括南京、苏州、无锡、常州、镇江，总面积27 872 km^2，其中，平原面积占50.45%，山丘面积占28.4%，水域面积占21.15%。该地区东靠上海，西连安徽，南接浙江，是中国经济最发达、现代化程度最高的区域之一。降雨丰富、地势低洼、河网密布、开发强度大、硬质化路面多是造成苏南地区洪涝灾害的主要因素。

3.3.1 苏南地区的梅雨灾害

梅雨是造成苏南地区洪涝灾害的主要降雨类型，也是我国长江流域，日本中部和南部，韩国南部洪灾的主要降雨类型，通常发生在6～7月，正值江南梅子黄熟时期，故称“梅雨”。梅雨期，来自海洋的暖湿气流与北方南下的冷空气在长江中下游和淮河地区持续交绥，形成一条东西向准静止锋，称为梅雨锋，造成阴雨连绵和暴雨集中的天气。梅雨特点是雨量大，约占当地全年雨量的20%～30%，历时长，一般长达20～40 d，影响范围广且常有数个暴雨中心。梅雨锋的暴雨强度一般比台风暴雨要小，但由于梅雨锋持续时间更长，暴雨面积更广，造成的洪涝灾害范围一般比台风要大。

在梅雨季节，苏南各地容易同时发生大雨，这使得城市联合防洪工作变得困难。例如，1991 年长江的梅雨期持续了约 56 d。6 月 11 日，太湖水位达到3.46 m，接近警告水位(3.50 m)。无锡，常州，苏州和太湖周边其他城市的几个水文站的水位超过或接近每个站历史上记录的最高水位，在太湖流域形成了灾难性的洪灾。2016 年 7 月 2 日至 3 日，苏南地区出现大雨。从 7 月 2 日的 17:00 到7月3日的17:00，南京、常州、无锡、苏州和镇江的一些地区的累积降水量超过100 mm，有的达到200 mm以上。暴雨造成严重的城市内涝、交通中断、山体滑坡等灾害，直接经济损失超过9亿元。

3.3.2 梅雨同步性特征统计

在中国，降雨量等级划分方法：24 h 降雨量 25～49.9 mm 为“大雨”，50～99.9 mm 为“暴雨”，100～249.9 mm 为“大暴雨”，≥250 mm 为“特大暴雨”。苏南地区具备致灾能力的暴雨等级一般要达到“大雨”及以上等级(≥25 mm)，因此本研究使用梅雨期南京、常州、溧阳和东山气象站 1970—2017 年实测的≥25 mm 日降雨量数据，几个站点的分布参考图见图 3.3-1。

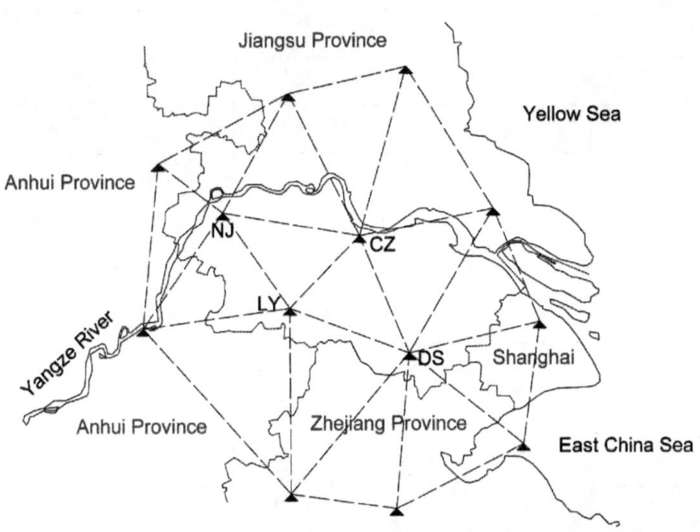

图 3.3-1　南京(NJ)、常州(CZ)、溧阳(LY)和东山站(DS)的位置

据此统计得到(表 3.3-1):符合“日降雨量≥25 mm”条件的降雨天数合计 545 d,其中,南京(NJ)、常州(CZ)、溧阳(LY)和东山站(DS)符合条件的降雨天数分别是 240、259、236、221 d,平均降雨天数 239 d,占比为 43.9%(Type A);“四站最大 24 h 降雨量均≥25 mm”同步条件下(Type B),降雨天数为 130 d,以 239 d 为基数,其占比为 54.4%,说明任意一站降雨量≥25 mm 时,50%概率以上其他站也同步发生“降雨量≥25 mm”的降雨事件。

表 3.3-1　梅雨样本数据的统计结果

Type	记录			24 h 降雨(mm)		
	站点	天数(d)	占比(%)	最大	最小	平均
A	NJ	240	44.0	245.3	25	58
	CZ	259	47.5	243.6	25	51.2
	LY	236	43.3	152.6	25	49.2
	DS	221	40.6	130.6	25	45.6
B	NJ	130	54.4	245.3	25.2	67.1
	CZ			243.6	25.1	60.7
	LY			152.6	25.1	56.7
	DS			130.6	25	47.5

（续表）

Type	记录			24 h降雨(mm)		
	站点	天数(d)	占比(%)	最大	最小	平均
C	NJ	116	89.2	245.3	25.4	71.4
	CZ			243.6	25.2	63.9
	LY			152.6	25.2	59.3
	DS			130.6	25.1	49.2
D	NJ	87	66.9	245.3	25.8	79.1
	CZ			243.6	25.3	70.9
	LY			152.6	25.5	66.8
	DS			130.6	25.3	52
E	NJ	32	24.6	245.3	29.3	86.1
	CZ			234.1	25.8	85.8
	LY			152.6	52.1	85.5
	DS			94.1	25.6	51.3
F	NJ	7	5.4	91.1	51	69.3
	CZ			117.1	53.3	79.8
	LY			132.4	57.8	77.9
	DS			83.9	50.4	67.6

在Type B条件下，进一步统计得到："至少有1站24 h降雨量≥50 mm"(Type C)，"至少有2站24 h降雨量同步达到50 mm及以上"(Type D)，"至少有3站24 h降雨量同步达到50 mm及以上"(Type E)，"4站24 h降雨量均达到50 mm及以上"(Type F)的降雨天数分别为116 d、87 d、32 d、7 d，以130 d为基数，分别占比为89.2%、66.9%、24.6%、5.4%，说明当四站同步出现致灾性降雨时，1站或者2站同步发生"降雨量≥50 mm"降雨事件的概率较大，4站同步发生"降雨量≥50 mm"降雨事件的概率则较低。另外，各类统计条件下的最大降雨量记录数据(除了Type F)，基本都包含了各站历史上的最大日降雨值(参考统计条件Type A)，各地暴雨联合致灾能力显而易见。

3.3.3 梅雨趋势的变化特征

因为全球变暖，水文气象极端事件正变得越发频繁，例如，长江下游流域的极

端降水正在加剧[90]。在变化的环境下，水文变量序列可能变得不稳定[91]。以上研究结果表明，全球变暖影响水文循环，将导致更严重、更频繁的洪灾，这就是新闻中越来越多超 100 年极端降雨事件被报道的原因。在本节中，基于对“100 年降雨事件”变化的分析，我们研究苏南地区梅雨降雨趋势的变化，如图 3.3-2 所示。

(1) 2000 年之后，极端降雨事件增加，导致每个站点的平均降雨量增加。1970—2000 年与 2001—2017 年相比，南京(NJ)，常州(CZ)，溧阳(LY)和东山(DS)站的年平均 24 h 降雨量分别为 93 mm 对 112 mm，77 mm 对 110 mm，69 mm对 87 mm，68 mm 对 72 mm。

(2) 根据不同时期的样本数据计算出的百年一遇降雨量存在差异。由于极端降雨事件的增加，特别是当出现历史最大降雨值时，新统计数据下概率为 1%的降雨量高于历史统计数据。

(3) 如果将基于 1970—2000 年历史数据统计出的概率为 1%的降雨作为基准，那么在 2000 年之后的 18 年中，南京，常州和东山分别经历了 3 次，2 次和 1 次超百年一遇降雨事件，这就是近年来新闻中苏南地区“百年降雨事件”增多的原因。

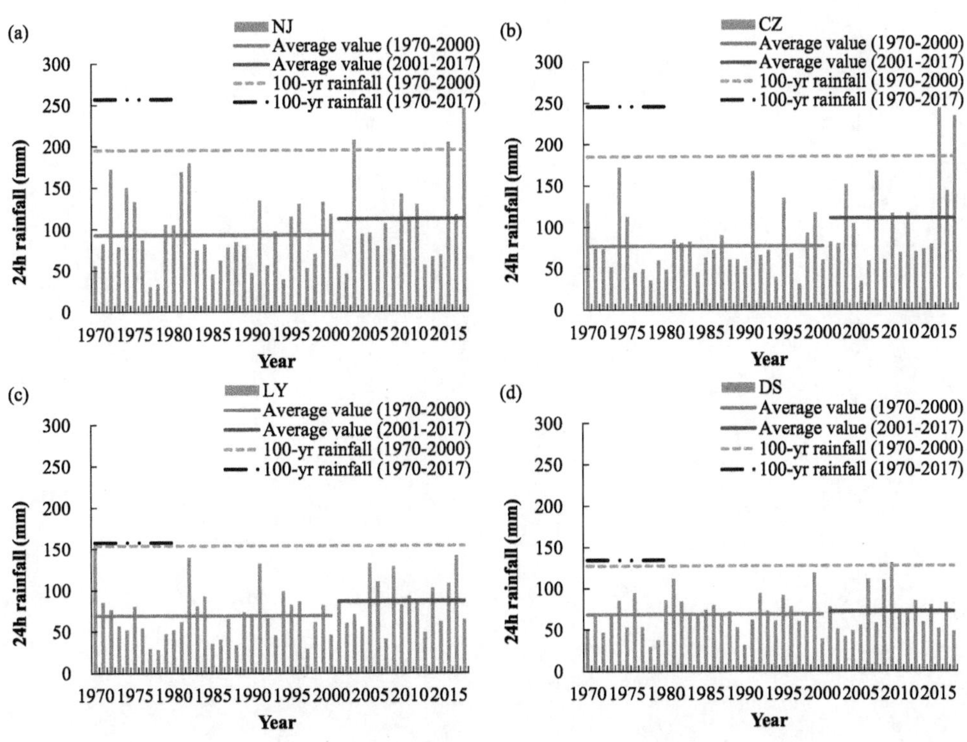

图 3.3-2 不同站点“百年一遇降雨事件”的变化

(4) 溧阳站的历史最大 24 h 降雨量数据发生在 1970 年,图 3.3-2(c)中的两个百年一遇设计降雨量却相似,历史最大降雨量对降雨设计存在较大影响。尽管东山站的历史最高值出现在 2000 年以后,但它对降雨设计的影响不如南京和常州站明显,因为它的历史极大值与其他时段的极端降雨相比没有明显增加。

4 基于 Copula 函数的随机水文过程设计

随机水文过程是指一个或多个水文随机变量随时间、空间的变化过程。对水文过程的研究，重点在根据水文时间序列的特性，建立模型，获得随机变量序列。满足防洪、防潮等设计标准的设计降雨过程线、设计洪水过程线、设计潮位过程线等是防洪排涝规划或防洪潮工程设计不可缺的重要内容，一般采用放大典型水文过程线的方法推求。为了对比，本章重点介绍基于 Copula 函数的降雨、潮位过程设计方法。

4.1 水文过程特征要素的组合设计

水文随机过程特征要素之间存在一定的关联性时，可以基于 Copula 函数进行要素之间的优化组合设计。例如，潮位过程的高低潮位之间，给定反映两者关联性的组合设计规则，则可以建立一种新型设计潮位过程。本章结合一些学者的研究成果[3]，基于四种类型的两变量组合设计风险公式，给出水文过程要素之间的优化组合方法。

4.1.1 四种组合设计风险

设 X 和 Y 是水文过程设计上需要组合考虑的两个特征要素变量，其中 X 是需要满足的主要设计变量，称为主变量，Y 是需要满足的次要设计变量，称为从属变量，并令 x、y 是 X 和 Y 的具体设计数值，可以定义以下 4 种组合设计风险率。

(1) 第Ⅰ型风险率 $P_{\mathrm{I}}(x, y)$ 定义为满足“主变量 X 小于等于设计值 x”条件下，从属变量 Y 低于设计值 y 发生的条件概率：

$$P_{\mathrm{I}}(x, y)=P(Y<y \mid X \leqslant x)=\frac{P(X \leqslant x, Y<y)}{P(X \leqslant x)}=\frac{F(x, y)}{F(x)} \tag{4.1-1}$$

(2) 第Ⅱ型风险率 $P_{\mathrm{II}}(x, y)$ 定义为满足“主变量 X 小于等于设计值 x”条件下，从属变量 Y 高于设计值 y 发生的条件概率：

$$P_{\mathrm{II}}(x, y) = P(Y > y \mid X \leqslant x) = \frac{P(X \leqslant x, Y > y)}{P(X \leqslant x)} = \frac{F(x) - F(x, y)}{F(x)} \tag{4.1-2}$$

(3) 第Ⅲ型风险率 $P_{\mathrm{III}}(x, y)$ 定义为满足“主变量 X 大于等于设计值 x”条件下，从属变量 Y 低于设计值 y 发生的条件概率：

$$P_{\mathrm{III}}(x, y) = P(Y < y \mid X \geqslant x) = \frac{P(X \geqslant x, Y < y)}{P(X \geqslant x)} = \frac{F(y) - F(x, y)}{1 - F(x)} \tag{4.1-3}$$

(4) 第Ⅳ型风险率 $P_{\mathrm{IV}}(x, y)$ 定义为满足“主变量 X 大于等于设计值 x”条件下，从属变量 Y 高于设计值 y 发生的条件概率：

$$\begin{aligned} P_{\mathrm{IV}}(x, y) &= P(Y > y \mid X \geqslant x) = \frac{P(X \geqslant x, Y > y)}{P(X \geqslant x)} \\ &= \frac{1 - F(x) - F(y) + F(x, y)}{1 - F(x)} \end{aligned} \tag{4.1-4}$$

其中：$F(x, y)$ 为 (X, Y) 的联合分布数，基于 Copula 函数分析；$F(x)$ 为 X 的分布函数，$F(y)$ 为 Y 的分布函数，基于 PⅢ、Log、Wei 等边缘函数分析。

4.1.2 要素的优化组合设计

4.1.2.1 单变量高值和低值风险率

为了寻求合理的水文过程特征要素组合设计方法，进一步定义单变量高值风险率和低值风险率。

(1) 假设当“水文变量 X 小于设计值 x”时，可提升工程的设计安全，则大于设计值 x 的概率 $R_H(x)$ 称为单变量高值风险率，用下式表示：

$$R_H(x) = P(X \geqslant x) = 1 - F(x) \tag{4.1-5}$$

(2) 假设当“水文变量 X 大于设计值 x”时，可提升工程的设计安全，则小于设计值 x 的概率 $R_L(x)$ 称为单变量低值风险率，用下式表示：

$$R_L(x) = P(X \leqslant x) = F(x) \tag{4.1-6}$$

4.1.2.2 优化组合设计方法

组合 X(主变量)和 Y(从属变量)时，令其组合设计风险率等于单变量风险率时，能兼顾设计时的经济性，原因是：主变量一定，从属变量取值越大时，两者的组合风险率越高，但工程造价则随之加大，从属变量取值越小，虽然可以降低工程造

价，但其组合安全性也会降低。因此，水文过程设计，其过程要素的优化组合建议按下式获取：

$$
\begin{cases}
P_{\mathrm{I}}(x, y) = R_H(x) \Rightarrow F(x, y) = F(x)[1 - F(x)] \\
P_{\mathrm{II}}(x, y) = R_H(x) \Rightarrow F(x, y) = F^2(x) \\
P_{\mathrm{III}}(x, y) = R_L(x) \Rightarrow F(x, y) = F(y) - F(x)[1 - F(x)] \\
P_{\mathrm{IV}}(x, y) = R_L(x) \Rightarrow F(x, y) = F(y) - [1 - F(x)]^2
\end{cases}
\tag{4.1-7}
$$

4.2 按风险率模型分析的设计雨型

设计雨型是暴雨洪水分析不可或缺的基本要素，为此，建立考虑风险率模式的雨型设计方法，并以此方法分析了深圳市深圳雨量站 1969—2002 年实测逐时降雨资料，获得了深圳市不同重现期下的设计雨型，结果与几种传统设计雨型进行比较。

4.2.1 设计雨型研究背景介绍

“降雨量”和“降雨结构”是降雨时间、强度、空间分布的特征参数，其中降雨量反映不同降雨过程降水总量的差异，而降雨结构则反映不同降雨过程降雨量时间分配的差异[92]。“降雨量”和“降雨结构”的不同体现出降雨过程时空分布的不均匀特性，对防洪排涝工程的安全运行会产生不同的影响，特别是相对于分散均匀的降雨过程，同等降雨量的一些短时骤雨的致灾影响更显突出。例如数天暴雨集中在一天，一天暴雨集中在数小时等，集中度越高、雨强越大、产流越快、洪峰流量也越大。

杨玮等[93]根据青藏高原 1967—2008 年逐日站点降水资料，分析了近 42 年来青藏高原年内降水时空不均匀性特征及其对青藏高原洪涝灾害和干旱灾害的影响。张文华等[94]根据降雨时空分布不均匀性推导了受暴雨重心位置和降雨强度影响的 S 曲线法，并应用于沮河流域洪水预报模型中。林木生等[95]以福建晋江西溪流域为研究区，建立洪量与暴雨特征因子的关系，探讨暴雨时空变化对洪水要素的影响。Kamran H.S、Pechlivanidis I.G、Neil McIntyre 等也研究了暴雨时空变化与洪水特征的关系[96-98]。另外，降雨的时空差异性还对土壤侵蚀过程有重要的影响，也是当前土壤侵蚀研究的热点之一[99-100]。

和实际降雨过程一样，设计雨型也包含“降雨量”和“降雨结构”两部分，只是作为一条理论的降雨过程线，反映的是满足一定工程设计安全要求的设计暴雨过程。其设计降雨量一般由频率分析获得，“降雨结构”的设计则存在很多方法，主要以国

外的研究成果为主。1957 年，Keifer 和 Chu 根据特定重现期的降雨强度-历时-频率曲线提出芝加哥雨型，主要应用于管道排水设计。1967 年，Huff 根据雨峰发生的位置差异，提出 4 类典型雨型作为设计雨型。1975 年，Pilgrim 和 Cordery 取各时段降雨量占总降雨量的百分比的平均数来建立雨型。1980 年，Yen 和 Chow 提出不对称三角形雨型，雨峰位置根据统计矩法确定。

1986 年，美国水土保持局提出 SCS 雨型，该设计雨型同样用各时段雨量占 24 h雨量的百分比表示，分Ⅰ、ⅠA、Ⅱ、Ⅲ型，其中 IA 型表示暴雨历时长、强度小；Ⅱ型表示暴雨历时短、强度大；Ⅰ型与Ⅲ型的暴雨强度介于两者之间。另外，选取实测典型暴雨过程，按同倍比或同频率放大后作为设计雨型也是一种常用方法。以上设计雨型国内均有应用，宁静[101]基于 Pilgrim 法提出上海市排水工程短历时设计雨型。李佩武[102]、汪明明[103]等基于 SCS-Ⅱ型，分别分析了深圳市、北京市的设计雨型。岑国平等[104]在城市设计暴雨雨型研究中主要使用 Keifer 和 Chu 雨型。同倍比或同频率放大法则是“《水利水电工程设计洪水计算规范》(SL 44-93)”等国内相关规范推荐的方法。

由此可见，设计雨型因地区降雨特征差异而选取的方法一般不同，即便是同一地区，不同雨型的设计值，对工程的安全性也不一样。为了提高雨型设计的合理性，基于前述的风险率分析模型，提出雨型的设计方法，并对深圳市深圳雨量站 1969—2002 年实测每日逐时降雨资料做分析，分析结果与典型暴雨同倍比放大法、典型暴雨同频率放大法、模糊聚类分析法、SCS-Ⅱ分析法进行对比。

4.2.2 典型暴雨及常用的几种设计雨型

4.2.2.1 典型暴雨

以 24 h 历时暴雨为例(下同)，典型暴雨的选取一般考虑对工程不利的实际降雨过程，应具有雨量大、降雨集中、主雨峰靠后的特征。例如深圳市 1994 年 8 月发生一场特大暴雨，8 月 5 日 23 点～8 月 6 日 23 点，深圳雨量站记录到的最大 24 h 降雨量达到了 386.2 mm，为历年最大，雨量集中且雨峰靠后(参见图 4.2-1)，并产生了严重的城市内涝灾害。因此，该地区进行设计雨型计算时，常被选作暴雨典型。

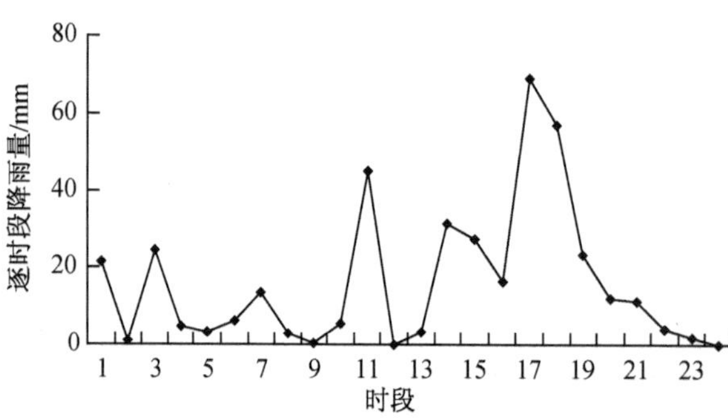

图 4.2-1 深圳市实测典型暴雨(24 h)

4.2.2.2 同倍比放大法设计雨型

典型暴雨按同倍率放大后可以作为一种设计雨型，同倍比放大系数为：

$$K = \frac{X_{设计}}{X_{典型}} \tag{4.2-1}$$

式中，参数 $X_{典型}$ 表示典型暴雨降雨量；$X_{设计}$ 表示不同重现期下的设计降雨量。深圳市 200 年、100 年、50 年、20 年一遇 24 h 设计降雨量分别为 499.9 mm、457.7 mm、414.7 mm、356.1 mm，典型暴雨 24 h 降雨量为 386.2 mm，则其放大系数分别为 1.294 4、1.185 1、1.073 7、0.922 1，相应的设计雨型如图 4.2-2 所示：设计雨峰分别为 89.3 mm、81.8 mm、74.1 mm、63.6 mm。

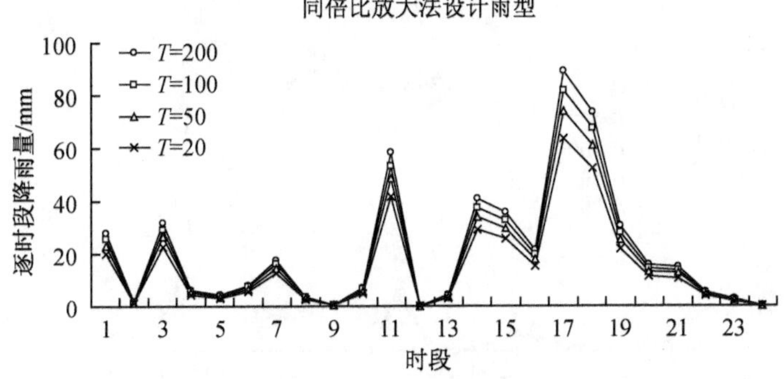

图 4.2-2 深圳市设计雨型(同倍比放大法)

4.2.2.3 同频率放大法设计雨型

典型暴雨按同频率放大后可以作为一种设计雨型，也是我国设计暴雨时更加常用和推荐使用的方法。已知不同重现期下的深圳市不同历时设计降雨量如表 4.2-1 所示。

表 4.2-1 深圳市不同重现期下设计降雨量(1 h、3 h、6 h、12 h、24 h)

重现期(a)	1 h(mm)	3 h(mm)	6 h(mm)	12 h(mm)	24 h(mm)
20	100.8	176.5	231.4	290.1	356.1
50	116.5	208.5	273.4	340.2	414.7
100	128.0	232.2	304.4	377.2	457.7
200	139.2	255.6	335.0	413.6	499.9

图 4.2-1 中的典型暴雨最大 1 h、3 h、6 h、12 h、24 h 历时降雨量，分别为 69 mm、149.3 mm、224.8 mm、302.4 mm、386.2 mm，则可根据表 4.2-1 中的设计降雨量，计算不同重现期下典型降雨过程各时段放大倍比，如表 4.2-2 所示。

表 4.2-2 同频率放大法放大系数

重现期(a)	最大 1 h 放大倍比	最大 3 h 的其余 2 h 放大倍比	最大 6 h 的其余 3 h 放大倍比	最大 12 h 的其余 6 h 放大倍比	最大 24 h 的其余 12 h 放大倍比
20	1.46	0.94	0.73	0.76	0.79
50	1.69	1.15	0.86	0.86	0.89
100	1.86	1.30	0.96	0.94	0.96
200	2.02	1.45	1.05	1.01	1.03

根据表 4.2-2 放大系数，放大图 4.2-1 所示的典型暴雨，得到相应的 200 年、100 年、50 年、20 年一遇 24 h 设计雨型如图 4.2-3 所示：设计雨峰分别为 139.2 mm、128.0 mm、116.5 mm、100.8 mm。

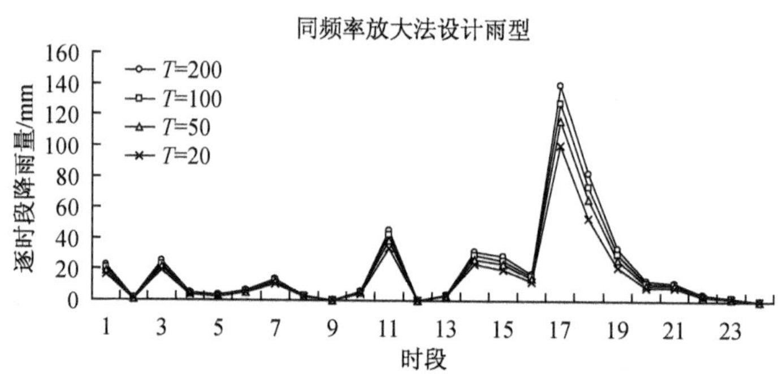

图 4.2-3 深圳市设计雨型(同频率放大法)

4.2.2.4 模糊聚类分析法设计雨型

针对不同暴雨之间即存在相似性又存在差异性的模糊关系特点，可以采用模糊聚类分析方法分析设计雨型，这是现行《广东省暴雨径流查算图表使用手册》中设计雨型的分析方法。考虑到模糊聚类分析方法形式多样，样本资料的选取也不统一，加上手册中并未列出其具体采用的计算过程，故而直接引用《广东省暴雨径流查算图表使用手册》模糊聚类分析方法已有的分析成果，获得深圳不同重现期相应的 24 h 设计雨型如图 4.2-4 所示：设计雨峰分别为 68.7 mm、62.4 mm、56.0 mm、47.4 mm。

4.2.2.5 SCS-Ⅱ分析法设计雨型

SCS 雨型是一种相对较新的雨型设计方法。李佩武[102]等在分析深圳市植被径流调节及其生态效益时，使用的是 SCS-Ⅱ型，在Ⅰ、ⅠA、Ⅱ、Ⅲ等 4 类设计雨型中表示暴雨历时短、强度大的一类，由此，获得其相应的不同重现期 24 h 设计雨型如图 4.2-5 所示：设计雨峰分别为 214.0 mm、195.9 mm、177.5 mm、152.4 mm。

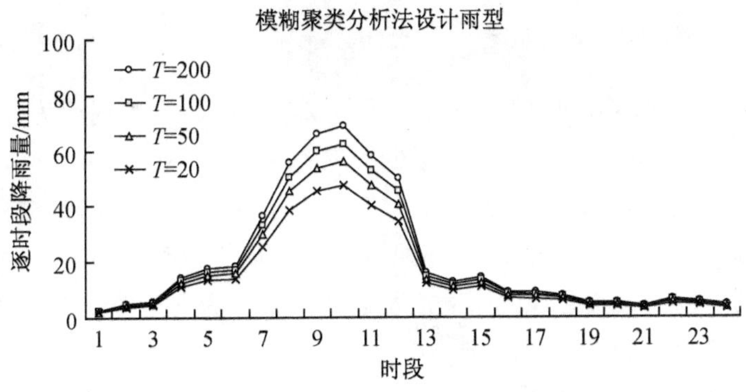

图 4.2-4 深圳市设计雨型(模糊聚类分析法)

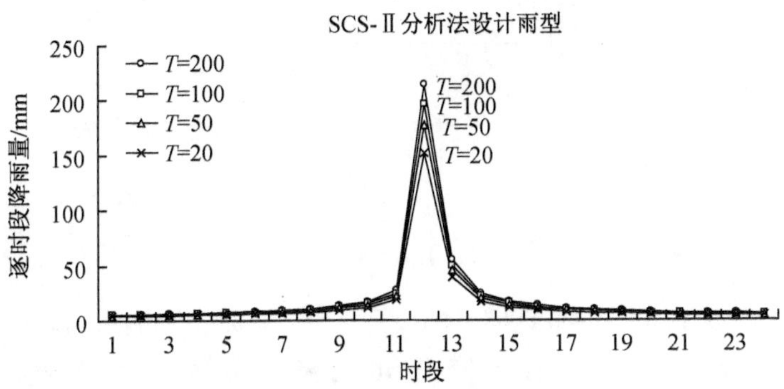

图 4.2-5 深圳市设计雨型(SCS-Ⅱ 方法)

4.2.2.6 深圳市几种设计雨型的对比分析

如图 4.2-2～图 4.2-5 所示:①深圳市典型暴雨具有雨量大、降雨集中、主雨峰靠后的特征,且与 20 年一遇或 50 年一遇设计降雨量较为接近(图 4.2-1 所示典型暴雨 24 h 降雨量重现期为 35.4 年),所以同倍比或同频率放大法雨型设计具有一定的合理性,但尚缺乏一定的风险率论证。②《广东省暴雨径流查算图表使用手册》模糊聚类分析方法给出的设计雨型是按单雨峰设计,设计雨峰明显小于同倍比或同频率放大法,其采用的是 20 世纪 90 年代前的数据,遗漏了 1994 年的大暴雨,是设计雨峰结果偏小的主要原因,同时,雨峰出现的位置靠前,也与典型暴雨存在一定的差异。③SCS 雨型设计方法是美国水土保持局针对美国本土的降雨特点,将其划分为 4 种类型,对应用于美国不同的地区。在深圳应用的主要是 SCS-Ⅱ型,也仅限于少量科研课题使用。与典型暴雨比较,该雨型降雨更集中(集中在第 12 时段),且雨峰设计值明显比另外 3 种雨型大,所以在工程设计安全度上高于其他设计雨型,但是在安全度和经济协调性方面尚有待进一步的论证。

4.2.3 雨型风险率分析模型

以24 h历时设计雨型为例，设R为设计24 h降雨量，重现期为T，则工程设计上可能遭遇的超越设计24 h降雨量的概率为$1/T$。参照图4.2-1，设R_1、R_2、R_3…… R_{24}分别代表设计雨型的时段1(第1个小时)设计降雨量、时段2(第2个小时)设计降雨量、时段3(第3个小时)设计降雨量……时段24(第24个小时)设计降雨量，则可以定义雨型风险率为满足总历时设计降雨量条件下、逐时段降雨量超出时段设计降雨量发生的条件概率。

设已知时段降雨量设计值为r_i、24 h历时降雨量设计值为r，参考第Ⅱ型风险率公式(4.1-2)和优化组合公式(4.1-7)，计算(r_i, r)，计算公式如下：

$$\frac{F(r)-F(r, r_i)}{F(r)}=1/T \tag{4.2-2}$$

式中：$F(r, r_i)$为(r, r_i)的联合分布数，通过Copula连接函数求解；$F(r)$为设计降雨量R的分布函数，本例采用PⅢ型曲线求解。

4.2.4 不同重现期下的雨型设计

按式(4.2-2)确定不同重现期下的设计雨型，并以深圳市深圳雨量站实测降雨资料为基础数据，按24 h作为设计降雨历时，逐年选取最大24 h降雨过程，用作设计雨型风险率分析的基础数据。

4.2.4.1 分布函数$F(r)$的计算

分布函数$F(r)$根据历年实测最大24 h降雨量，按频率分析获得。统计深圳雨量站1969—2002年逐年最大24 h降雨量，用PⅢ型曲线计算分布函数$F(r)$，如表4.2-3所示。

表4.2-3 深圳市设计暴雨(24 h)及分布函数

分布函数$F(r)$ (%)	重现期T (a)	24 h降雨量 (mm)
99.5	200	499.9
99	100	457.7
98	50	414.7
95	20	356.1
90	10	310.0
80	5	261.3
50	2	188.7

4.2.4.2 联合分布函数 $F(r, r_i)$的计算

采用 Gumbel Copula 连接函数计算 $F(r, r_i)$，其公式如下：

$$F(r, r_i) = \exp\{-[(-\ln F(r))^{\theta} + (-\ln F(r_i))^{\theta}]^{1/\theta}\} \qquad (4.2\text{-}3)$$

(1) 计算 $F(r_i)$

考虑到洪峰对雨峰响应灵敏，雨型设计主要应该满足雨峰时段的风险率达到安全要求。参考图 4.2-1 典型暴雨，选取 16、17、18、19 时段作为分析时段，按单雨峰结构分析设计雨型。如此，统计历年年最大 24 h 降雨过程对应的 16、17、18、19 时段降雨量 R_i，采用 PⅢ 型曲线，分别计算分布函数 $F(r_{16})$、$F(r_{17})$、$F(r_{18})$、$F(r_{19})$，计算结果如下。

表 4.2-4 分布函数：$F(r_{16})$、$F(r_{17})$、$F(r_{18})$、$F(r_{19})$

$F(r_{16})$、$F(r_{17})$、$F(r_{18})$、$F(r_{19})$ (%)	r_{16} (mm)	r_{17} (mm)	r_{18} (mm)	r_{19} (mm)
99.9	121.6	162.8	136.6	58.4
99.8	106.8	140.6	120.4	52.4
99.5	96.2	124.9	108.8	48.1
99	87.5	112.0	99.2	44.6
98	73.2	97.9	83.3	38.6
95	59.1	81.6	67.7	32.6
90	41.1	51.4	47.7	24.7
80	28.2	38.2	33.1	18.8

(2) 计算 $F(r, r_i)$

以 $F(r, r_{17})$ 计算为例，首先将 1969—2002 年共 34 组实测最大 24 h 降雨量 r 和其对应降雨过程中的第 17 时段的降雨量 r_i 绘制成散点图(图 4.2-6)。

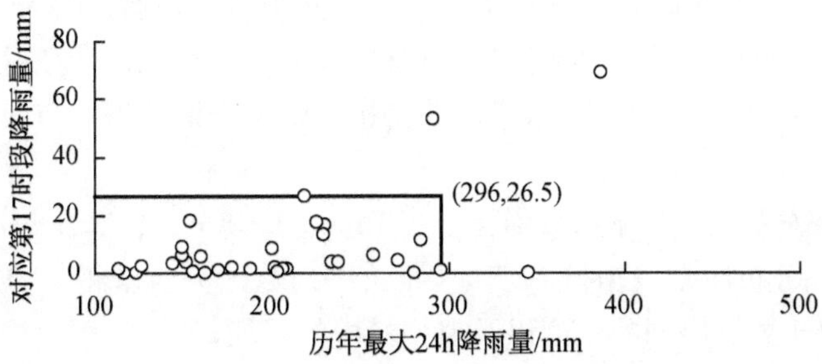

图 4.2-6 散点图(实测最大 24 h 降雨量～第 17 时段降雨量)

计算点（r，r_{17}）的选取考虑主变量组合，即将图 4.2-6 上 24 h 降雨量和第 17 时段降雨量数据分别按升序排列，以排序后的同序位 r、r_{17} 组合作为计算点。如图 4.2-6 所示，矩形线框右上顶点的经验分布函数 $F(296, 26.5)$ =图上线框包围的点数/总的点数。计算结果显示：当 $\theta=1.1$ 时，计算点经验联合分布值与理论联合分布值数据吻合最好(图 4.2-7)。按同样方法：$F(r, r_{16})$ 时，$\theta=1.48$；$F(r, r_{18})$ 时，$\theta=1.1$；$F(r, r_{19})$ 时，$\theta=1.23$。

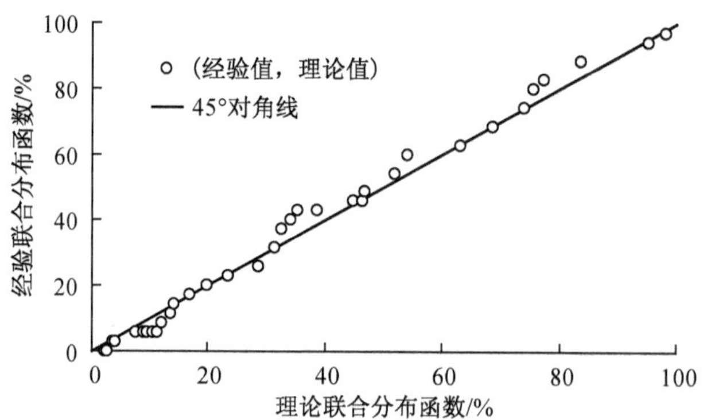

图 4.2-7　经验联合分布函数与理论联合分布函数($\theta=1.1$)

4.2.4.3　设计雨型分析的结果

以深圳市 50 年一遇设计雨型为例(24 h 设计降雨量 414.7 mm，设计降雨量风险率 $1/T=2\%$)，$F(414.7)$ 查表 4.2-3 为 0.98：

(1) 首先计算 r_{16}。当 $r_{16}=53.4$mm 时，$F(53.4)$ 查表 4.2-4 约为 0.970 5，带入式(4.2-3)，$F(414.7, 53.4)=\exp\{-[(-\ln 0.98)^{1.48}+(-\ln 0.9705)^{1.48}]^{1/1.48}\}=0.96039$，将 $F(414.7)$、$F(414.7, 53.4)$ 带入式(4.2-2)左侧，等于 2%，与公式右侧相等。

(2) r_{17}、r_{18}、r_{19} 计算过程同 r_{16}，分别为 78.5 mm、66.0 mm、31.2 mm。

由此，分别计算深圳站 20 年一遇、50 年一遇、100 年一遇、200 年一遇的第 16、17、18、19 时段设计雨量，其余时段的设计雨量扣除 16～19 时段后，按照典型降雨过程时段雨量的比例关系折算，最后获得按风险率分析的深圳市设计雨型，如图 4.2-8 所示。

① 风险率分析法设计雨峰分别为 110.3 mm、95.8 mm、78.5 mm、43.2 mm。

② 风险率分析法是根据概率理论，经长序列数据分析获得，其成果分析的准确性主要取决于数据序列的长度以及典型暴雨的特征，包括降雨集中程度、雨峰位置、雨峰大小等，按风险率分析法设计的深圳市不同重现期雨型能够体现出深圳市典型暴雨的特征。

③ 相对于同倍比放大法和《广东省暴雨径流查算图表使用手册》中模糊聚类分析法已有的设计雨型成果，风险率分析法雨峰略高（仅20年一遇的峰值略低），按照风险率分析的结果，前两者都存在风险率设计不足的问题。

④ SCS-Ⅱ设计雨型雨峰明显偏高，其20年一遇的雨峰就超过了150 mm，按照风险率分析法的成果，SCS-Ⅱ设计的深圳雨型存在安全度过大的问题。

⑤ 典型暴雨同频率放大法设计雨型和风险率分析法相似，但雨峰设计值偏大。因为典型暴雨同频率放大法设计雨型的雨峰设计频率等于设计历时1 h暴雨频率，所以两者雨量相等，但是实际情况显示，年最大24 h降雨过程并不一定包含年最大1 h降雨量，而深圳市64.7%的年份都存在这种情况。例如，1996年，实测最大24 h降雨量151.6 mm（1996年9月20日19:00—9月21日19:00），其最大1 h降雨量31.0 mm，而当年最大1 h降雨量达到70.4 mm（1996年9月2日15:00—16:00）。1986年，实测最大24 h降雨量177.4 mm（1986年8月11日1:00—8月12日1:00），其最大1 h降雨量23.3 mm，而当年最大1 h降雨量达到72.0 mm（1986年7月3日11:00—12:00）。所以，对于深圳地区而言，设计雨型的雨峰设计频率并非与设计历时1 h暴雨同频率，典型暴雨同频率放大法设计雨型的峰值偏大。

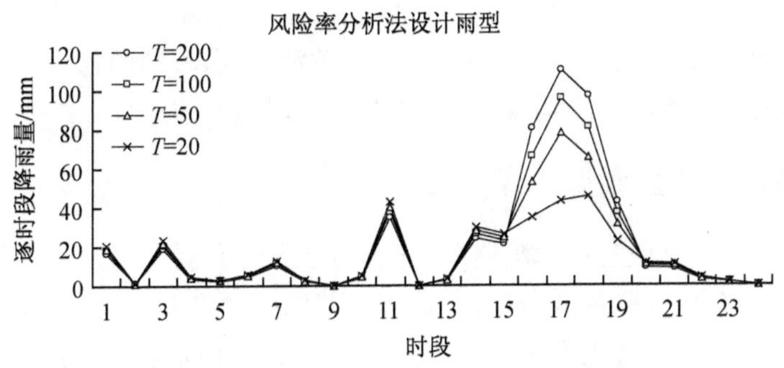

图 4.2-8 深圳市设计雨型（风险率分析法）

4.3 堵口水力计算中设计潮型的风险分析方法

堵口是海堤修筑的最后阶段，此阶段所遇到的水力条件十分恶劣，水流流态复杂，是堵口施工所面临的主要技术问题，也是整个围海工程中最复杂和最困难的问题[105-107]。一般在工程上，为了降低风险，主要选择潮位低、潮差小、风浪小的非汛期时段组织施工，施工前还要对龙口水力条件进行详细计算，其中设计潮型是主要计算参数。按照我国的《围海工程技术规范》《滩涂治理和海堤工程技术规范》等，堵口水力计算设计潮型选择非汛期一定重现期下的设计值，但未对潮型设计方法进行明确规定。

典型潮位过程放大法是设计潮型水利类相关规范推荐的方法，但其仅依靠高潮位或低潮位控制放大设计潮位过程，存在一些弊端，典型的如：在以高潮位控制放大潮位过程线时，低潮位按同倍比放大，或者在以低潮位控制放大潮位过程线时，高潮位也按同倍比放大，实际上，除非同一潮位过程中的高低潮位变化趋势完全一致，否则按同倍比放大缺乏足够的理论依据，存在一定的随意性[108]，其计算成果可能对选择合适的龙口口门尺度、合理安排堵口程序造成影响，从而导致堵口施工设计风险的增加。为此一些学者也提出了一些改进措施，例如孔令婷[109]提出的以设计年最高潮位和设计年最大潮差共同控制典型潮位过程放大的设计潮位过程推求方法，该方法将潮差信息融入设计潮位过程之中，使设计潮位过程的推求相对于典型放大法更趋合理，所以也得到了一些应用[110]。但是，对于半日潮，一个潮位过程存在两个高潮，如何处理两个高潮位之间的设计关系该方法未明确说明。

综上，为了进一步优化潮型设计，借助组合变量分布函数计算常用的 Copula 连接函数以及条件概率理论，提出围海工程堵口水力计算设计潮型的风险分析方法，并以江苏省沿岸有长序列详细潮位资料的连云港庙岭潮位站（废黄河基面，资料时段 1972—2011 年，下同）、盐城射阳河闸闸下潮位站（废黄河基面，资料时段 1971—2011 年，下同）、南通天生港潮位站（废黄河基面，资料时段 1953—2011 年，下同）为例，说明该方法的原理、数学模型及计算步骤。

4.3.1 堵口期典型潮型选择

堵口期典型潮型应选择非汛期潮位高、潮差大的实测潮型。一般我国每年的 5～10 月份，是台风登陆的高峰期，常造成大范围的洪涝和大风灾害，所以堵口期主要集中在当年的 1～4 月份和 11～12 月份。统计江苏省典型站点实测潮位资料，按照与堵口期设计高潮位接近的原则，分别选取：

① 连云港站 2008 年 4 月 9 日 2:17—4 月 9 日 19:36 作为典型潮型（图 4.3-1 上的 Y1～Y3 区间），其中高高潮 X＝3.32 m，为非汛期历年最大，低高潮 Y3＝2.76 m，低潮 Y1＝－1.86 m，Y2＝－1.36 m；②射阳闸站 2009 年 11 月 13 日 1:20—11 月 13 日 18:10 作为典型潮型（图 4.3-2 上的 Y1～Y3 区间），其中高高潮 X＝2.98 m，为非汛期历年最大，低高潮 Y3＝2.32 m，低潮 Y1＝0.79 m，Y2＝0.74 m；③天生港站 1989 年 11 月 13 日 11:20—11 月 14 日 3:00 作为典型潮型（图 4.3-3 上的 Y1～Y3 区间），其中高高潮 X＝3.71 m，为非汛期历年最大，低高潮 Y3＝2.98 m，低潮 Y1＝0.37 m，Y2＝0.65 m。

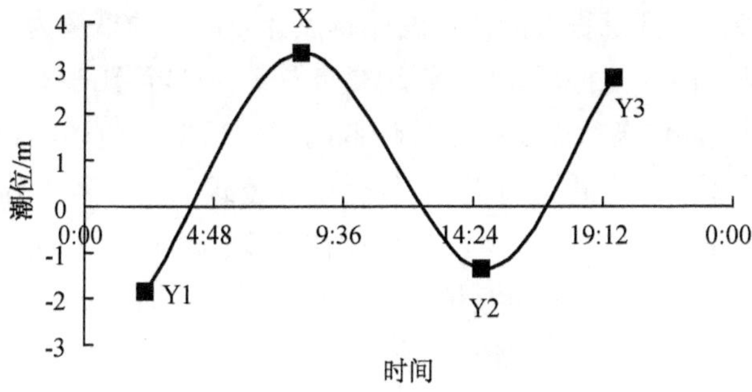

图 4.3-1 非汛期实测典型潮型(连云港)

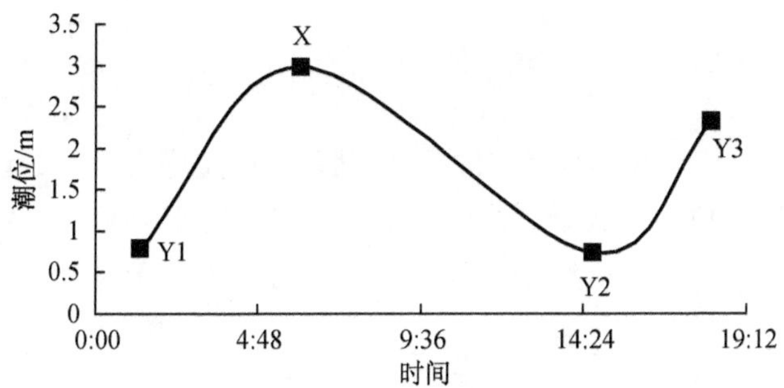

图 4.3-2 非汛期实测典型潮型(射阳闸)

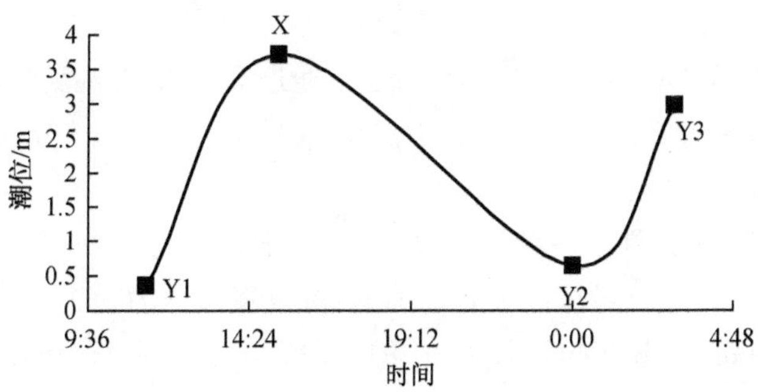

图 4.3-3 非汛期实测典型潮型(天生港)

4.3.2 设计潮型的风险定义

潮差、历时、潮位是堵口期设计潮型主要考虑的三个特性。历时可以按典型潮型选取,设计高潮位则是按工程设计标准确定,难点在于确定其他特征潮位。分析设计潮位过程中的高低潮位遭遇规律,成为解决问题的关键。设 X 为堵口期设计高潮位，重现期为 T，则工程可能遭遇的超越设计高潮位的概率为 $1/T$。

对设计潮型中的其他特征潮位而言(参照图 4.3-1 至图 4.3-3 上的 Y1、Y2、Y3，分别为两个设计低潮位以及一个设计低高潮位)，根据前述的第Ⅰ型风险率公式(4.1-1)、第Ⅱ型风险率式(4.1-2)和优化组合公式(4.1-7)，来确定与 T 年重现期设计高潮位搭配的最佳低潮位(Y1)、低潮位(Y2)、高潮位(Y3)。

(1) 第Ⅰ型潮型风险率考虑潮位降低，潮差增大带来的设计风险，则对于任意设计高高潮位数值 x 和设计低潮位数值 y_1 或 y_2，第Ⅰ型风险率可定义为满足“设计高潮位 $X \leqslant x$ ”条件下，潮型结构中的低潮位 Y1 或 Y2 低于设计值 y 发生的条件概率：

$$P_{rL}(x, y) = P(Y < y \mid X \leqslant x) = \frac{P(X \leqslant x, Y < y)}{P(X \leqslant x)} = \frac{F(x, y)}{F(x)} \quad (4.3\text{-}1)$$

(2) 第Ⅱ型潮型风险率考虑潮位升高，潮差或潮位增大带来的设计风险，则对于任意设计高高潮位 x 和设计低高潮位数值 $y3$，第Ⅱ型风险率可定义为满足“设计高潮位 $X \leqslant x$ ”条件下，潮型结构中的高潮位 Y3 大于设计值 y 发生的条件概率：

$$P_{rH}(x, y) = P(Y > y \mid X \leqslant x) = \frac{P(X \leqslant x, Y > y)}{P(X \leqslant x)} = \frac{F(x) - F(x, y)}{F(x)} \quad (4.3\text{-}2)$$

其中：$F(x, y)$ 为 (X, Y) 的联合分布数，可通过 Copula 连接函数求解；$F(x)$ 为 X 的分布函数，采用PⅢ型曲线求解；$P_{rL}(x, y)$ 和 $P_{rH}(x, y)$ 分别代表第Ⅰ型和第Ⅱ型潮型风险率。

综上，高潮的设计标准一定，或者是 50 年一遇，或者是 100 年一遇，甚至更高标准。这个设计标准是经过论证后采纳的，可以将其作为一个安全基准，则如果高潮 X 组合的高潮 Y3 超出设计值 y_3 的概率大于了这一安全基准，则可认为其设计值偏大，若小于这一安全基准，则可认为其设计值偏小，同样，如果高潮 X 组合的低潮 Y1 或者 Y2 低于设计值 y_1 或 y_2 的概率大于或小于这一安全基准也存在类似问题，所以，参考优化组合公式(4.1-7)，潮型中的特征潮位组合可按下式分析：

$$\begin{cases} P_{rL}(x, y_1) = 1/T \\ P_{rL}(x, y_2) = 1/T \\ P_{rH}(x, y_3) = 1/T \end{cases} \quad (4.3\text{-}3)$$

4.3.3　江苏典型站点堵口期设计潮型

按公式(4.3-1)、公式(4.3-2)和公式(4.3-3)展开风险分析,确定江苏省连云港站、射阳闸站和天生港站不同重现期下堵口期设计潮型。

4.3.3.1　高潮 $F(x)$ 的计算

逐年统计非汛期连云港站、射阳闸站和天生港站 1～4 月份和 11～12 月份年最大潮位,采用 PⅢ 型频率曲线求解,$F(x)$ 的计算结果如表 4.3-1 至表 4.3-3 所示。

表 4.3-1　非汛期设计高潮位(连云港站)

重现期 T(a)	设计高潮位风险率(%)	分布函数 $F(x)$(%)	潮位 X(m)
200	0.5	99.5	3.65
100	1	99	3.56
50	2	98	3.46
20	5	95	3.33
10	10	90	3.22
5	20	80	3.10
2	50	50	2.89

表 4.3-2　非汛期设计高潮位(射阳闸站)

重现期 T(a)	设计高潮位风险率(%)	分布函数 $F(x)$(%)	潮位 X(m)
200	0.5	99.5	3.19
100	1	99	3.11
50	2	98	3.02
20	5	95	2.88
10	10	90	2.77
5	20	80	2.64
2	50	50	2.40

表 4.3-3　非汛期设计高潮位(天生港站)

重现期 T(a)	设计高潮位风险率(%)	分布函数 $F(x)$(%)	潮位 X(m)
200	0.5	99.5	4.10
100	1	99	3.95
50	2	98	3.81

（续表）

重现期 T(a)	设计高潮位风险率(%)	分布函数 $F(x)$(%)	潮位 X(m)
20	5	95	3.61
10	10	90	3.45
5	20	80	3.29
2	50	50	3.06

4.3.3.2 理论分布函数 $F(x, y)$的计算

参考图 4.3-1 至图 4.3-3，按照低(Y1)—高(高高潮，X)—低(Y2) —高(低高潮，Y3)的潮型构造顺序，采用 Gumbel Copula 连接函数，分别计算各站 $F(x, y_1)$、$F(x, y_2)$ 和 $F(x, y_3)$，其公式如下：

$$F(x, y)=\exp\{-[(-\ln F(x))^{\theta}+(-\ln F(y))^{\theta}]^{1/\theta}\} \qquad (4.3\text{-}4)$$

(1) 计算 $F(y_1)$、$F(y_2)$ 和 $F(y_3)$

① 逐年选取各站非汛期最大高高潮对应同一潮位过程中前一刻的低潮，组成 Y1 数据序列，采用 PⅢ型曲线求解 $F(y_1)$；②逐年选取各站非汛期最大高高潮对应同一潮位过程中后一刻的低潮，组成 Y2 数据序列，采用 PⅢ型曲线求解非汛期 $F(y_2)$；③逐年选取各站非汛期最大高高潮对应同一潮位过程中的低高潮，组成 Y3 数据序列，采用 PⅢ型曲线求解非汛期 $F(y_3)$。 计算结果参考表 4.3-4 至表 4.3-6。

表 4.3-4 非汛期设计高潮位(连云港站)

$F(y_1)$、$F(y_2)$、$F(y_3)$(%)	Y1(m)	Y2(m)	Y3(m)
99.99	−0.71	−0.43	3.83
99.9	−1.06	−0.64	3.59
99.8	−1.17	−0.71	3.52
99.67	−1.24	−0.77	3.46
99.5	−1.31	−0.82	3.41
99	−1.42	−0.91	3.32
98	−1.54	−1.01	3.23
95	−1.70	−1.16	3.09
90	−1.84	−1.30	2.97
80	−1.98	−1.47	2.84
50	−2.21	−1.81	2.59

（续表）

$F(y_1)$、$F(y_2)$、$F(y_3)$(%)	Y1(m)	Y2(m)	Y3(m)
25	−2.35	−2.09	2.40
10	−2.45	−2.35	2.24
5	−2.50	−2.51	2.15
2	−2.55	−2.69	2.05
0.5	−2.59	−2.93	1.94
0.2	−2.61	−3.07	1.87
0.1	−2.62	−3.17	1.82
0.01	−2.65	−3.47	1.70

表 4.3-5　非汛期设计高潮位(射阳闸站)

$F(y_1)$、$F(y_2)$、$F(y_3)$(%)	Y1(m)	Y2(m)	Y3(m)
99.99	0.79	1.13	3.58
99.9	0.47	0.71	3.21
99.8	0.36	0.57	3.09
99.67	0.28	0.47	3.00
99.5	0.21	0.38	2.92
99	0.09	0.23	2.79
98	−0.04	0.07	2.65
95	−0.24	−0.16	2.45
90	−0.41	−0.36	2.29
80	−0.62	−0.59	2.09
50	−1.00	−0.99	1.76
25	−1.30	−1.28	1.52
10	−1.56	−1.52	1.33
5	−1.71	−1.65	1.23
2	−1.88	−1.79	1.12
0.5	−2.09	−1.96	0.99
0.2	−2.21	−2.05	0.92
0.1	−2.29	−2.11	0.87
0.01	−2.54	−2.28	0.75

表 4.3-6　非汛期设计高潮位(天生港站)

$F(y_1)$、$F(y_2)$、$F(y_3)$(%)	Y1(m)	Y2(m)	Y3(m)
99.99	1.14	1.13	3.63
99.9	0.95	0.98	3.41
99.8	0.89	0.93	3.33
99.67	0.84	0.89	3.28
99.5	0.80	0.85	3.23
99	0.73	0.79	3.15
98	0.65	0.72	3.06
95	0.54	0.61	2.92
90	0.43	0.51	2.81
80	0.31	0.39	2.67
50	0.07	0.15	2.42
25	−0.11	−0.04	2.23
10	−0.27	−0.22	2.06
5	−0.37	−0.33	1.97
2	−0.48	−0.46	1.86
0.5	−0.62	−0.63	1.73
0.2	−0.70	−0.72	1.65
0.1	−0.75	−0.79	1.60
0.01	−0.91	−1.00	1.46

(2) 计算 $F(x, y_1)$、$F(x, y_2)$ 和 $F(x, y_3)$

计算结果显示:按照表 4.3-7 所示的 θ,计算点经验联合分布值与理论联合分布值数据对称的落在 45°对角线附近(图 4.3-4 至图 4.3-6),两者之间吻合较好,满足工程应用精度要求。

表 4.3-7　Copula 连接函数参数 θ

站点	序列 X	序列 Y	非汛期
			θ
连云港	X	Y1	1.16
	X	Y2	1.21
	X	Y3	1.41
射阳闸	X	Y1	1.62
	X	Y2	1.66
	X	Y3	1.96

（续表）

站点	序列 X	序列 Y	非汛期
			θ
天生港	X	Y1	1.57
	X	Y2	1.59
	X	Y3	1.88

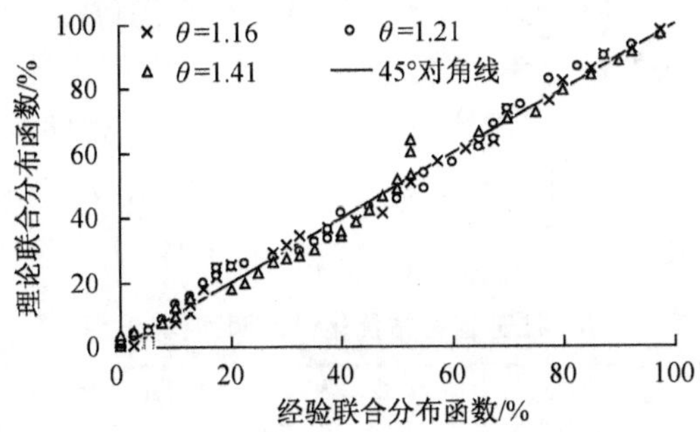

图 4.3-4 经验联合分布函数与理论联合分布函数比较(连云港)

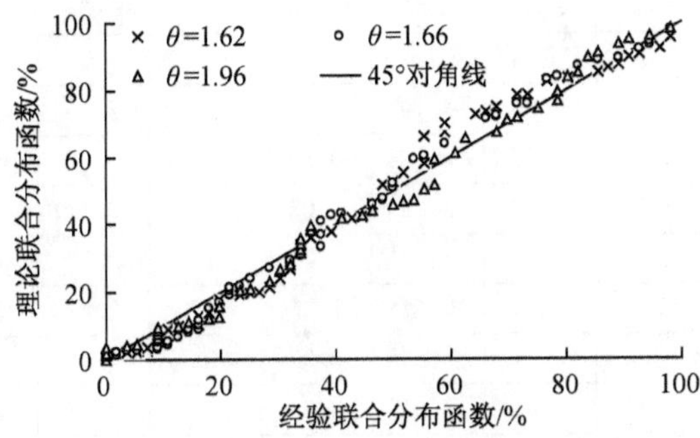

图 4.3-5 经验联合分布函数与理论联合分布函数比较(射阳闸)

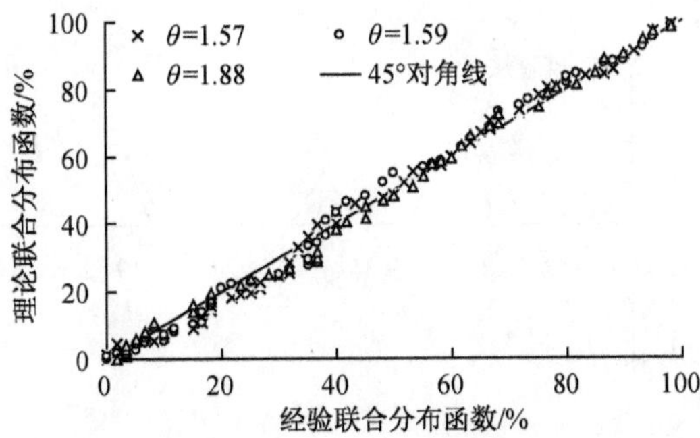

图 4.3-6 经验联合分布函数与理论联合分布函数比较(天生港)

4.3.3.3 堵口期不同重现期设计潮型

以设计高高潮位为安全基准：①各站 20 年一遇、$F(x)=95\%$ 条件下，即 x 数值固定，改变 y，将 $F(x)$、$F(y)$ 和 $F(x, y)$ 带入公式(4.3-3)进行试算，使其满足公式的要求，以此求的搭配的低高潮位和两个低潮位，涨落潮历时均取典型潮位过程；②再按此方法计算各站 50 年一遇、100 年一遇、200 年一遇的优化设计潮型；③同时对比高潮位控制放大典型潮位过程的方法，其放大系数参考公式(4.2-1)。

计算结果参考表 4.3-8：①江苏省沿岸各站按高潮位控制放大法，其潮差小于本书方法，从本书方法的角度考虑，传统方法存在一定的设计风险，两者 100 年一遇情况下的比较如图 4.3-7 至图 4.3-9 所示；②不同重现期下的各站堵口期设计潮型，其特征表现为随着设计标准的提高，设计高潮位增大，设计低潮位减小，潮差增大，但总体差异较小。

表 4.3-8 江苏省各站优化设计潮型(非汛期阶段)

站点	时刻	20 年一遇		50 年一遇		100 年一遇		200 年一遇		典型潮位过程
		风险法	放大法	风险法	放大法	风险法	放大法	风险法	放大法	
连云港	2008-4-9 2:17	−2.50	−1.86	−2.55	−1.94	−2.58	−1.99	−2.59	−2.04	−1.86
	2008-4-9 8:02	3.33	3.33	3.46	3.46	3.56	3.56	3.65	3.65	3.32
	2008-4-9 14:43	−2.52	−1.36	−2.70	−1.42	−2.85	−1.46	−2.93	−1.49	−1.36
	2008-4-9 19:36	3.04	2.77	3.19	2.88	3.28	2.96	3.37	3.03	2.76
射阳闸	2009-11-13 1:20	−1.72	0.76	−1.88	0.80	−2.02	0.82	−2.09	0.85	0.79
	2009-11-13 6:05	2.88	2.88	3.02	3.02	3.11	3.11	3.19	3.19	2.98
	2009-11-13 14:40	−1.66	0.72	−1.80	0.75	−1.91	0.77	−1.96	0.79	0.74
	2009-11-13 18:10	2.34	2.24	2.57	2.35	2.70	2.42	2.83	2.49	2.32
天生港	1989-11-13 11:20	−0.38	0.36	−0.48	0.38	−0.57	0.39	−0.62	0.41	0.37
	1989-11-13 15:15	3.61	3.61	3.81	3.81	3.95	3.95	4.10	4.10	3.71
	1989-11-14 0:00	−0.34	0.63	−0.47	0.66	−0.57	0.69	−0.63	0.72	0.65
	1989-11-14 3:00	2.85	2.90	3.00	3.06	3.09	3.17	3.17	3.29	2.98

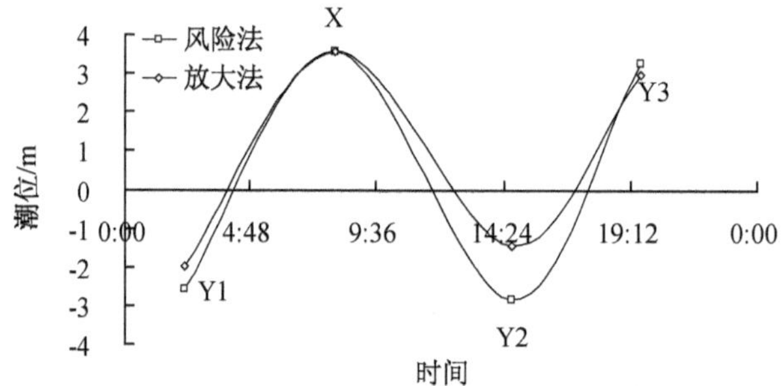

图 4.3-7 非汛期设计潮型(100 年一遇，连云港)

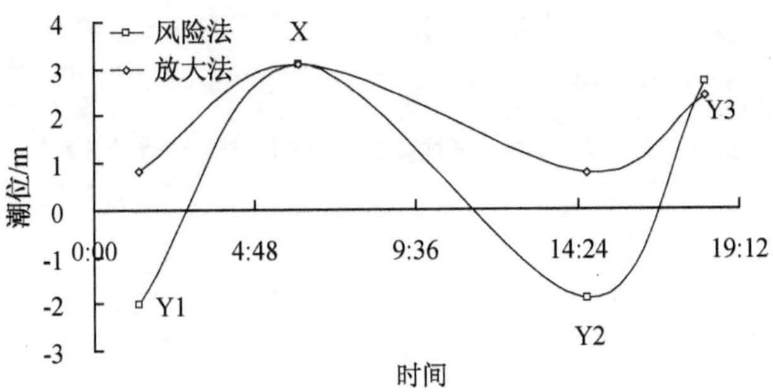

图 4.3-8 非汛期设计潮型(100 年一遇,射阳闸)

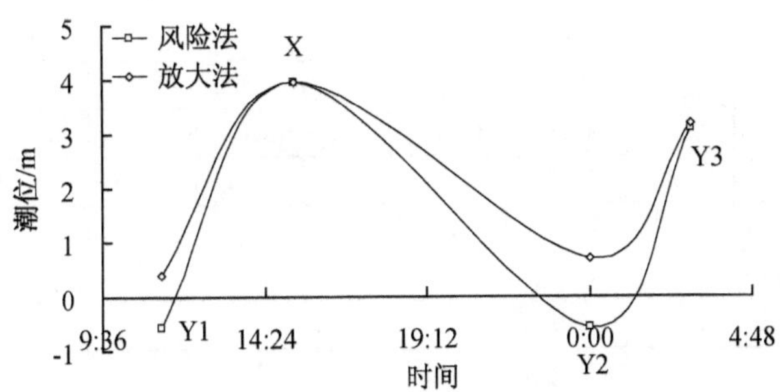

图 4.3-9 非汛期设计潮型(100 年一遇,天生港)

4.3.4 与全年时段潮位资料分析设计潮型对比

作为对比,按全年时段统计江苏省各站 20 年一遇、50 年一遇、100 年一遇、200 年一遇的设计潮型,计算结果参考表 4.3-9。结果显示:

(1) 江苏省沿岸各站按高潮位控制放大法,其潮差同样小于本文方法,从本文方法的考虑角度,传统方法存在一定的设计风险,两者 100 年一遇情况下的比较如图 4.3-10 至 4.3-12 所示。

(2) 天生港本文设计潮差 4.68 m,文献[105]采用的改进方法"高潮位和潮差共同控制典型潮位过程放大的设计方法"设计潮差 3.94 m,传统的放大法最小,为 3.81 m。

(3) 非汛期各站设计高潮位较全年时段设计高潮位小,连云港站 20 年、50 年、100 年、200 年一遇的设计高潮位分别为 3.33 m、3.46 m、3.56 m、3.65 m,仅相当于全年时段 3.3 年、4.7 年、6.8 年、9.2 年一遇的标准。射阳闸站 20 年、50 年、100 年、200 年一遇的设计高潮位分别为 2.88 m、3.02 m、3.11 m、3.19 m,仅相当于全年时段 3.2 年、4.3 年、5.4 年、7.5 年一遇的标准。天生港站 20 年、50 年、

100 年、200 年一遇的设计高潮位分别为 3.61 m、3.81 m、3.95 m、4.10 m，仅相当于全年时段 1.2 年、1.7 年、2.3 年、3.4 年一遇的标准。

表 4.3-9　江苏省各站优化设计潮型(按全年时段分析)

站点	时刻	20 年一遇		50 年一遇		100 年一遇		200 年一遇		典型潮位过程
		风险法	放大法	风险法	放大法	风险法	放大法	风险法	放大法	
连云港	2008-4-9 2:17	−2.44	−0.66	−2.51	−0.69	−2.55	−0.72	−2.57	−0.74	−0.65
	2008-4-9 8:02	3.83	3.83	4.03	4.03	4.17	4.17	4.31	4.31	3.77
	2008-4-9 14:43	−2.16	−1.78	−2.31	−1.87	−2.43	−1.94	−2.49	−2.00	−1.75
	2008-4-9 19:36	3.38	3.55	3.57	3.73	3.69	3.86	3.81	3.99	3.49
射阳闸	2009-11-13 1:20	−0.95	0.65	−1.37	0.70	−1.18	0.73	−1.09	0.76	0.66
	2009-11-13 6:05	3.49	3.49	3.77	3.77	3.92	3.92	4.06	4.06	3.52
	2009-11-13 14:40	−0.69	1.24	−1.06	1.32	−1.42	1.39	−1.59	1.44	1.25
	2009-11-13 18:10	2.71	2.28	2.93	2.44	3.07	2.55	3.21	2.66	2.30
天生港	1989-11-13 11:20	0.23	1.06	0.11	1.13	0.01	1.19	−0.04	1.24	1.16
	1989-11-13 15:15	4.87	4.87	5.21	5.21	5.46	5.46	5.71	5.71	5.32
	1989-11-14 0:00	0.18	1.42	0.05	1.52	−0.07	1.60	−0.13	1.67	1.56
	1989-11-14 3:00	3.96	4.02	4.30	4.31	4.52	4.51	4.75	4.72	4.40

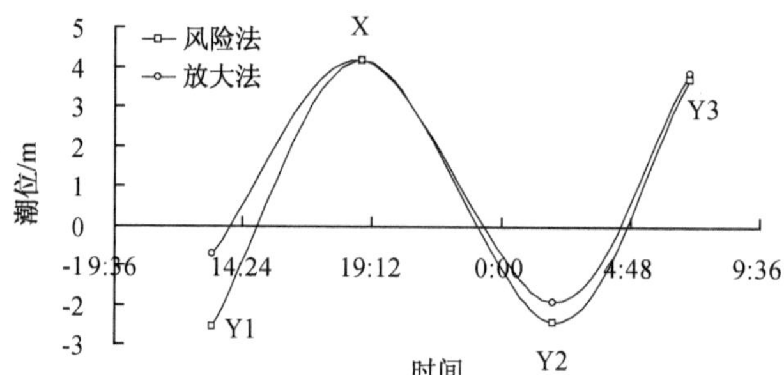

图 4.3-10　全年时段设计潮型(100 年一遇，连云港)

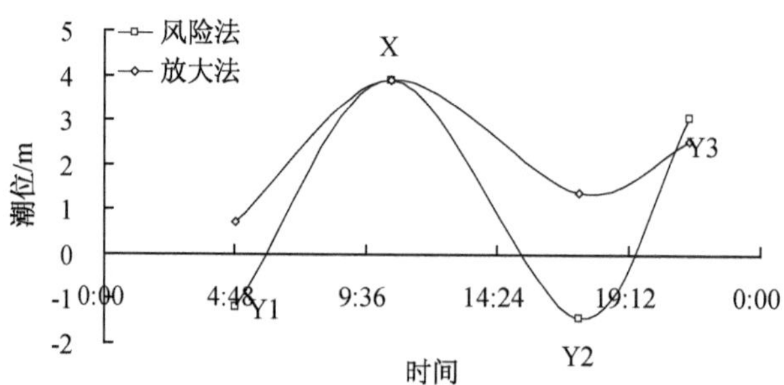

图 4.3-11　全年时段设计潮型(100 年一遇，射阳闸)

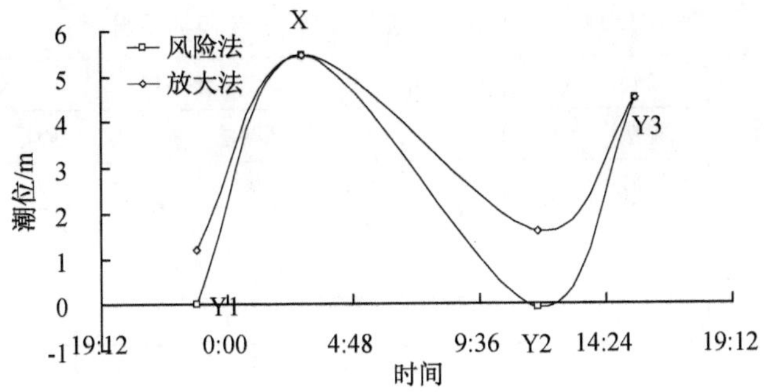

图 4.3-12 全年时段设计潮型(100 年一遇,天生港)

4.3.5 与深圳市珠江口赤湾站设计潮型的比较

作为对比,潮位资料选择深圳市赤湾站 1971—2002 年实测潮位资料,潮位基面选择珠江基面系统,相关成果参考表 4.3-10 和表 4.3-11 以及图 4.3-13 和图 4.3-14 所示,结果显示:

(1) 和江苏省各站点一样,同倍比放大法潮差小于风险分析方法,若按照本书中的风险分析方法对其进行判断,同倍比放大法则存在设计风险率不足的问题。

表 4.3-10 深圳市优化设计潮型(非汛期阶段)

站点	时刻	20 年一遇		50 年一遇		100 年一遇		200 年一遇		典型潮位过程
		风险法	放大法	风险法	放大法	风险法	放大法	风险法	放大法	
赤湾站	1996-11-13 17:00	−0.71	−0.24	−0.78	−0.25	−0.80	−0.26	−0.84	−0.26	−0.25
	1996-11-13 23:40	1.54	1.54	1.60	1.60	1.63	1.63	1.67	1.67	1.58
	1996-11-14 6:40	−1.75	−0.99	−1.82	−1.03	−1.84	−1.05	−1.87	−1.08	−1.02
	1996-11-14 13:20	0.53	0.65	0.64	0.68	0.70	0.69	0.76	0.71	0.67

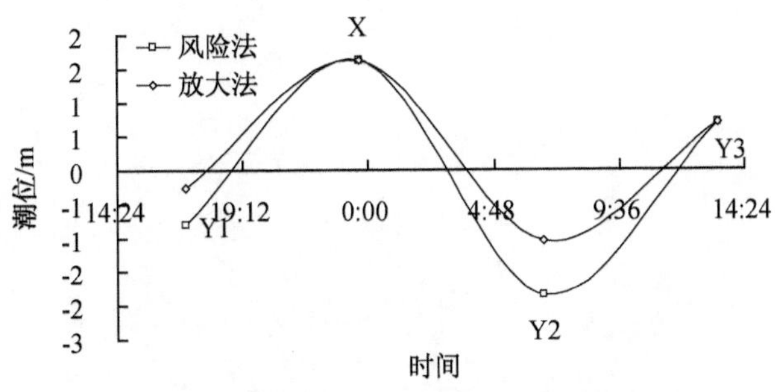

图 4.3-13 非汛期设计潮型(100 年一遇,赤湾站)

表 4.3-11 深圳市优化设计潮型(按全年时段分析)

站点	时刻	20 年一遇		50 年一遇		100 年一遇		200 年一遇		典型潮位过程
		风险法	放大法	风险法	放大法	风险法	放大法	风险法	放大法	
赤湾站	1993-9-17 4:20	−0.87	−0.93	−0.92	−1.02	−0.94	−1.08	−0.96	−1.14	−1.04
	1993-9-17 11:15	2.00	2.00	2.18	2.18	2.31	2.31	2.44	2.44	2.23
	1993-9-17 17:30	−1.84	−1.02	−1.88	−1.11	−1.90	−1.18	−1.91	−1.25	−1.14
	1993-9-17 22:40	1.27	0.85	1.57	0.93	1.79	0.98	2.00	1.04	0.95

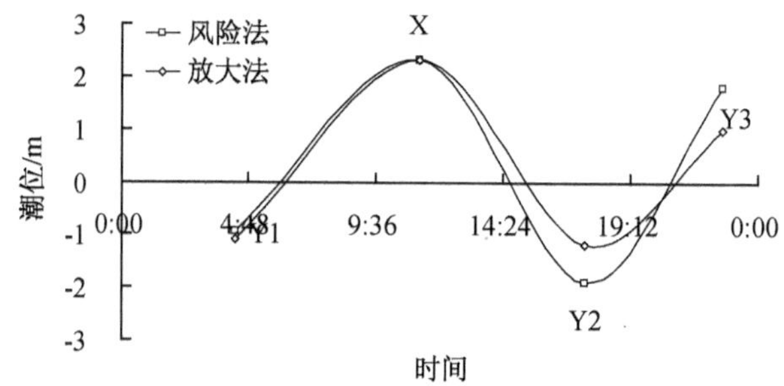

图 4.3-14 全年时段设计潮型(100 年一遇,赤湾站)

(2) 和江苏省各站点一样,非汛期赤湾站设计高潮位较全年时段设计高潮位小,其 20 年、50 年、100 年、200 年一遇的设计高潮位分别为 1.54 m、1.60 m、1.63 m、1.67 m,仅相当于全年时段 2.8 年、3.6 年、4.0 年、4.5 年一遇的标准。

5 基于 Copula 的水文变量遭遇规律分析及应用

本章介绍了 Copula 函数在深圳和江苏的一些典型应用,包括:建立城市管道排水和河道排涝组合设计方法,确定两者重现期的转换关系;根据风险模型确定洪潮遭遇组合,为感潮河道水面线计算提供边界条件;构建风潮组合设计风险分析模型,确定海堤设计中的风潮优化组合;基于 Copula 开展台风期风雨潮“三碰头”现象研究;基于 Copula 开展苏南地区梅雨暴雨同步发生规律研究等。

5.1 排水排涝暴雨重现期转换关系

按目前国内的城市规划体制,市政部门负责管道排水规划,水利部门负责河道排涝规划,两者采用的暴雨资料统计方法不同导致了设计标准的差异,所以城市管道排水和河道排涝存在组合设计的问题。组合值的不同,安全度也不一样,当设计暴雨取值满足河道排涝设计安全条件时,组合的排水设计标准越高,相应的组合安全性越大,组合的排水设计标准越低,则相应的组合安全性越小,这种组合设计的安全性可以用风险率表示。为此,构建了管道排水和河道排涝组合风险计算模型,并依据其组合风险率提出管道排水和河道排涝组合设计方法。考虑到各地水文特征的差异性,以深圳市为特例对这种方法进行了分析,为城市管道排水和河道排涝的组合设计提供科学依据。

5.1.1 两者重现期转换关系研究背景

城市暴雨在我国造成的灾害范围广、损失重、影响大,且灾害损失随着城市的发展同步增长,成为我国城市面临的主要自然灾害。2011 年 6 月以来,已有北京、武汉、成都、南昌、南京等多个大中城市遭受到强暴雨的袭击。6 月 23 日,北京首先遭遇暴雨侵袭,城区平均降雨量 72 mm,最大降雨量 128.9 mm,大量路段瘫痪,部分地区甚至出现了河流泄洪不足造成倒灌道路的问题,首都机场及往来首都机场的相关航路被雷雨天气所覆盖,造成了航班延误或是取消。7 月 3 日下午,成都开始遭遇暴雨侵袭,最大 5 h 降雨量达到 215.8 mm,市区多个地段被大水淹没,积水至人膝部或半米之深,交通局部瘫痪,到处可见有汽车泡在水里无法开动,双流

国际机场 124 个航班中有 47 个航班受到影响，约 5 000 余乘客滞留机场，积水还导致两位市民电击身亡。7 月 18 日，南京市也突降暴雨，路面交通大面积瘫痪，沪宁城际沿线的红山路、玄武大道积水严重，导致城际线部分被淹，沪宁城际从当天下午 4 点开始改道运营，禄口国际机场也因为恶劣天气不符合航班起降的正常标准，所有进出港航班被迫延误。

排水系统老旧、排水标准过低是造成城市雨涝多发的重要因素，若排水系统建设远远落后于城市的发展，一旦降雨超过设计标准，没有办法避免积水，城市必然发生洪涝灾害。因此，提高管网和河网的设计标准是增强城市抵御洪涝灾害能力的重要措施。但是按目前国内的城市规划体制，市政部门负责城市的排水规划，水利部门负责城市的排涝规划，两者因暴雨资料统计选样方法的不同导致了设计暴雨的不一致，所以城市管道排水设计标准和河道排涝设计标准存在差异，对这种差异的分析一直都是热点课题。提高排水和排涝设计标准可显著增强排水与排涝安全性，但是由于城市土地寸土寸金，河道断面不可能一直扩大，河底也不可能一直挖深，使得河道排涝标准具有一定的上限。地下管网的改造更是一项复杂且耗资巨大的系统工程，以设计管道坡度为例，坡度越陡水流越快，但坡度越陡挖得越深，财力投入就越大，选用较小的坡度则削弱了管道排水的能力，此外，河湖储水能力、地下空间资源等都影响着排水效果或管网改造，所以，管道排水标准和河道排涝标准不可能一直提高。

为科学合理的确定管道排水和河道排涝的组合设计，一些学者[111-115]研究了两者设计暴雨重现期之间的对应关系，即“当管道排水设计暴雨重现期为 1 年、2 年或者更长时，河道排涝相应的设计暴雨重现期取多少年为宜”或者“当河道排涝设计暴雨重现期为 10 年、20 年或者更长时，管道排水相应的设计暴雨重现期取多少年为宜”，这些成果的获得极大地推动了排水与排涝组合设计的科学性和合理性，但是排水与排涝风险分析模型的匮乏，对这种组合下的安全性以及现状条件下的城市管道排水和河道排涝的安全性尚缺乏有效的评估成果。因此，基于 Copula 函数，以城市管道排水和河道排涝为研究对象，对城市管道排水和河道排涝组合风险进行分析，为科学合理的确定管道排水和河道排涝的组合设计提供指导。

5.1.2 管道排水与河道排涝组合设计

考虑到城市规划中河道排涝重于排水，前者引发的灾害更大，设计暴雨应主要服从于河道排涝的要求，使城市河道排涝达到设计要求，所以，参考第Ⅱ型风险率公式(4.1-2)，本书中的研究将满足河道设计排涝条件下、超过管道排水安全要求发生的条件概率作为管道排水与河道排涝的组合风险率，其表达式如下：

$$P(R_{排水} > r_{排水} \mid R_{排涝} \leqslant r_{排涝}) = \frac{P(R_{排涝} \leqslant r_{排涝}, R_{排水} > r_{排水})}{P(R_{排涝} \leqslant r_{排涝})} = \frac{F(r_{排涝}) - F(r_{排涝}, r_{排水})}{F(r_{排涝})} \tag{5.1-1}$$

式中，$r_{排水}$ 和 $r_{排涝}$ 为管道排水设计暴雨强度和河道排涝设计暴雨强度，mm；$P(R_{排水} > r_{排水} \mid R_{排涝} \leqslant r_{排涝})$ 是降雨不超过河道排涝设计暴雨强度 $r_{排涝}$，即满足河道设计排涝安全条件下，超过管道排水设计暴雨 $r_{排水}$ 的条件概率，并作为（$r_{排水}$，$r_{排涝}$）的组合风险率；$F(r_{排涝})$ 代表河道排涝设计暴雨强度的分布函数；$F(r_{排涝}, r_{排水})$ 代表河道设计排涝暴雨强度和管道设计排水暴雨强度的联合分布函数，表示两者在同一次降雨过程中的遭遇频率，根据历年实测降雨资料分析获得。

5.1.2.1　河道排涝设计暴雨强度分布函数

根据历年降雨资料，采用年最大值选样法逐年选取各年最大 3 h、6 h、12 h、24 h 等河道排涝设计历时降雨量，然后采用 PⅢ 型累积频率曲线计算其分布函数 $F(r_{排涝})$。以深圳市为例，经计算或查询《广东省暴雨参数等值线》，均可获得深圳市排涝设计暴雨强度分布函数数值，如表 5.1-1 所示。

表 5.1-1　深圳市排涝设计暴雨强度分布函数数值

F (%)	重现期 T (年)	3 h 降雨量 (mm)	6 h 降雨量 (mm)	12 h 降雨量 (mm)	24 h 降雨量 (mm)
99	T=100	232.2	304.4	377.2	457.7
98	T=50	208.5	273.4	340.2	414.7
95	T=20	176.5	231.4	290.1	356.1
90	T=10	151.5	198.6	250.8	310.0
80	T=5	125.4	164.5	209.5	261.3
50	T=2	87.5	114.7	148.7	188.7

5.1.2.2　管道排水与河道排涝联合分布函数

根据 Gumbel Copula 和 Clayton Copula 两种常见的 Copula 连接函数分析同一次降雨过程中管道排水与河道排涝不同历时设计降雨量的遭遇情况，建立其联合分布函数如下：

（1）Gumbel Copula

$$F(r_{排涝}, r_{排水}) = \exp\{-[(-\ln F(r_{排涝}))^{\theta} + (-\ln F(r_{排水}))^{\theta}]^{1/\theta}\} \tag{5.1-2}$$

（2）Clayton Copula

$$F(r_{排涝}, r_{排水}) = (F(r_{排涝})^{-\theta} + F(r_{排水})^{-\theta} - 1)^{-1/\theta} \tag{5.1-3}$$

统计历年年最大 3 h、6 h、12 h、24 h 降雨量及其对应的同一次降雨过程中的最大 1 h、2 h 降雨量，采用PⅢ型曲线，分别计算 $F(r_{排水})$ 和 $F(r_{排涝})$，深圳市的分布函数 $F(r_{排涝})$ 可以查表 5.1-1 获得；选择式(5.1-2)、式(5.1-3)分别计算年最大 3 h 降雨量～1 h 降雨量、年最大 3 h 降雨量～2 h 降雨量、年最大 6 h 降雨量～1 h 降雨量、年最大 6 h 降雨量～2 h 降雨量、年最大 12 h 降雨量～1 h 降雨量、年最大 12 h 降雨量～2 h 降雨量、年最大 24 h 降雨量～1 h 降雨量以及年最大 24 h 降雨量～2 h 降雨量的联合分布函数。按以上方法计算获得的深圳市管道排水与河道排涝的联合分布函数如表 5.1-2 所示。

表 5.1-2　深圳市管道排水与河道排涝联合分布函数

河道排涝设计历时	管道排水设计历时	
	1 h	2 h
3 h	Clayton(θ=3.05)	Clayton(θ=5.5)
6 h	Gumbel-Hougaard(θ=3)	Gumbel-Hougaard(θ=3)
12 h	Gumbel-Hougaard(θ=2)	Gumbel-Hougaard(θ=2)
24 h	Gumbel-Hougaard(θ=1.5)	Gumbel-Hougaard(θ=1.7)

5.1.3　排水与排涝的设计重现期转换

已知不同历时的河道排涝设计降雨量，同时已知不同历时的管道排水设计降雨量(管道排水设计标准参考深圳市城市规划委员会排水设计标准)，将两者带入表 5.1-2 列举的两种联合分布函数，再将 $F(r_{排涝})$（查表 5.1-1)和 $F(r_{排涝}, r_{排水})$ 计算值代入公式(5.1-1)，获得深圳市管道排水与河道排涝组合风险率计算成果如表 5.1-3 至表 5.1-6 所示。

表 5.1-3　深圳市河道排涝(3 h)+管道排水设计暴雨组合风险率

河道排涝(3 h 设计历时)		管道排水(1 h 设计历时)			管道排水(2 h 设计历时)		
降雨量(mm)	重现期(a)	降雨量(mm)	重现期(a)	风险率(%)	降雨量(mm)	重现期(a)	风险率(%)
151.5	10	50.5	1	30.9	69.5	1	45.3
151.5	10	60.7	2	12.1	86.2	2	20.6
151.5	10	67.0	3	6.1	97.3	3	10.5
151.5	10	75.1	5	2.4	111.0	5	4.1
151.5	10	85.7	10	0.5	129.7	10	1.1
176.5	20	50.5	1	33.4	69.5	1	47.8

(续表)

河道排涝(3 h 设计历时)		管道排水(1 h 设计历时)			管道排水(2 h 设计历时)		
降雨量(mm)	重现期(a)	降雨量(mm)	重现期(a)	风险率(%)	降雨量(mm)	重现期(a)	风险率(%)
176.5	20	60.7	2	13.7	86.2	2	22.8
176.5	20	67.0	3	7.1	97.3	3	12.0
176.5	20	75.1	5	2.8	111.0	5	4.8
176.5	20	85.7	10	0.6	129.7	10	1.3
208.5	50	50.5	1	34.9	69.5	1	49.2
208.5	50	60.7	2	14.7	86.2	2	24.2
208.5	50	67.0	3	7.7	97.3	3	12.9
208.5	50	75.1	5	3.0	111.0	5	5.2
208.5	50	85.7	10	0.7	129.7	10	1.4
232.2	100	50.5	1	35.4	69.5	1	49.6
232.2	100	60.7	2	15.1	86.2	2	24.6
232.2	100	67.0	3	7.9	97.3	3	13.2
232.2	100	75.1	5	3.1	111.0	5	5.4
232.2	100	85.7	10	0.7	129.7	10	1.4

表 5.1-4　深圳市河道排涝(6 h)+管道排水设计暴雨组合风险率

河道排涝(6 h 设计历时)		管道排水(1 h 设计历时)			管道排水(2 h 设计历时)		
降雨量(mm)	重现期(a)	降雨量(mm)	重现期(a)	风险率(%)	降雨量(mm)	重现期(a)	风险率(%)
198.6	10	50.5	1	22.1	69.5	1	39.1
198.6	10	60.7	2	4.5	86.2	2	13.5
198.6	10	67.0	3	0.9	97.3	3	4.5
198.6	10	75.1	5	0.1	111.0	5	0.5
198.6	10	85.7	10	0.0	129.7	10	0.0
231.4	20	50.5	1	26.0	69.5	1	42.2
231.4	20	60.7	2	8.0	86.2	2	17.6
231.4	20	67.0	3	2.6	97.3	3	8.0
231.4	20	75.1	5	0.3	111.0	5	1.6
231.4	20	85.7	10	0.0	129.7	10	0.1

（续表）

河道排涝(6 h设计历时)		管道排水(1 h设计历时)			管道排水(2 h设计历时)		
降雨量(mm)	重现期(a)	降雨量(mm)	重现期(a)	风险率(%)	降雨量(mm)	重现期(a)	风险率(%)
273.4	50	50.5	1	28.3	69.5	1	44.0
273.4	50	60.7	2	10.6	86.2	2	20.1
273.4	50	67.0	3	4.8	97.3	3	10.6
273.4	50	75.1	5	1.1	111.0	5	3.6
273.4	50	85.7	10	0.0	129.7	10	0.3
304.4	100	50.5	1	29.0	69.5	1	44.5
304.4	100	60.7	2	11.5	86.2	2	20.9
304.4	100	67.0	3	5.8	97.3	3	11.5
304.4	100	75.1	5	1.9	111.0	5	4.5
304.4	100	85.7	10	0.1	129.7	10	0.8

表 5.1-5　深圳市河道排涝(12 h)+管道排水设计暴雨组合风险率

河道排涝(12 h设计历时)		管道排水(1 h设计历时)			管道排水(2 h设计历时)		
降雨量(mm)	重现期(a)	降雨量(mm)	重现期(a)	风险率(%)	降雨量(mm)	重现期(a)	风险率(%)
250.8	10	50.5	1	17.5	69.5	1	36.3
250.8	10	60.7	2	4.0	86.2	2	12.7
250.8	10	67.0	3	1.2	97.3	3	5.3
250.8	10	75.1	5	0.2	111.0	5	1.3
250.8	10	85.7	10	0.0	129.7	10	0.1
290.1	20	50.5	1	20.7	69.5	1	39.1
290.1	20	60.7	2	6.1	86.2	2	15.8
290.1	20	67.0	3	2.2	97.3	3	7.6
290.1	20	75.1	5	0.4	111.0	5	2.2
290.1	20	85.7	10	0.0	129.7	10	0.3
340.2	50	50.5	1	22.8	69.5	1	40.9
340.2	50	60.7	2	8.0	86.2	2	17.9
340.2	50	67.0	3	3.6	97.3	3	9.7
340.2	50	75.1	5	0.9	111.0	5	3.6

（续表）

河道排涝(12 h设计历时)		管道排水(1 h设计历时)			管道排水(2 h设计历时)		
降雨量(mm)	重现期(a)	降雨量(mm)	重现期(a)	风险率(%)	降雨量(mm)	重现期(a)	风险率(%)
340.2	50	85.7	10	0.1	129.7	10	0.6
377.2	100	50.5	1	23.5	69.5	1	41.5
377.2	100	60.7	2	8.8	86.2	2	18.7
377.2	100	67.0	3	4.3	97.3	3	10.5
377.2	100	75.1	5	1.4	111.0	5	4.3
377.2	100	85.7	10	0.2	129.7	10	1.0

表 5.1-6　深圳市河道排涝(24 h)+管道排水设计暴雨组合风险率

河道排涝(24 h设计历时)		管道排水(1 h设计历时)			管道排水(2 h设计历时)		
降雨量(mm)	重现期(a)	降雨量(mm)	重现期(a)	风险率(%)	降雨量(mm)	重现期(a)	风险率(%)
310.0	10	50.5	1	17.2	69.5	1	34.9
310.0	10	60.7	2	5.4	86.2	2	13.5
310.0	10	67.0	3	2.2	97.3	3	6.3
310.0	10	75.1	5	0.7	111.0	5	1.9
310.0	10	85.7	10	0.1	129.7	10	0.3
356.1	20	50.5	1	19.3	69.5	1	37.5
356.1	20	60.7	2	6.7	86.2	2	16.0
356.1	20	67.0	3	3.0	97.3	3	8.2
356.1	20	75.1	5	0.9	111.0	5	2.8
356.1	20	85.7	10	0.2	129.7	10	0.5
414.7	50	50.5	1	20.8	69.5	1	39.1
414.7	50	60.7	2	8.0	86.2	2	17.9
414.7	50	67.0	3	3.8	97.3	3	9.9
414.7	50	75.1	5	1.4	111.0	5	4.0
414.7	50	85.7	10	0.3	129.7	10	0.8
457.7	100	50.5	1	21.4	69.5	1	39.6
457.7	100	60.7	2	8.6	86.2	2	18.6
457.7	100	67.0	3	4.3	97.3	3	10.6

（续表）

河道排涝(24 h 设计历时)		管道排水(1 h 设计历时)			管道排水(2 h 设计历时)		
降雨量(mm)	重现期(a)	降雨量(mm)	重现期(a)	风险率(%)	降雨量(mm)	重现期(a)	风险率(%)
457.7	100	75.1	5	1.7	111.0	5	4.6
457.7	100	85.7	10	0.3	129.7	10	1.1

根据 4.1 节水文要素优化组合设计方法，本研究中根据风险率的大小确定管道排水与河道排涝组合设计的方法。假设现状河道排涝设计水平是百年一遇，把百年一遇河道排涝安全作为保障条件，若满足此河道排涝安全设计条件下的组合风险率超过 1%，则百年内管道排水与河道排涝组合设计安全性反而超过了河道排涝安全性，造成工程设计的浪费；若组合风险率小于 1%，则百年内的组合安全性弱于河道排涝安全性，则管道排水标准还有增大的空间，所以建议管道排水与河道排涝的组合设计应该满足组合风险率近似于河道排涝设计暴雨频率的原则。由此可以通过表 5.1-3 至表 5.1-6 确定深圳市管道排水与河道排涝设计标准的最佳组合，例如设计排涝（设计历时 3 h）20 年一遇，频率 5%，则组合的排水（设计历时 1 h）重现期可选择 3～5 年，相应的组合风险率为 2.8%～7.1%。

5.2 深圳市洪潮组合风险概率分析

受潮汐和径流共同作用的河流，其河道水面线计算必须同时考虑上游洪水和下游潮位的影响。其中，洪水对水位的影响从上游到河口逐渐减弱，潮位对水位的影响则从河口沿上游逐渐减小，即感潮河段具有上游以径流控制为主而入海口附近以潮流控制为主的特征[116]。

河道水面线问题是一个非恒定流问题，可按一维、二维或三维非恒定流问题求解，其上边界采用洪水流量过程，下边界采用潮位过程。但在工程实际应用中，一般主要关心水力要素的最大值，故而常不考虑洪水和潮位的变化过程，因此可将非恒定流问题简化为恒定流问题，将三维问题简化为一维问题。美国陆军工兵团认为除了特殊状况外，一般采用恒定流能量方程（伯努利方程）计算河道水面线，并将能量方程与非恒定流计算模型计算结果进行了比较，结果显示：非恒定流洪峰流量因河道储蓄效应，其随距离略有消减，因此能量方程计算的洪峰水位略大于非恒定流计算值。

因此，按照恒定流能量方程计算河道水面线，并考虑感潮河段具有上游以径流控制为主而入海口附近以潮流控制为主的特征，可以采用如下两种洪潮组合来计

算河道水面线，最后取外包线来得到设计值：①上边界为设计标准的洪水，常取 50、100 或 200 年一遇的标准，下边界选取设计标准较小的河口潮位，常取 50％累积频率（2 年一遇）的标准；②下边界为设计标准潮位，常取 50、100 或 200 年一遇的标准，上边界选取设计标准较小的洪水，常取 50％累积频率（2 年一遇）的标准。

以上洪潮组合是从定性的角度出发，考虑到大洪水和高潮位相遇的概率较低，如果采用同频率的设计值将导致工程造价大幅度的提升，所以设计工况或者以洪为主，或者以潮为主，然后组合一个相对重现期较小的潮或洪。由于深圳市目前尚没有这种洪潮组合风险的定量分析成果，也没有相应的洪潮组合风险计算模型。因此，建立洪潮组合风险计算模型，进行洪潮遭遇风险定量分析，得到合理的洪潮组合对于指导工程的设计和建设具有十分重要的意义。

5.2.1　洪(雨)潮组合风险计算模型

由于 Copula 连接函数可以采用各种各样的边缘函数来推求联合分布函数，具有灵活性和应用范围广等特点，因此，利用 Copula 连接函数进行深圳地区洪潮组合联合分布概率研究。

5.2.1.1　洪潮组合工况

深圳市缺乏实测径流资料，但有实测暴雨资料，因此，设计洪水均由暴雨资料推算，常采用的方法包括广东省综合单位线、推理公式法和广东省洪峰流量经验公式法，其计算参数的选取参照广东省水电厅 1991 年颁发的《广东省暴雨径流查算图表使用手册》，该手册是按照二个基本假定编制的：(1)设计暴雨与设计洪水同频率；(2)集水区域为集总输入系统。由此，本研究以设计暴雨的频率代替设计洪水的频率，洪潮联合分布按实际设计要求考虑两种工况：设计暴雨＋潮位；设计潮位＋暴雨。前者以设计暴雨为主，组合重现期较小的潮位，后者以设计潮位为主，组合重现期较小的暴雨。

5.2.1.2　设计暴雨和设计潮位

按照上节所述，以设计暴雨的频率代替设计洪水的频率，设计值分析资料包括 1964—2002 年赤湾站的年最大潮位以及 1969—2002 年深圳站的年最大 1 h 降雨量、2 h 降雨量、3 h 降雨量、6 h 降雨量、12 h 降雨量、24 h 降雨量，将其分别按 PⅢ型分布函数进行累积频率的统计，并将统计结果与现行的设计暴雨和设计潮位进行比较，结果吻合良好，证明本研究采用的潮位、暴雨资料可信。其中设计暴雨参考《广东省暴雨参数等值线图》(2003)成果，设计潮位参考 2005 年深圳水务规划设计院的《深圳市防洪(潮)规划(修编)报告(2002—2020 年)》。现将其不同标准的潮位、暴雨设计值列入表 5.2-1 至表 5.2-4 中，以备后续计算查询使用。

表 5.2-1 赤湾站潮位统计参数

CV	CS	平均值
0.16	1.28	1.53

表 5.2-2 赤湾站不同频率潮位设计值

频率(%)	0.01	0.1	0.2	0.33	0.5	1	2	5	10	20	50	75	90	95	99
潮位(m)	3.14	2.74	2.61	2.52	2.44	2.31	2.18	2.00	1.86	1.71	1.48	1.35	1.27	1.23	1.19

表 5.2-3 深圳站暴雨统计参数

历时(h)	CV	CS	平均值
1	0.36	1.26	59.6
2	0.38	1.33	74.2
3	0.42	1.47	97.1
6	0.42	1.47	127.3
12	0.40	1.40	163.4
24	0.38	1.33	205.5

表 5.2-4 深圳站不同频率暴雨设计值

频率(%)	1 h 降雨量(mm)	2 h 降雨量(mm)	3 h 降雨量(mm)	6 h 降雨量(mm)	12 h 降雨量(mm)	24 h 降雨量(mm)
0.01	200.11	263.34	383.59	502.90	612.20	729.32
0.1	164.72	215.11	308.84	404.90	496.41	595.75
0.2	153.84	200.32	286.03	374.99	460.99	554.79
0.33	145.89	189.53	269.42	353.22	435.18	524.91
0.5	139.23	180.50	255.55	335.03	413.60	499.90
1	127.97	165.25	232.20	304.42	377.22	457.67
2	116.47	149.72	208.52	273.37	340.24	414.66
5	100.77	128.59	176.51	231.41	290.09	356.13
10	88.35	111.94	151.52	198.65	250.76	310.02
20	75.15	94.36	125.44	164.46	209.49	261.33
50	55.22	68.14	87.49	114.70	148.67	188.72
75	43.82	53.47	67.18	88.07	115.38	148.09
90	36.58	44.39	55.29	72.49	95.33	122.93
95	33.41	40.52	50.53	66.24	87.04	112.22
99	29.37	35.77	45.13	59.16	77.25	99.06

5.2.1.3　边缘函数和 Copula 函数的选择

暴雨和潮位的边缘分布函数均采用 PⅢ 型函数，另外，通过比选 Gumbel Copula、Clayton Copula、Ali-Mikhail-Haq Copula、Frank Copula，确定以 Clayton Copula 函数作为连接函数建立洪潮联合分布函数（洪以暴雨代替）。

5.2.1.4　推求洪(暴雨)潮联合分布函数

下面以设计潮位＋1 h 暴雨为例，说明如何利用 Clayton Copula 函数推求洪(暴雨)潮联合分布函数。

第一步，统计最大潮位发生当天对应的 1 h 最大降雨量，如表 5.2-5 所示。

表 5.2-5　历年发生最大潮位时对应的 1 h 降雨量

年份	年最大潮位(m)	对应 1 h 降雨量(mm)
2002	1.35	4
2001	1.97	17.5
2000	1.46	0
1999	1.38	0.5
1998	1.45	0
1997	1.41	0.7
1996	1.7	15.4
1995	1.46	2.2
1994	1.47	7.5
1993	2.23	13.3
1992	1.47	0
1991	1.7	6
1990	1.41	0.4
1989	2.07	14.8
1988	1.58	0
1987	1.49	0
1986	1.49	4.6
1985	1.32	4.3
1984	1.41	1
1983	1.77	15.7
1982	1.28	0.7

（续表）

年份	年最大潮位(m)	对应1 h降雨量(mm)
1981	1.45	5.4
1980	1.29	0.6
1979	1.38	9.3
1978	1.35	0
1977	1.34	0.3
1976	1.35	0
1975	1.33	0
1974	1.78	0.2
1973	1.46	6.1
1972	1.54	25.1
1971	1.69	0.7
1970	1.38	0
1969	1.8	21.9
1968	1.37	0
1967	1.51	0.1
1966	1.44	0
1965	1.59	7.7
1964	1.59	10.8

第二步，以表5.2-5的数据为观测值，分别计算表中潮位和1 h降雨量的累积频率，采用PⅢ型曲线。5.2.1.2节已经对潮位年最大值累计频率进行了计算，故潮位直接采用表5.2-1和表5.2-2中的成果。对1 h降雨量的累积频率计算的结果如表5.2-6所示。

表5.2-6　1 h降雨量不同累积频率对应的降雨量数值

频率(%)	0.01	0.1	0.2	0.33	0.5	1	2	5	10	20	50	75	90	95	99
降雨量(mm)	71.4	51.4	45.4	41.8	37.7	31.9	26.1	18.8	13.4	8.32	2.48	0.62	0.11	0.03	0.00

第三步，计算联合分布函数。设潮位为 z，降雨量为 q，z 和 q 的联合分布函数用Clayton Copula表示为：

$$F(z,q)=\{[F(z)]^{-\theta}+[F(q)]^{-\theta}-1\}^{-1/\theta} \tag{5.2-1}$$

其中，$F(z, q)=P(Z\leqslant z, Q\leqslant q)$；$F(z)=P(Z\leqslant z)=1-P(Z>z)$，$P(Z>z)$ 参考表 5.2-2；$F(q)=P(Q\leqslant q)=1-P(Q>q)$，$P(Q>q)$ 参考表 5.2-6。

第四步，计算经验分布概率、参数 θ、理论联合分布等，这里参照本书前述的案例。

5.2.2　深圳洪(雨)潮组合风险分析

对防洪(雨)潮工程而言，设计标准的洪水流量和与之相组合的潮位以及设计标准的潮位和与之相组合的洪水流量是分析确定防洪潮工程规模的依据。当发生设计标准的洪水时，河口可能发生各种潮位。当河口发生设计标准的潮位时，也可能发生各种洪水，但是发生的概率是不同的。因此需要知道当以某一频率洪水为设计洪水时，与不同的潮位相组合下的概率风险情况，以及当以某一频率潮位为设计潮位时，与不同的洪水相组合下的概率风险情况，也就是说需要确定设计洪水流量 $Q_1\leqslant q_1$ 时，相应潮位 $Z_1>z_1$ 的条件概率 $P(Z_1>z_1 | Q_1\leqslant q_1)$，以及设计潮位 $Z_2\leqslant z_2$ 时，$Q_2>q_2$ 的条件概率 $P(Q_2>q_2 | Z_2\leqslant z_2)$。

5.2.2.1　洪(雨)潮组合风险模型建立

参考第Ⅱ型风险率公式(4.1-2)，$P(Z_1>z_1 | Q_1\leqslant q_1)$ 的涵义为当上边界发生不超过某一标准的洪水流量 q_1 时，遭遇的相应潮位超过 z_1 的概率，此概率是指“若以设计洪水流量 q_1 和相应潮位 z_1 为设计组合，即使洪水没有超过设计标准，但仍可能受灾的风险概率”；$P(Q_2>q_2 | Z_2\leqslant z_2)$ 的涵义为当下边界发生不超过某一标准的潮位 z_2 时，而遭遇的相应洪水流量超过 q_2 的概率，此概率是指“若以设计潮位 z_2 和相应洪水流量 q_2 为设计组合，即使潮位没有超过设计标准，但仍可能受灾的风险概率”。因此将这种概率称作洪潮组合风险率。

对一确定的设计防洪潮标准，$F_{Q1}(q_1)$ 和 $F_{Z2}(z_2)$ 均为确定值，组合风险率 $P(Z_1>z_1 | Q_1\leqslant q_1)$、$P(Q_2>q_2 | Z_2\leqslant z_2)$ 均随相组合的相应潮位 z_1 或相应洪水流量 q_2 的频率增大(重现期减小)而增大。在选择与设计洪水流量相匹配的潮位或与设计潮位相匹配的洪水流量时，希望其组合风险尽可能小。组合风险率越小越安全，但选取的组合潮位(或洪水流量)越高，有可能造成工程规模偏大，不经济；因此需要在安全与经济之间寻求平衡点，严格来说，需要经过经济分析、综合比较才能确定。一般而言，组合风险率取值高低应与堤防级别挂钩。

5.2.2.2　洪(暴雨)潮风险模型计算实例

继续以设计潮位+1 h 暴雨为例，说明如何利用洪(暴雨)潮组合风险模型计算其组合风险。

第一步，确定设计潮位+暴雨的组合，作为计算演示，本例选取组合如表 5.2-7 所示，其中设计潮位参考表 5.2-2，设计 1 h 暴雨参考表 5.2-4。

表 5.2-7　设计潮位+暴雨组合

潮位(mm)	重现期(a)	降雨量(mm)	频率(%)
2.18	50	29.37	99
2.18	50	36.58	90
2.18	50	55.22	50
2.31	100	29.37	99
2.31	100	36.58	90
2.31	100	55.22	50
2.44	200	29.37	99
2.44	200	36.58	90
2.44	200	55.22	50

第二步，分别计算各组合潮位和降雨量的边缘分布函数概率，以(2.18, 29.37)组合为例计算过程如下所示：

(1) 潮位：$F(2.18)=P(Z \leqslant 2.18)=1-2\%=98\%$；

(2) 雨量：$F(29.37)=P(q \leqslant 29.37)=1-P(q>29.37)$，注意这里 $P(q>29.37)$ 需要查表 5.2-6 插值，获得 $P(q>29.37)=1.435\,222\%$，所以 $P(q \leqslant 29.37)=1-\%=98.564\,8\%$。

第三步，计算 $F(2.18,\ 29.37)=\{[F(2.18)]^{-10}+[F(29.37)]^{-10}-1\}^{-1/10}=0.968\,346$。

第四步，计算(2.18, 29.37)组合风险 $P(Q_2>q_2 \mid Z_2 \leqslant z_2)=1.189\%$。1.189%表示满足设计潮位小于等于 2.18 m 的条件下，1 h 降雨量超过设计雨量 29.37 mm 发生的概率，依据以上步骤，分别计算表 5.2-7 中的暴雨潮组合，计算结果如表 5.2-8 所示。

表 5.2-8　不同设计潮位+暴雨组合风险率

潮位(mm)	重现期(a)	降雨量(mm)	频率(%)	联合分布概率 F(%)	$1-F$(%)	组合风险率(%)
2.18	50	29.37	99	96.83	3.17	1.19
2.18	50	36.58	90	97.52	2.48	0.49
2.18	50	55.22	50	97.93	2.07	0.07
2.31	100	29.37	99	97.71	2.29	1.31
2.31	100	36.58	90	98.47	1.53	0.54
2.31	100	55.22	50	98.93	1.07	0.07

（续表）

潮位(mm)	重现期(a)	降雨量(mm)	频率(%)	联合分布概率 F(%)	1－F(%)	组合风险率(%)
2.44	200	29.37	99	98.14	1.86	1.37
2.44	200	36.58	90	98.94	1.06	0.56
2.44	200	55.22	50	99.42	0.58	0.08

5.2.2.3 洪(暴雨)潮组合的风险成果表

按照前述，本文以设计暴雨的频率代替设计洪水的频率，洪潮联合分布按实际工程设计考虑两种工况：设计潮位＋暴雨；设计暴雨＋潮位。前者以设计潮位为主，组合重现期较小的暴雨，后者以设计暴雨为主，组合重现期较小的潮位。具体成果如表 5.2-9 至表 5.2-12 所示：

表 5.2-9　设计潮位＋暴雨(洪)组合风险率

设计工况	潮位(mm)	重现期(a)	降雨量(mm)	频率(%)	联合分布概率 F(%)	1-F(%)	组合风险率(%)
设计潮位＋1 h 雨量	2.00	20	29.37	99	94.16	5.84	0.89
	2.00	20	36.58	90	94.66	5.34	0.36
	2.00	20	55.22	50	94.95	5.05	0.05
	2.18	50	29.37	99	96.83	3.17	1.19
	2.18	50	36.58	90	97.52	2.48	0.49
	2.18	50	55.22	50	97.93	2.07	0.07
	2.31	100	29.37	99	97.71	2.29	1.31
	2.31	100	36.58	90	98.47	1.53	0.54
	2.31	100	55.22	50	98.93	1.07	0.07
	2.44	200	29.37	99	98.14	1.86	1.37
	2.44	200	36.58	90	98.94	1.06	0.56
	2.44	200	55.22	50	99.42	0.58	0.08
设计潮位＋2 h 雨量	2.00	20	44.39	90	94.03	5.97	1.03
	2.00	20	53.47	75	94.52	5.48	0.51
	2.00	20	68.14	50	94.84	5.16	0.17
	2.18	50	44.39	90	96.66	3.34	1.37
	2.18	50	53.47	75	97.33	2.67	0.69
	2.18	50	68.14	50	97.78	2.22	0.23
	2.31	100	44.39	90	97.51	2.49	1.51

（续表）

设计工况	潮位（mm）	重现期（a）	降雨量（mm）	频率（%）	联合分布概率 F（%）	1-F（%）	组合风险率（%）
设计潮位+2 h 雨量	2.31	100	53.47	75	98.25	1.75	0.76
	2.31	100	68.14	50	98.75	1.25	0.25
	2.44	200	44.39	90	97.93	2.07	1.58
	2.44	200	53.47	75	98.71	1.29	0.80
	2.44	200	68.14	50	99.24	0.76	0.26
设计潮位+3 h 雨量	2.00	20	55.29	90	94.09	5.91	0.95
	2.00	20	67.18	75	94.56	5.44	0.46
	2.00	20	87.49	50	94.88	5.12	0.13
	2.18	50	55.29	90	96.75	3.25	1.28
	2.18	50	67.18	75	97.39	2.61	0.62
	2.18	50	87.49	50	97.83	2.17	0.18
	2.31	100	55.29	90	97.61	2.39	1.40
	2.31	100	67.18	75	98.32	1.68	0.68
	2.31	100	87.49	50	98.81	1.19	0.20
	2.44	200	55.29	90	98.04	1.96	1.47
	2.44	200	67.18	75	98.79	1.21	0.72
	2.44	200	87.49	50	99.29	0.71	0.21
设计潮位+6 h 雨量	2.00	20	72.49	90	94.13	5.87	0.92
	2.00	20	88.07	75	94.58	5.42	0.44
	2.00	20	114.7	50	94.88	5.12	0.13
	2.18	50	72.49	90	96.79	3.21	1.23
	2.18	50	88.07	75	97.41	2.59	0.60
	2.18	50	114.7	50	97.83	2.17	0.17
	2.31	100	72.49	90	97.66	2.34	1.35
	2.31	100	88.07	75	98.34	1.66	0.66
	2.31	100	114.7	50	98.81	1.19	0.19
	2.44	200	72.49	90	98.09	1.91	1.42
	2.44	200	88.07	75	98.81	1.19	0.70
	2.44	200	114.7	50	99.30	0.70	0.20
设计潮位+12 h 雨量	2.00	20	95.33	90	93.99	6.01	1.07
	2.00	20	115.38	75	94.48	5.52	0.55

(续表)

设计工况	潮位(mm)	重现期(a)	降雨量(mm)	频率(%)	联合分布概率 F(%)	1-F(%)	组合风险率(%)
设计潮位+12 h 雨量	2.00	20	148.67	50	94.83	5.17	0.18
	2.18	50	95.33	90	96.60	3.40	1.43
	2.18	50	115.38	75	97.28	2.72	0.74
	2.18	50	148.67	50	97.76	2.24	0.24
	2.31	100	95.33	90	97.45	2.55	1.57
	2.31	100	115.38	75	98.19	1.81	0.81
	2.31	100	148.67	50	98.73	1.27	0.27
	2.44	200	95.33	90	97.87	2.13	1.64
	2.44	200	115.38	75	98.65	1.35	0.85
	2.44	200	148.67	50	99.22	0.78	0.28
设计潮位+24 h 雨量	2.00	20	122.93	90	94.33	5.67	0.71
	2.00	20	148.09	75	94.66	5.34	0.36
	2.00	20	188.72	50	94.89	5.11	0.12
	2.18	50	122.93	90	97.07	2.93	0.95
	2.18	50	148.09	75	97.53	2.47	0.48
	2.18	50	188.72	50	97.84	2.16	0.16
	2.31	100	122.93	90	97.96	2.04	1.05
	2.31	100	148.09	75	98.47	1.53	0.53
	2.31	100	188.72	50	98.82	1.18	0.18
	2.44	200	122.93	90	98.40	1.60	1.10
	2.44	200	148.09	75	98.94	1.06	0.56
	2.44	200	188.72	50	99.31	0.69	0.19

表 5.2-10 设计潮位+暴雨(洪)平均组合风险率

暴雨频率(%)	设计潮位+暴雨平均组合风险率(%)					
	1 h	2 h	3 h	6 h	12 h	24 h
99	1.19	/	/	/	/	/
90	/	1.37	1.28	1.23	1.43	0.95
75	0.49	0.69	0.62	0.60	0.74	0.48
50	0.07	0.23	0.18	0.17	0.24	0.16

表 5.2-11　设计暴雨(洪)+潮位组合风险率

设计工况	降雨量(mm)	重现期(a)	潮位(mm)	频率(%)	联合分布概率 F(%)	1-F(%)	组合风险率(%)
1 h 设计雨量+潮位	100.77	20	1.23	95	93.82	6.18	1.24
	100.77	20	1.27	90	94.09	5.91	0.96
	100.77	20	1.35	75	94.43	5.57	0.59
	100.77	20	1.48	50	94.77	5.23	0.24
	116.47	50	1.23	95	96.79	3.21	1.24
	116.47	50	1.27	90	97.07	2.93	0.95
	116.47	50	1.35	75	97.42	2.58	0.59
	116.47	50	1.48	50	97.77	2.23	0.24
	127.97	100	1.23	95	97.78	2.22	1.23
	127.97	100	1.27	90	98.06	1.94	0.95
	127.97	100	1.35	75	98.41	1.59	0.59
	127.97	100	1.48	50	99.26	0.74	0.24
	139.23	200	1.23	95	98.27	1.73	1.23
	139.23	200	1.27	90	98.55	1.45	0.95
	139.23	200	1.35	75	98.91	1.09	0.59
	139.23	200	1.48	50	99.26	0.74	0.24
2 h 设计雨量+潮位	128.59	20	1.23	95	93.62	6.38	1.45
	128.59	20	1.27	90	93.93	6.07	1.13
	128.59	20	1.35	75	94.32	5.68	0.71
	128.59	20	1.48	50	94.72	5.28	0.29
	149.72	50	1.23	95	96.58	3.42	1.45
	149.72	50	1.27	90	96.90	3.10	1.12
	149.72	50	1.35	75	97.31	2.69	0.71
	149.72	50	1.48	50	97.72	2.28	0.29
	165.25	100	1.23	95	97.57	2.43	1.44
	165.25	100	1.27	90	97.89	2.11	1.12
	165.25	100	1.35	75	98.30	1.70	0.71
	165.25	100	1.48	50	98.71	1.29	0.29
	180.5	200	1.23	95	98.06	1.94	1.44
	180.5	200	1.27	90	98.39	1.61	1.11
	180.5	200	1.35	75	98.80	1.20	0.70
	180.5	200	1.48	50	99.22	0.78	0.28

（续表）

设计工况	降雨量(mm)	重现期(a)	潮位(mm)	频率(%)	联合分布概率F(%)	1-F(%)	组合风险率(%)
3 h设计雨量+潮位	176.51	20	1.23	95	92.29	7.71	2.86
	176.51	20	1.27	90	92.95	7.05	2.16
	176.51	20	1.35	75	93.70	6.30	1.36
	176.51	20	1.48	50	94.48	5.52	0.54
	208.52	50	1.23	95	95.21	4.79	2.84
	208.52	50	1.27	90	95.89	4.11	2.15
	208.52	50	1.35	75	96.67	3.33	1.36
	208.52	50	1.48	50	97.47	2.53	0.54
	232.2	100	1.23	95	96.19	3.81	2.84
	232.2	100	1.27	90	96.87	3.13	2.15
	232.2	100	1.35	75	97.66	2.34	1.36
	232.2	100	1.48	50	98.47	1.53	0.54
	255.55	200	1.23	95	96.68	3.32	2.84
	255.55	200	1.27	90	97.37	2.63	2.14
	255.55	200	1.35	75	98.16	1.84	1.34
	255.55	200	1.48	50	98.97	1.03	0.53
6 h设计雨量+潮位	231.41	20	1.23	95	89.10	10.90	6.21
	231.41	20	1.27	90	90.25	9.75	5.00
	231.41	20	1.35	75	91.61	8.39	3.57
	231.41	20	1.48	50	93.48	6.52	1.60
	231.41	20	1.71	20	94.75	5.25	0.26
	273.37	50	1.23	95	91.94	8.06	6.19
	273.37	50	1.27	90	93.12	6.88	4.98
	273.37	50	1.35	75	94.52	5.48	3.55
	273.37	50	1.48	50	96.44	3.56	1.59
	273.37	50	1.71	20	97.74	2.26	0.26
	304.42	100	1.23	95	92.88	7.12	6.18
	304.42	100	1.27	90	94.08	5.92	4.97
	304.42	100	1.35	75	95.49	4.51	3.55
	304.42	100	1.48	50	97.43	2.57	1.59
	304.42	100	1.71	20	98.74	1.26	0.26

(续表)

设计工况	降雨量(mm)	重现期(a)	潮位(mm)	频率(%)	联合分布概率F(%)	1-F(%)	组合风险率(%)
6 h设计雨量+潮位	335.03	200	1.23	95	93.36	6.64	6.18
	335.03	200	1.27	90	94.58	5.42	4.94
	335.03	200	1.35	75	96.01	3.99	3.51
	335.03	200	1.48	50	97.94	2.06	1.56
	335.03	200	1.71	20	99.25	0.75	0.26
12 h设计雨量+潮位	290.09	20	1.23	95	88.23	11.77	7.12
	290.09	20	1.27	90	89.83	10.17	5.44
	290.09	20	1.35	75	91.79	8.21	3.38
	290.09	20	1.48	50	93.92	6.08	1.13
	290.09	20	1.71	20	94.91	5.09	0.10
	340.24	50	1.23	95	91.12	8.88	7.02
	340.24	50	1.27	90	92.74	7.26	5.37
	340.24	50	1.35	75	94.73	5.27	3.33
	340.24	50	1.48	50	96.91	3.09	1.12
	340.24	50	1.71	20	97.91	2.09	0.10
	377.22	100	1.23	95	92.02	7.98	7.05
	377.22	100	1.27	90	93.67	6.33	5.39
	377.22	100	1.35	75	95.69	4.31	3.35
	377.22	100	1.48	50	97.89	2.11	1.12
	377.22	100	1.71	20	98.90	1.10	0.10
	413.6	200	1.23	95	92.47	7.53	7.06
	413.6	200	1.27	90	94.13	5.87	5.40
	413.6	200	1.35	75	96.16	3.84	3.35
	413.6	200	1.48	50	98.38	1.62	1.12
	413.6	200	1.71	20	99.40	0.60	0.10
24 h设计雨量+潮位	356.13	20	1.23	95	84.85	15.15	10.68
	356.13	20	1.27	90	86.74	13.26	8.69
	356.13	20	1.35	75	90.04	9.96	5.22
	356.13	20	1.48	50	92.87	7.13	2.24
	356.13	20	1.71	20	94.64	5.36	0.37
	414.66	50	1.23	95	87.71	12.29	10.50

（续表）

设计工况	降雨量(mm)	重现期(a)	潮位(mm)	频率(%)	联合分布概率 F(%)	1-F(%)	组合风险率(%)
24 h设计雨量＋潮位	414.66	50	1.27	90	89.64	10.36	8.53
	414.66	50	1.35	75	92.98	7.02	5.12
	414.66	50	1.48	50	95.85	4.15	2.20
	414.66	50	1.71	20	97.64	2.36	0.37
	457.67	100	1.23	95	88.55	11.45	10.55
	457.67	100	1.27	90	90.50	9.50	8.58
	457.67	100	1.35	75	93.90	6.10	5.15
	457.67	100	1.48	50	96.81	3.19	2.21
	457.67	100	1.71	20	98.63	1.37	0.37
	499.9	200	1.23	95	88.97	11.03	10.58
	499.9	200	1.27	90	90.94	9.06	8.61
	499.9	200	1.35	75	94.36	5.64	5.17
	499.9	200	1.48	50	97.30	2.70	2.22
	499.9	200	1.71	20	99.13	0.87	0.37

表 5.2-12　设计暴雨(洪)＋潮位平均组合风险率

潮位频率(%)	设计暴雨＋潮位平均组合风险率(%)					
	1 h	2 h	3 h	6 h	12 h	24 h
95	1.24	1.45	2.84	6.19	7.06	10.58
90	0.95	1.12	2.15	4.97	5.40	8.60
75	0.59	0.71	1.36	3.54	3.35	5.16
50	0.24	0.29	0.54	1.58	1.12	2.21
20	/	/	/	0.26	0.10	0.37

5.3　海堤工程风潮组合优化设计方法

海堤设计中，潮位与风浪关系工程的安全性和工程造价，是海堤设计中需要考虑的重要参数。对于设计潮位与设计风浪组合，部分地方标准中采用同频率组合，部分地方标准中采用不同频率组合，组合值不同，堤顶高层不一样，导致工程造价不一样，安全度也不一样。为了保证工程的安全性并使工程设计更为经济合理，本节中将构建风浪和潮位组合设计风险分析模型，提出风浪和潮位组合设计方法。

5.3.1 风潮组合研究背景及意义

我国沿海各省海堤建设中风潮重现期的组合常不同。浙江、福建、广东等地采用的是风潮同频的组合设计方法，即设计风速的重现期采用与设计高潮位相同的重现期，也是国外海堤设计常采用的方法。实际上，风潮的变化趋势不完全一致，同频率组合设计偏于安全。举个简单的例子加以说明，按 1971—2002 年深圳赤湾潮位站和深圳地面国际交换气象站(纬度 22°32′、经度 114°，10 min 平均风速)的风潮数据，历年实测年最大风速的平均值 13.7 m/s，最大值 27.0 m/s，而历年实测年最大潮位对应的风速平均值仅 8.0 m/s，最大值也小于历年最大值，为 19.0 m/s。上海、江苏、山东等地则利用的是潮位加上几级风的方法，例如江苏省海堤达标建设采用的是“50 年一遇潮位遭遇 10 级风”，上海市海堤规划采用“100 年或 200 年一遇潮位遭遇 12 级风”。不同频率的组合，虽然可以使风潮的组合设计更趋于合理，但是组合安全评判指标的缺失，使得组合形式难以达到最优化，且同一等级风速取值范围跨度较大，例如 10 级风，风速范围 24.5～28.4 m/s，跨度范围内取值标准存在不确定性。

对此，卢永金等[117]就现有我国海堤设防标准进行了专题探讨，指出风浪与潮位的联合概率分布研究对合理确定海堤的设防标准具有重要意义，有利于对现有海堤进行科学的风险评价。胡殿才等[118]也指出，实际操作中，因难以准确分析重现期潮位与各向重现期波浪或某一级风的关联度，可能导致海堤设计不尽合理。季永兴等[119]则将天文高潮和台风视为独立的随机事件，运用概率方法来研究两者最不利的重现期组合形式，但是避开台风风暴潮的影响，其实用性以及理论的完整性尚有待进一步的论证。张从联等[120]则通过多地走访调查，总结各地海堤设计上的差异性，最后建议相关海堤规范编制时应充分考虑同频和不同频处理方法的优缺点，对风潮组合做出合理的规定。但实际上，包括最新的《海堤工程设计规范》(SL 435—2008)在内的众多规范，均未就此类问题进行明确说明，也缺乏海堤设计风潮组合有力的研究成果。

考虑到过去对潮位和风速遭遇模型的研究不足，对于潮位和风速的组合设计，缺乏优化分析过程，导致风潮不同组合工况下的海堤设计安全性缺乏有效的评估成果。为此，基于 Copula 函数，以江苏省沿岸有长序列详细风潮资料的连云港庙岭潮位站(废黄河基面，资料时段 1972—2011 年，下同)、盐城射阳河闸闸下潮位站(废黄河基面，资料时段 1971—2011 年，下同)、南通如东的小洋口港站(废黄河基面，资料时段 1967—2009 年，下同)、南通天生港潮位站(废黄河基面，资料时段 1953—2011 年，下同)为例，其中对应时段风速(10 min 平均风速)资料取自各潮位站临近的气象站，包括江苏赣榆气象站(毗邻庙岭潮位站，纬度 34°50′，经度

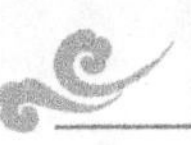

119°07′,海拔3.3 m,下同)、江苏射阳气象站(毗邻射阳河闸闸下潮位站,纬度33°46′,经度120°15′,海拔2.0 m,下同)、江苏吕泗气象站(离小洋口港潮位站最近的一个沿海国际气象交换站,纬度32°04′,经度121°36′,海拔5.5 m,下同)、江苏南通气象站(毗邻天生港潮位站,纬度31°59′,经度120°53′,海拔6.1 m,下同),并仅考虑对波浪有影响的向岸风,基于前述的水文变量风险组合设计方法,分析江苏省海堤工程中不同重现期的风潮优化组合,同时,对比珠江口赤湾海域(深圳)的风潮优化组合设计成果,为科学合理地确定风速和潮位的组合设计提供解决方案。

5.3.2 海堤风、潮的组合设计

参考第Ⅱ型风险率,海堤设计风潮组合可以考虑2种情况:①以设计潮位为主变量,组合一定的风速;②以设计风速为主变量,组合一定的潮位,最后取两者海堤尺度设计的大值。设 X 为组合参数中的主要设计变量(潮或风),x 为其具体设计值,T_x 为对应 x 的重现期。

5.3.2.1 风潮单变量设计值及风险率

分别统计江苏省沿岸4个站点历年实测的最大潮位和最大风速,采用PⅢ型曲线求解不同潮位或风速对应的重现期,根据重现期即可获知对应设计变量的风险率,如表5.3-1和表5.3-2所示。

表5.3-1 江苏沿岸典型站点不同重现期潮位的设计值和风险率

重现期 T(a)	连云港	射阳闸	小洋口港	天生港	风险率(%)
	潮位(m)	潮位(m)	潮位(m)	潮位(m)	
200	4.31	4.06	7.52	5.71	0.5
100	4.17	3.92	7.25	5.46	1
50	4.03	3.77	6.98	5.21	2
20	3.83	3.56	6.60	4.87	5
10	3.67	3.38	6.29	4.60	10
5	3.49	3.18	5.94	4.32	20
2	3.20	2.84	5.39	3.91	50
1.33	3.00	2.61	5.04	3.69	75
1.11	2.86	2.43	4.79	3.55	90
1.05	2.79	2.34	4.66	3.50	95
1.02	2.72	2.24	4.54	3.45	98
1.00	2.52	1.95	4.24	3.39	99.99

表 5.3-2 江苏沿岸典型站点不同重现期风速的设计值和风险率

重现期 T(a)	连云港		射阳闸		小洋口港		天生港		风险率(%)
	风速 $(m.s^{-1})$	风速等级	风速 $(m.s^{-1})$	风速等级	风速 $(m.s^{-1})$	风速等级	风速 $(m.s^{-1})$	风速等级	
200	26.29	10	25.98	10	26.40	10	30.93	11	0.5
100	24.67	10	24.51	10	25.00	10	28.49	11	1
50	23.00	9	23.00	9	23.55	9	26.02	10	2
20	20.70	8	20.92	9	21.56	9	22.66	9	5
10	18.85	8	19.25	8	19.96	8	20.03	8	10
5	16.84	7	17.45	8	18.24	8	17.26	8	20
2	13.68	6	14.64	7	15.56	7	13.18	6	50
1.33	11.75	6	12.95	6	13.96	7	10.93	6	75
1.11	10.42	5	11.81	6	12.87	6	9.58	5	90
1.05	9.79	5	11.27	6	12.36	6	9.02	5	95
1.02	9.21	5	10.79	6	11.91	6	8.56	5	98
1.00	7.95	5	9.79	5	10.98	6	7.90	5	99.99

5.3.2.2 风潮分布函数及组合风险率

(1) θ 计算工况 1——潮位为主变量，风速为次要变量

潮位变量 X：逐年选取各站最高潮位，组成潮位数据序列，采用 PⅢ 型曲线求解，$F(x)$ 的计算结果可参考表 5.3-1；风速变量 Y：逐年选取各站最大潮位时刻对应前后 3 日内发生的最大风速，组成风速数据序列，采用 PⅢ 型曲线求解 $F(y)$；采用 Gumbel Copula 连接函数，连云港 $\theta=1.28$、射阳闸 $\theta=1.33$、小洋口港 $\theta=1.56$、天生港 $\theta=1.13$ 时，各数据序列的理论联合分布函数与经验联合分布函数吻合最好(图 5.3-1)。

(2) θ 计算工况 2——风速为主变量，潮位为次要变量

风速变量 X：逐年选取各站最大风速，$F(x)$ 的计算方法同前，结果可参考表 5.3-2；潮位变量 Y：逐年选取各站最大风速时刻对应前后 3 日内发生的最高潮位，采用 PⅢ 型曲线求解 $F(y)$；采用 Gumbel Copula 连接函数，连云港 $\theta=0.94$、射阳闸 $\theta=1.28$、小洋口港 $\theta=0.95$、天生港 $\theta=0.99$ 时，各数据序列的理论联合分布函数与经验联合分布函数吻合最好(图 5.3-2)。

综上，可以根据 $F(x)$ 和 $F(x, y)$ 计算"设计风速为主时的风潮组合风险率"(表 5.3-3 至表 5.3-5)或者"设计潮位为主时的潮风组合风险率"(表 5.3-6 至表 5.3-8)：设计主变量重现期取值一定，设计次要变量取值越大，两者的组合风险率越小。

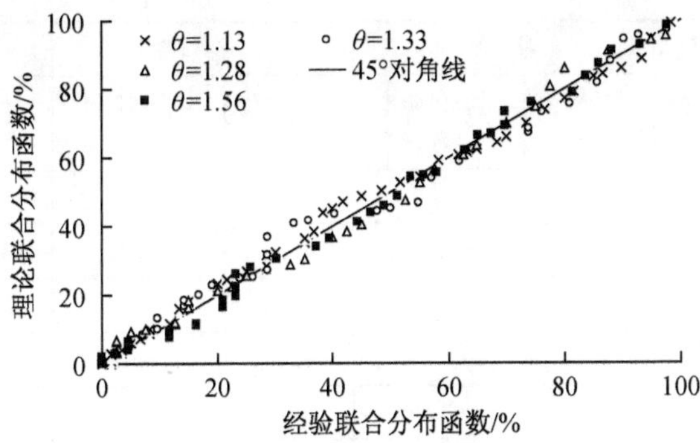

图 5.3-1 经验联合分布函数与理论联合分布函数比较(工况 1)

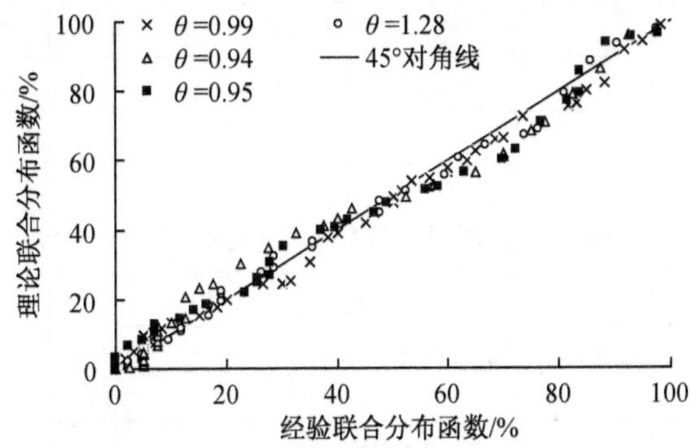

图 5.3-2 经验联合分布函数与理论联合分布函数比较(工况 2)

表 5.3-3 各站设计风速(50 年一遇)+不同设计潮位

连云港		射阳闸		小洋口港		天生港	
设计潮位(m)	组合风险率(%)	设计潮位(m)	组合风险率(%)	设计潮位(m)	组合风险率(%)	设计潮位(m)	组合风险率(%)
4.89	0.01	4.79	0.00	8.30	0.01	7.03	0.01
4.41	0.13	4.18	0.03	7.43	0.12	6.07	0.10
4.25	0.25	4.00	0.08	7.15	0.24	5.77	0.21
4.14	0.39	3.86	0.15	6.94	0.38	5.55	0.34
4.04	0.58	3.74	0.26	6.76	0.57	5.36	0.51
3.86	1.12	3.54	0.62	6.45	1.10	5.04	1.02
3.68	2.18	3.33	1.44	6.13	2.15	4.70	2.03
3.42	5.27	3.03	4.20	5.67	5.22	4.24	5.04

（续表）

连云港		射阳闸		小洋口港		天生港	
设计潮位（m）	组合风险率（%）	设计潮位（m）	组合风险率（%）	设计潮位（m）	组合风险率（%）	设计潮位（m）	组合风险率（%）
3.20	10.33	2.80	9.06	5.29	10.27	3.85	10.05
2.94	20.38	2.53	19.02	4.85	20.31	3.43	20.06
2.49	50.32	2.10	49.28	4.10	50.26	2.73	50.05
2.17	75.19	1.81	74.61	3.58	75.15	2.27	75.03
1.91	90.08	1.61	89.84	3.17	90.07	1.94	90.01
1.76	95.04	1.50	94.92	2.95	95.04	1.77	95.01
1.61	98.02	1.40	97.97	2.72	98.01	1.60	98.00
1.43	99.50	1.29	99.49	2.46	99.50	1.43	99.50
1.33	99.80	1.24	99.80	2.32	99.80	1.34	99.80
1.27	99.90	1.21	99.90	2.23	99.90	1.29	99.90
1.09	99.99	1.07	99.99	1.99	99.99	1.16	99.99

表 5.3-4　各站设计风速(100 年一遇)+不同设计潮位

连云港		射阳闸		小洋口港		天生港	
设计潮位（m）	组合风险率（%）	设计潮位（m）	组合风险率（%）	设计潮位（m）	组合风险率（%）	设计潮位（m）	组合风险率（%）
4.89	0.01	4.79	0.00	8.30	0.01	7.03	0.01
4.41	0.12	4.18	0.04	7.43	0.12	6.07	0.10
4.25	0.24	4.00	0.10	7.15	0.23	5.77	0.21
4.14	0.38	3.86	0.18	6.94	0.37	5.55	0.34
4.04	0.56	3.74	0.31	6.76	0.55	5.36	0.51
3.86	1.09	3.54	0.72	6.45	1.07	5.04	1.01
3.68	2.12	3.33	1.62	6.13	2.10	4.70	2.02
3.42	5.17	3.03	4.51	5.67	5.14	4.24	5.03
3.20	10.21	2.80	9.46	5.29	10.17	3.85	10.03
2.94	20.23	2.53	19.46	4.85	20.19	3.43	20.03
2.49	50.19	2.10	49.62	4.10	50.15	2.73	50.03
2.17	75.11	1.81	74.80	3.58	75.09	2.27	75.02
1.91	90.05	1.61	89.92	3.17	90.04	1.94	90.01
1.76	95.02	1.50	94.96	2.95	95.02	1.77	95.00

（续表）

连云港		射阳闸		小洋口港		天生港	
设计潮位（m）	组合风险率（%）	设计潮位（m）	组合风险率（%）	设计潮位（m）	组合风险率（%）	设计潮位（m）	组合风险率（%）
1.61	98.01	1.40	97.98	2.72	98.01	1.60	98.00
1.43	99.50	1.29	99.50	2.46	99.50	1.43	99.50
1.33	99.80	1.24	99.80	2.32	99.80	1.34	99.80
1.27	99.90	1.21	99.90	2.23	99.90	1.29	99.90
1.09	99.99	1.07	99.99	1.99	99.99	1.16	99.99

表5.3-5 各站设计风速(200年一遇)+不同设计潮位

连云港		射阳闸		小洋口港		天生港	
设计潮位（m）	组合风险率（%）	设计潮位（m）	组合风险率（%）	设计潮位（m）	组合风险率（%）	设计潮位（m）	组合风险率（%）
4.89	0.01	4.79	0.00	8.30	0.01	7.03	0.01
4.41	0.12	4.18	0.05	7.43	0.11	6.07	0.10
4.25	0.23	4.00	0.12	7.15	0.22	5.77	0.20
4.14	0.37	3.86	0.22	6.94	0.36	5.55	0.34
4.04	0.55	3.74	0.36	6.76	0.54	5.36	0.51
3.86	1.06	3.54	0.81	6.45	1.05	5.04	1.01
3.68	2.08	3.33	1.76	6.13	2.07	4.70	2.01
3.42	5.11	3.03	4.72	5.67	5.09	4.24	5.02
3.20	10.13	2.80	9.70	5.29	10.10	3.85	10.02
2.94	20.14	2.53	19.71	4.85	20.11	3.43	20.02
2.49	50.11	2.10	49.80	4.10	50.09	2.73	50.02
2.17	75.06	1.81	74.89	3.58	75.05	2.27	75.01
1.91	90.03	1.61	89.96	3.17	90.02	1.94	90.00
1.76	95.01	1.50	94.98	2.95	95.01	1.77	95.00
1.61	98.01	1.40	97.99	2.72	98.00	1.60	98.00
1.43	99.50	1.29	99.50	2.46	99.50	1.43	99.50
1.33	99.80	1.24	99.80	2.32	99.80	1.34	99.80
1.27	99.90	1.21	99.90	2.23	99.90	1.29	99.90
1.09	99.99	1.07	99.99	1.99	99.99	1.16	99.99

表 5.3-6 各站设计潮位(50 年一遇)+不同设计风速

连云港		射阳闸		小洋口港		天生港	
设计风速 (m.s^{-1})	组合风险率 (%)	设计风速 (m.s^{-1})	组合风险率 (%)	设计风速 (m.s^{-1})	组合风险率 (%)	设计风速 (m.s^{-1})	组合风险率 (%)
31.63	0.00	32.03	0.00	33.69	0.00	37.13	0.00
26.17	0.03	26.47	0.03	28.44	0.01	29.47	0.06
24.48	0.08	24.78	0.07	26.80	0.03	27.15	0.13
23.23	0.15	23.55	0.14	25.60	0.08	25.46	0.23
22.19	0.26	22.52	0.23	24.59	0.14	24.06	0.37
20.41	0.62	20.79	0.57	22.87	0.41	21.71	0.79
18.58	1.44	19.04	1.37	21.09	1.12	19.34	1.70
16.04	4.20	16.68	4.10	18.63	3.78	16.17	4.56
14.01	9.06	14.85	8.96	16.65	8.63	13.73	9.47
11.80	19.02	12.94	18.92	14.48	18.64	11.23	19.42
8.33	49.28	10.20	49.22	11.05	49.07	7.74	49.55
6.20	74.61	8.76	74.59	8.92	74.52	6.01	74.75
4.74	89.84	7.94	89.83	7.43	89.81	5.10	89.89
4.05	94.92	7.62	94.91	6.71	94.90	4.78	94.95
3.41	97.97	7.38	97.96	6.05	97.96	4.55	97.98
2.79	99.49	7.20	99.49	5.38	99.49	4.41	99.49
2.52	99.80	7.14	99.80	5.09	99.80	4.37	99.80
2.36	99.90	7.12	99.90	4.91	99.90	4.35	99.90
2.03	99.99	7.08	99.99	4.52	99.99	4.33	99.99

表 5.3-7 各站设计潮位(100 年一遇)+不同设计风速

连云港		射阳闸		小洋口港		天生港	
设计风速 (m.s^{-1})	组合风险率 (%)	设计风速 (m.s^{-1})	组合风险率 (%)	设计风速 (m.s^{-1})	组合风险率 (%)	设计风速 (m.s^{-1})	组合风险率 (%)
31.63	0.00	32.03	0.00	33.69	0.00	37.13	0.00
26.17	0.04	26.47	0.03	28.44	0.02	29.47	0.07
24.48	0.10	24.78	0.09	26.80	0.05	27.15	0.14
23.23	0.18	23.55	0.17	25.60	0.11	25.46	0.25
22.19	0.31	22.52	0.29	24.59	0.21	24.06	0.40
20.41	0.72	20.79	0.69	22.87	0.56	21.71	0.85

(续表)

连云港		射阳闸		小洋口港		天生港	
设计风速(m.s^{-1})	组合风险率(%)	设计风速(m.s^{-1})	组合风险率(%)	设计风速(m.s^{-1})	组合风险率(%)	设计风速(m.s^{-1})	组合风险率(%)
18.58	1.62	19.04	1.58	21.09	1.42	19.34	1.79
16.04	4.51	16.68	4.46	18.63	4.28	16.17	4.72
14.01	9.46	14.85	9.41	16.65	9.25	13.73	9.68
11.80	19.46	12.94	19.41	14.48	19.28	11.23	19.67
8.33	49.62	10.20	49.59	11.05	49.53	7.74	49.75
6.20	74.80	8.76	74.78	8.92	74.76	6.01	74.87
4.74	89.92	7.94	89.91	7.43	89.90	5.10	89.94
4.05	94.96	7.62	94.96	6.71	94.95	4.78	94.97
3.41	97.98	7.38	97.98	6.05	97.98	4.55	97.99
2.79	99.50	7.20	99.50	5.38	99.50	4.41	99.50
2.52	99.80	7.14	99.80	5.09	99.80	4.37	99.80
2.36	99.90	7.12	99.90	4.91	99.90	4.35	99.90
2.03	99.99	7.08	99.99	4.52	99.99	4.33	99.99

表5.3-8　各站设计潮位(200年一遇)+不同设计风速

连云港		射阳闸		小洋口港		天生港	
设计风速(m.s^{-1})	组合风险率(%)	设计风速(m.s^{-1})	组合风险率(%)	设计风速(m.s^{-1})	组合风险率(%)	设计风速(m.s^{-1})	组合风险率(%)
31.63	0.00	32.03	0.00	33.69	0.00	37.13	0.01
26.17	0.05	26.47	0.04	28.44	0.03	29.47	0.07
24.48	0.12	24.78	0.11	26.80	0.07	27.15	0.15
23.23	0.22	23.55	0.20	25.60	0.15	25.46	0.27
22.19	0.36	22.52	0.34	24.59	0.28	24.06	0.42
20.41	0.81	20.79	0.79	22.87	0.71	21.71	0.90
18.58	1.76	19.04	1.74	21.09	1.65	19.34	1.87
16.04	4.72	16.68	4.69	18.63	4.61	16.17	4.83
14.01	9.70	14.85	9.67	16.65	9.60	13.73	9.82
11.80	19.71	12.94	19.68	14.48	19.63	11.23	19.82
8.33	49.80	10.20	49.79	11.05	49.76	7.74	49.87
6.20	74.89	8.76	74.89	8.92	74.88	6.01	74.93

（续表）

连云港		射阳闸		小洋口港		天生港	
设计风速 (m.s^{-1})	组合风险率 (%)	设计风速 (m.s^{-1})	组合风险率 (%)	设计风速 (m.s^{-1})	组合风险率 (%)	设计风速 (m.s^{-1})	组合风险率 (%)
4.74	89.96	7.94	89.95	7.43	89.95	5.10	89.97
4.05	94.98	7.62	94.98	6.71	94.98	4.78	94.98
3.41	97.99	7.38	97.99	6.05	97.99	4.55	97.99
2.79	99.50	7.20	99.50	5.38	99.50	4.41	99.50
2.52	99.80	7.14	99.80	5.09	99.80	4.37	99.80
2.36	99.90	7.12	99.90	4.91	99.90	4.35	99.90
2.03	99.99	7.08	99.99	4.52	99.99	4.33	99.99

5.3.2.3 各站点风潮组合的优化设计

(1) 工况 1——潮位为主变量，风速为次要变量

设计风速作为风险集群中的次要安全因子，以设计潮位风险率为安全基准，当两者的组合风险率等于设计潮位风险率时，得到江苏省沿岸各站不同重现期设计潮位组合下的最优风速，参考表 5.3-9。

表 5.3-9 江苏省典型站点风潮的优化组合（工况 1）

站点	设计潮位 (m)	T (a)	组合最优风速 (m.s^{-1})	风速等级	T (a)
天生港	5.21	50	19	8	8
	5.46	100	21.33	9	15
	5.71	200	23.68	9	29
小洋口港	6.98	50	20.23	8	12
	7.25	100	21.93	9	26
	7.52	200	23.7	9	55
射阳闸	3.77	50	18.47	8	8
	3.92	100	20.16	8	16
	4.06	200	21.9	9	34
连云港	4.03	50	18.04	8	8
	4.17	100	19.82	8	15
	4.31	200	21.62	9	32

另外，根据《海港水文规范》(JTJ 213—98)，将风速转换为各站点邻近海域水面以上 10 m 高度风速，参考文献[121]：在距离海岸较近的范围内（大约 10 km 范

围内)，从海岸到内陆，风速以很快的比例衰减。随着距海岸距离的增大，风速衰减趋于缓慢，有接近常值的趋势。所以，将以上风速转换为各站点邻近海域 10 km 处水面以上 10 m 高度风速数值，具体方法参考文献[121]，修正风速后的风潮优化组合结果(工况 1)参考表 5. 3-10：修正后的风速数值增大。

表 5. 3-10　江苏省典型站点风潮的优化组合(工况 1，修正风速)

站点	设计潮位 (m)	T (a)	组合最优风速 (m.s^{-1})	风速等级	T (a)
天生港	5. 21	50	25. 41	10	8
	5. 46	100	28. 52	11	15
	5. 71	200	31. 66	11	29
小洋口港	6. 98	50	26. 85	10	12
	7. 25	100	29. 10	11	26
	7. 52	200	31. 45	11	55
射阳闸	3. 77	50	23. 42	9	8
	3. 92	100	25. 57	10	16
	4. 06	200	27. 77	10	34
连云港	4. 03	50	23. 27	9	8
	4. 17	100	25. 57	10	15
	4. 31	200	27. 89	10	32

(2) 工况 2——风速为主变量，潮位为次要变量

设计潮位作为风险集群中的次要安全因子，以设计风速风险率为安全基准，当两者的组合风险率等于设计潮位风险率时，得到江苏省沿岸各站不同重现期设计风速组合下的最优潮位，参考表 5. 3-11。

表 5. 3-11　江苏省典型站点风潮的优化组合(工况 2)

站点	设计风速 (m.s^{-1})	风速等级	T (a)	组合最优潮位 (m)	T (a)
天生港	26. 02	10	50	4. 71	14
	28. 49	10	100	5. 05	36
	30. 93	11	200	5. 37	83
小洋口港	23. 55	9	50	6. 18	8
	25	10	100	6. 5	17
	26. 4	10	200	6. 8	36

（续表）

站点	设计风速 (m.s^{-1})	风速等级	T (a)	组合最优潮位 (m)	T (a)
射阳闸	23.00	9	50	3.27	7
	24.51	10	100	3.47	15
	25.98	10	200	3.67	37
连云港	23.00	9	50	3.71	12
	24.67	10	100	3.90	29
	26.29	10	200	4.06	60

同样，将以上风速转换为各站点邻近海域 10 km 处水面以上 10 m 高度风速数值，具体方法参考文献[121]，修正风速后的风潮优化组合结果（工况 2）参考表 5.3-12。

表 5.3-12　江苏省典型站点风潮的优化组合（工况 2，修正风速）

站点	设计风速 (m.s^{-1})	风速等级	T (a)	组合最优潮位 (m)	T (a)
天生港	34.79	12	50	4.71	14
	38.10	13	100	5.05	36
	41.36	13	200	5.37	83
小洋口港	31.25	11	50	6.18	8
	33.18	12	100	6.5	17
	35.03	12	200	6.8	36
射阳闸	29.17	11	50	3.27	7
	31.08	11	100	3.47	15
	32.95	12	200	3.67	37
连云港	29.67	11	50	3.71	12
	31.82	11	100	3.90	29
	33.91	12	200	4.06	60

根据表 5.3-10 和表 5.3-12：①风潮的同频率设计偏于安全，例如江苏省天生港站历年实测最大风速的平均值 14.2 m/s，最大值 26.3 m/s，而天生港站历年实测最大潮位对应的风速平均值仅 8.8 m/s，最大值也小于历年最大值，为 22.3 m/s；②江苏省现行海堤设计组合标准取“50 年一遇防潮标准加 10 级风”，从工况 1 的角度出发，建议根据本书中的成果进行细化，以明确具体组合数值，从工况 2 的角度出发，则存在一定的风险性；③潮位与风浪相比，风浪是造成越浪、海堤损坏等危及

海堤安全的主要海洋动力因素，所以实际海堤设计时，应考虑设计潮位为主和设计风浪为主两种情况，并取其中的设计大值。

5.3.3　江苏与深圳风潮优化组合的比较

作为对比，潮位资料选择深圳市赤湾站 1971—2002 年实测潮位资料，潮位基面选择珠江基面系统。风速资料采用深圳气象站（纬度 22°32′、经度 114°）1971—2002 年实测风速资料（10 min 平均风速），并将其风速资料转换到赤湾海域海面 10 m高度处风速值。按以上江苏省站点分析方法，分析“工况 1——潮位为主变量，风速为次要变量”和“工况 2——风速为主变量，潮位为次要变量”两种情况下的风潮优化组合设计。

5.3.3.1　深圳赤湾站风潮风险率计算

基于 Clayton Copula 连接函数建立深圳潮位和风浪（风）联合分布函数，边缘函数采用 PⅢ型频率分析获得。分以潮位设计为主和以风浪（风）设计为主两种情况：①以潮位设计为主时，统计深圳市赤湾站 1971—2002 年历年实测最大潮位和其对应海域 3 日（安全性较大）内发生的最大风速，利用 Clayton Copula 分析两者的分布函数，$\theta=4$；②以风速设计为主时，统计赤湾站海域 1971—2002 年历年实测最大风速和其对应赤湾站 3 日（安全性较大）内发生的最大潮位，利用 Clayton Copula 分析两者的分布函数，$\theta=0.28$。

深圳实测数据分析结果显示（表 5.3-13 和表 5.3-14）：①以潮为主时，1993 年 9 月 17 日发生最大潮位 2.23 m，重现期约为 70 年，对应前后 3 日内赤湾海域最大风速 18.28 m/s（8 级），重现期约为 4 年，其组合风险率 6.48%，大潮遭遇到大风的概率小，采用同频率设计偏于安全。如果设计潮位取 2.23 m，按取组合风险率等于设计潮位频率（1.4%）的原则，组合风速为 23.56 m/s（9 级）；②以风为主时，1971 年 8 月 17 日赤湾海域发生最大风速 32.91 m/s（12 级），重现期约为 59 年，对应前后 3 日内赤湾海域最大潮位 1.01 m，重现期不足 1 年，其组合风险率 47.41%，同样，大风时遭遇到大潮的概率也较小，采用同频率设计时偏于安全。如果设计风速取 32.91 m/s，按取组合风险率等于设计风速频率（1.7%）的原则，组合潮位为 1.98 m，重现期 18.6 年。

表 5.3-13　赤湾海域设计潮位+设计风速组合风险率

设计潮位 (m)	重现期 (a)	频率 (%)	组合风速 (m/s)	风速等级	重现期 T(a)	组合风险率 (%)
2.44	200	0.5	15.06	7	2	12.29
			19.96	8	5	3.75

(续表)

设计潮位(m)	重现期(a)	频率(%)	组合风速(m/s)	风速等级	重现期T(a)	组合风险率(%)
2.44	200	0.5	23.66	9	10	1.38
			27.37	10	20	0.49
			32.26	11	50	0.14
			35.97	12	100	0.07
			39.67	13	200	0.03
2.31	100	1	15.06	7	2	12.14
			19.96	8	5	3.69
			23.66	9	10	1.36
			27.37	10	20	0.48
			32.26	11	50	0.13
			35.97	12	100	0.07
			39.67	13	200	0.03
2.18	50	2	15.06	7	2	11.86
			19.96	8	5	3.58
			23.66	9	10	1.32
			27.37	10	20	0.46
			32.26	11	50	0.13
			35.97	12	100	0.07
			39.67	13	200	0.03
2	20	5	15.06	7	2	11.04
			19.96	8	5	3.28
			23.66	9	10	1.20
			27.37	10	20	0.42
			32.26	11	50	0.12
			35.97	12	100	0.06
			39.67	13	200	0.03

表 5.3-14　赤湾海域设计风速+设计潮位组合风险率

设计风速(m/s)	风速等级	重现期(a)	频率(%)	组合潮位(m)	重现期 T(a)	组合风险率(%)
39.67	13	200	0.5	1.48	2	11.26
				1.71	5	4.77

（续表）

设计风速 (m/s)	风速等级	重现期 (a)	频率 (%)	组合潮位 (m)	重现期 T (a)	组合风险率 (%)
39.67	13	200	0.5	1.86	10	2.83
				2.00	20	1.55
				2.18	50	0.73
				2.31	100	0.40
				2.44	200	0.23
35.97	12	100	1	1.48	2	11.25
				1.71	5	4.76
				1.86	10	2.83
				2.00	20	1.55
				2.18	50	0.73
				2.31	100	0.40
				2.44	200	0.23
32.26	11	50	2	1.48	2	11.22
				1.71	5	4.75
				1.86	10	2.82
				2.00	20	1.54
				2.18	50	0.73
				2.31	100	0.40
				2.44	200	0.23
27.37	10	20	5	1.48	2	11.13
				1.71	5	4.71
				1.86	10	2.80
				2.00	20	1.53
				2.18	50	0.72
				2.31	100	0.40
				2.44	200	0.22

5.3.3.2 两地风潮优化组合成果对比

深圳风潮组合成果参考表5.3-15和表5.3-16所示：与江苏省各站点对比发现，两个地方海堤设计若取风潮同频率，都会导致设计偏于安全；各地风速和潮位特征不同，优化组合的重现期也存在一定的差异，需要具体问题具体分析。

表 5.3-15　深圳市赤湾站风潮的优化组合(工况 1)

站点	设计潮位(m)	T(a)	组合最优风速(m.s^{-1})	风速等级	T(a)
赤湾站	2.18	50	22.55	9	9
	2.31	100	25.18	10	14
	2.44	200	27.33	10	20

表 5.3-16　深圳市赤湾站风潮的优化组合(工况 2)

站点	设计风速(m.s^{-1})	风速等级	T(a)	组合最优潮位(m)	T(a)
赤湾站	32.26	11	50	1.95	19
	35.97	12	100	2.12	45
	39.67	13	200	2.27	95

5.4　江苏台风期风雨潮联合分布规律研究

台风灾害具有频率高、突发性强、危害范围广、灾害损失严重等特征，是江苏沿海地区最严重的自然灾害。例如受 1962 年 9 月的 6214 号台风、1984 年 7 月的 8406 号台风、1997 年 8 月的 9711 号台风、2000 年 8 月的 0012 号台风的影响，江苏沿海地区风力普遍达到 10～12 级，24 h 降雨量一般超过 100 mm，局部超过 200 mm，台风还引发了风暴潮灾害，沿海水位比正常潮位普遍高 1.0～2.0 m，形成“风、雨、潮”三碰头现象，破坏力极大，引发洪水泛滥、高秆作物折损、房屋倒塌、海堤决口、交通中断、船只沉没、供水供电中断等灾害。

近 30 年来，江苏沿海地区经济发展迅速发展，台风防御因此变得极为重要，与台风相关的研究，包括台风时空变化特征、台风的致灾特征、台风灾害防灾减灾关键技术等，成为专家学者研究的热点[122-126]。台风防御应充分考虑台风灾害的极端性，“风、雨、潮”作为江苏沿海地区的主要致灾因子，如果产生“三碰头”现象，会加剧台风的破坏力，显著增大承灾地区的脆弱性。不幸的是，此类“三碰头”现象研究成果十分匮乏。因此，台风期“风、雨、潮”联合分布概率，作为台风灾害的一项基础性研究工作，成为本书的研究对象。三变量 Copula 函数拟作为重要的技术手段，应用于“风、雨、潮”联合分布概率分析工作。

5.4.1　江苏沿海台风致灾因子基本特征

据历史资料统计，近 60 年来影响江苏沿海地区的台风超过 180 次，平均每年

3.1 次，最多年份为 7 次，最少年份为 1 次。台风多发期在 7～9 月，最早的为 5 月，最迟为 11 月。参考图 5.4-1(a)，对江苏影响严重的三种台风路径为登陆北上型（例如 6214 号台风）、近海活动型（例如 0012 号台风）和正面登陆型（例如 8406 号台风），分别占了约 43%、24%和 3%。

参考图 5.4-1(b)，沿海地区的主要潮位站包括连云港市的 LYG、盐城市的 SYZ、南通市的 TSG，主要气象站包括连云港市的 GY（纬度 34°50′，经度 119°07′，海拔 3.3 m）、盐城市的 SY（纬度 33°46′，经度 120°15′，海拔 2.0 m）、南通市的 NT（纬度 31°59′，经度 120°53′，海拔 6.1 m）。根据以上站点 1960—2014 年的历史数据，提取 42 场对江苏沿海地区影响较大的台风数据进行统计分析，其中潮位基准面采用废黄河基面，风速取台风期间的最大 10 min 平均风速，降雨取台风期间的最大 24 h 降雨。

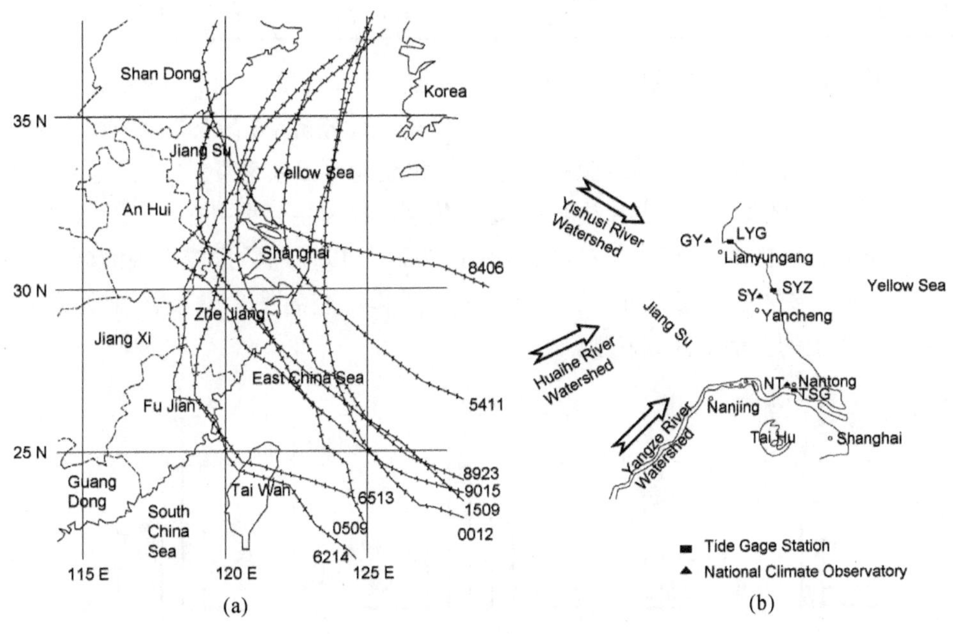

图 5.4-1　江苏沿海地区的台风路径(a)和水文气象观测站点(b)

梅雨也是导致江苏沿海地区洪涝灾害的重要天气系统，它通常发生在 6 月至 7 月。台风通常发生在梅雨季节之后。为了便于比较，统计 1960—2014 年梅雨季节“24 h 降雨量≥35 mm”的降雨事件，与台风统计数据进行对比，结果显示（表 5.4-1）：在具有“三碰头”特征的台风事件中，这三个城市的平均高潮位约为 2.96 m，是梅雨期的 1.8 倍。实际上，除天文大潮外，江苏沿海出现的异常高潮位，几乎均因台风过境引起，潮水顶托作用是导致台风期区域排水不畅的重要因素；台风期间的平均风速约为 12.5 m/s（6 级），是梅雨期的 4.4 倍，高秆作物倒伏和折断现象突出，9 级风（20.8～24.4 m/s）也偶有发生，风急浪高是海堤、船舶损毁的重要因素；台风期间 24 h 的平均降雨量约为 74.8 mm，是梅雨期的 1.17 倍，梅雨、对流性强降雨也是影响江苏沿海地区降雨的关键因素，但是台风雨的强度一般更大。综上，台风是影响江苏沿海地区安全的主要自然因素。

表 5.4-1　台风期间和梅雨期间数据统计值对比

地点	梅雨期			台风期		
	平均高潮位（m）	平均风速（m/s）	平均 24 h 降雨量（mm）	平均高潮位（m）	平均风速（m/s）	平均 24 h 降雨量（mm）
连云港	1.55	2.95	68.8	2.84	13.07	80.1
盐城	1.39	2.76	62.1	2.65	13.21	75.2
南通	2.01	2.91	60.4	3.39	11.92	69.1

为更直观的了解台风期连云港、盐城、南通三地风（*W* 表示）、雨（*R* 表示）、潮（*Z* 表示）的分布特征，对上述致灾因子进行概率统计分析，图 5.4-2 至图 5.4-4 所示为台风期间各致灾因子的经验频率直方图和经验累积频率直方图：南通潮位观测站的潮位明显大于连云港和盐城；各地台风期的风速主要集中在 10～20 m/s 之间，对应的发生概率在 75%左右，风速大于 20 m/s 以上的数据较少观测到；各地台风期的降雨量主要集中在 20～120 mm 之间，对应的发生概率在 80%左右，200 mm以上的大暴雨偶有发生。

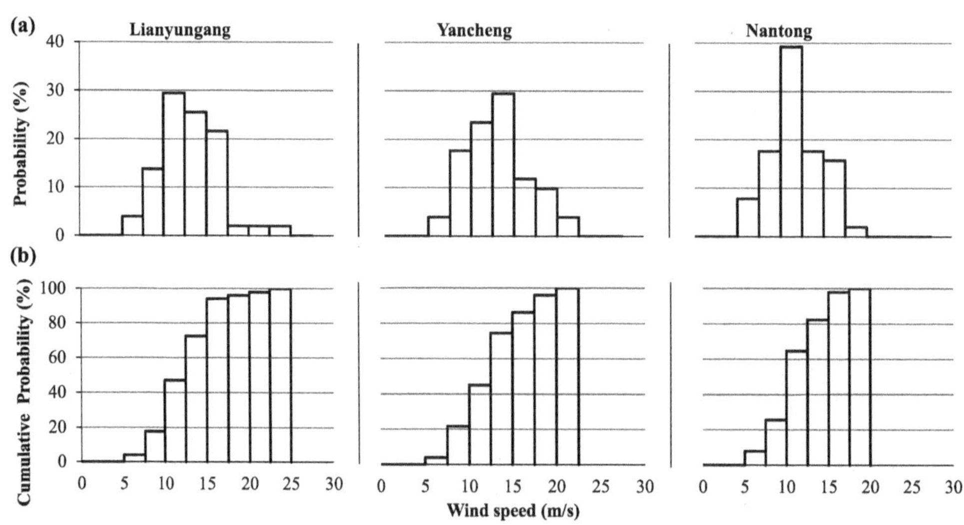

图 5.4-2　风速频率直方图(a)和累积频率直方图(b)

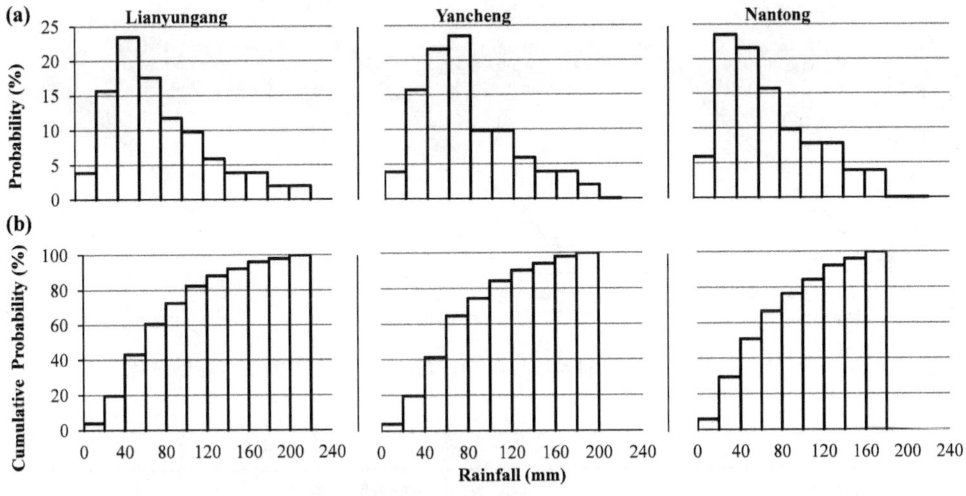

图 5.4-3　降雨频率直方图(a)和累积频率直方图(b)

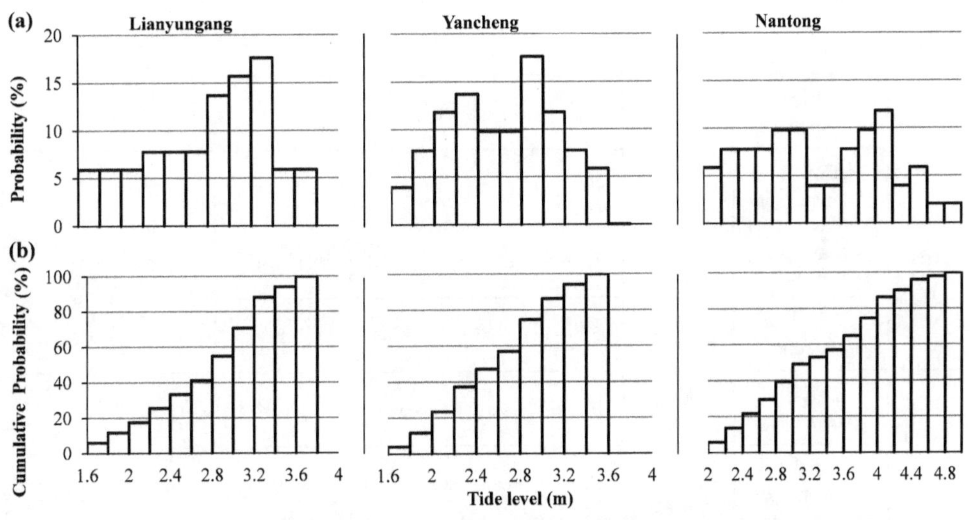

图 5.4-4　潮位频率直方图(a)和累积频率直方图(b)

基于此，在 Lognormal、Gamma 和 Weibull 等分布函数中，用 P-P(经验-理论分布概率)对比图来优选各致灾因子经验累积频率的最佳拟合函数，结果显示：对于风、雨、潮三个致灾因子，基于 Weibull 分布计算的理论分布频率，与经验累积频率拟合的相关性系数 R^2 在 0.984～0.997 之间，相关程度高，可靠性明显。图 5.4-5 和表 5.4-2 所示为基于 Weibull 函数的 P-P 图和边缘分布函数。各致灾因子理论分布函数的确定，为下节“风、雨、潮”联合概率分析奠定了基础。

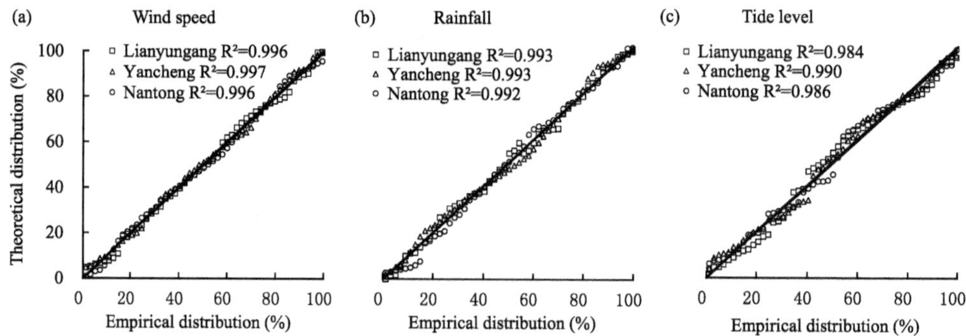

图 5.4-5　基于 Weibull 分布计算的风(a)、雨(b)、潮(c)理论分布频率与经验累积频率对比

表 5.4-2　台风期间不同致灾因子的理论分布函数

Factor	站点	理论分布函数		
W	连云港 Lianyungang	Weibull	$F_w = 1 - \exp[-(w-4.79)^{2.77}/470.28]$	$F_w = P(W \leqslant w)$
	盐城 Yancheng		$F_w = 1 - \exp[-(w-5.64)^{2.39}/159.38]$	
	南通 Nantong		$F_w = 1 - \exp[-(w-6.21)^{2.24}/62.11]$	
R	连云港 Lianyungang		$F_r = 1 - \exp[-(r-20.5)^{1.37}/303.1]$	$F_r = P(R \leqslant r)$
	盐城 Yancheng		$F_r = 1 - \exp[-(r-17.99)^{1.28}/161.41]$	
	南通 Nantong		$F_r = 1 - \exp[-(r-15.62)^{1.19}/102.62]$	
Z	连云港 Lianyungang		$F_z = 1 - \exp[-(z-0.09)^{5.44}/390.61]$	$F_z = P(Z \leqslant z)$
	盐城 Yancheng		$F_z = 1 - \exp[-(z-0.01)^{5.51}/310.93]$	
	南通 Nantong		$F_z = 1 - \exp[-(z-0.73)^{3.34}/37.3]$	

5.4.2　台风致灾因子的联合分布函数

为了方便后续的讨论分析，表 5.4-3 分布列出了连云港、盐城、南通三地“风、雨、潮”三变量以及“雨、潮”两变量联合分布概率拟合效果较好的 Gumbel Copula 函数，其对应的 P-P(经验-理论联合分布频率)图见图 5.4-6：对于三地的“风、雨、潮”样本，Gumbel Copula 三维联合分布函数理论频率与经验频率的相关性系数分

别为 0.989、0.990、0.988，说明选取的三维 Gumbel Copula 函数是合理的；Gumbel Copula 二维联合分布函数也适合各地“雨、潮”联合分布概率的分析，其对应的理论频率与经验频率的相关性系数分别为 0.995、0.995、0.989。

表 5.4-3　台风期间致灾因子联合分布函数

站点	Theoretical distribution function	
连云港 Lianyungang	Gumbel Copula	$F_{wrz}=\exp\{-[(-\ln F_w)^{1.21}+(-\ln F_r)^{1.21}+(-\ln F_z)^{1.12}]^{1/1.21}\}$ $F_{rz}=\exp\{-[(-\ln F_r)^{1.30}+(-\ln F_z)^{1.30}]^{1/1.30}\}$
盐城 Yancheng		$F_{wrz}=\exp\{-[(-\ln F_w)^{1.20}+(-\ln F_r)^{1.20}+(-\ln F_z)^{1.20}]^{1/1.20}\}$ $F_{rz}=\exp\{-[(-\ln F_r)^{1.24}+(-\ln F_z)^{1.24}]^{1/1.24}\}$
南通 Nantong		$F_{wrz}=\exp\{-[(-\ln F_w)^{1.19}+(-\ln F_r)^{1.19}+(-\ln F_z)^{1.19}]^{1/1.19}\}$ $F_{rz}=\exp\{-[(-\ln F_r)^{1.27}+(-\ln F_z)^{1.27}]^{1/1.27}\}$

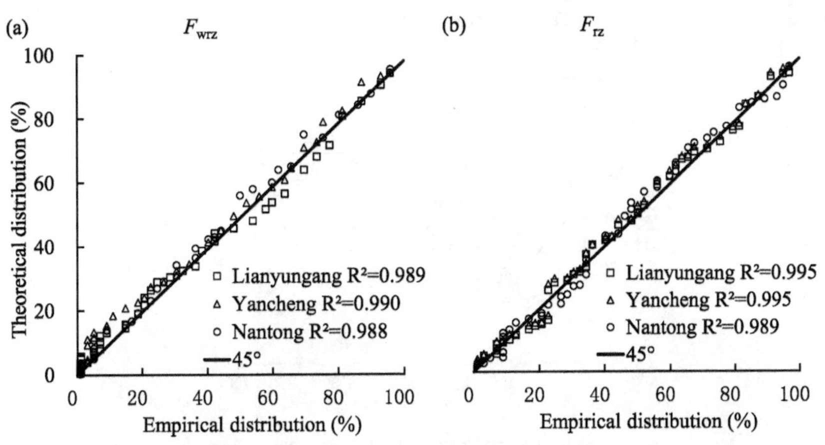

图 5.4-6　基于 Gumbel Copula 函数计算的连云港、盐城、南通三地“风、雨、潮”(a)和“雨、潮”(b)理论联合分布概率与经验概率对比

5.4.3　基于风雨潮联合分布函数的讨论

5.4.3.1　雨潮联合分布概率

台风诱发的强降雨和高潮位直接影响江苏沿海洪涝灾害的程度。雨潮联合概率分析可以为洪涝灾害的防治提供科学依据。根据单因素威布尔分布函数(表 5.4-2)和二维 Gumbel copula 函数(表 5.4-3)，绘制 F_{rz} 等值线图，如图 5.4-7 所示，结果表明：

(1) 雨潮联合分布概率的大小随着雨或潮的同步增加而增加，但是图上 2 条虚线之外的地方，潮位或雨量的迅速增加几乎对其联合分布概率没有影响。

(2) 实际上，很自然地，$P(R \leqslant r, Z \leqslant z) \leqslant P(R \leqslant r)$ 或 $P(R \leqslant r, Z \leqslant z) \leqslant P(Z \leqslant z)$。在 2 条虚线之外，随着降雨或潮位的快速增加，$P(R \leqslant r)$ 或 $P(Z \leqslant z)$ 接近 1，相应的 $P(R \leqslant r, Z \leqslant z) \approx P(Z \leqslant z)$ 或 $P(R \leqslant r, Z \leqslant z) \approx P(R \leqslant r)$。因此，在图上，虚线外的等值线几乎平行于 R 或 Z 轴。

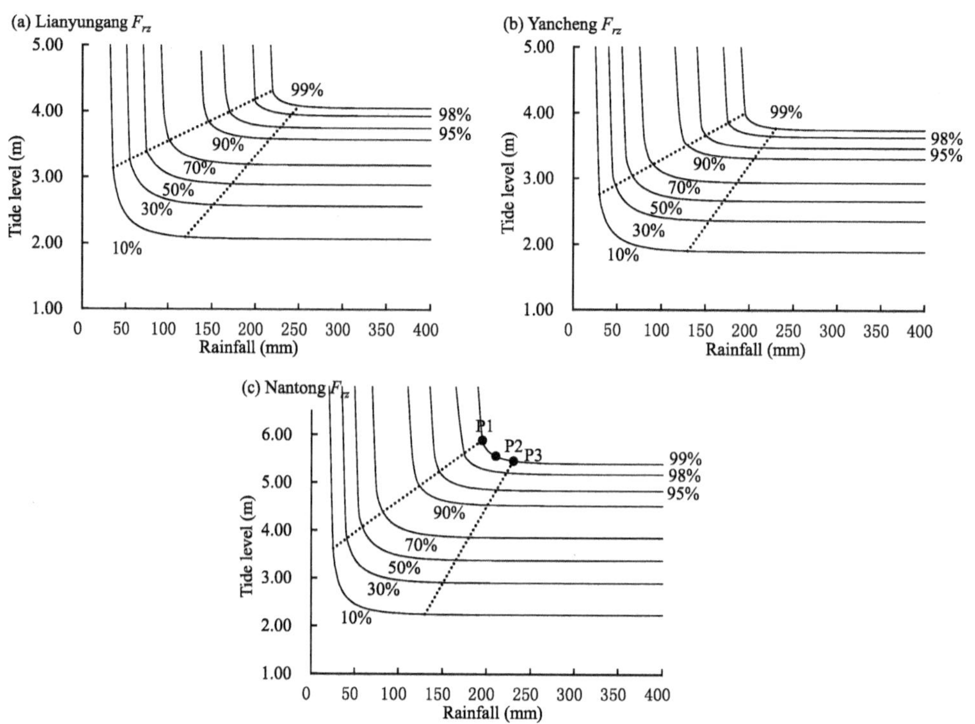

图 5.4-7 雨潮联合概率等值线图：(a)连云港，(b)盐城，(c)南通

5.4.3.2 风雨潮联合分布概率

图 5.4-8 所示为 $F_{wrz}(W \leqslant 15\ \mathrm{m/s}, W \leqslant 25\ \mathrm{m/s})$ 等值线图。以图 5.4-7(c)和图 5.4-8(f)所示的南通为例，P1，P3，P4 和 P6 是虚线与 99%等值线的交点，P2 和 P5 是虚线之间的等值线中心点，T1 和 T2 是虚线与 10%等值线的交点，表 5.4-4 显示了这些点的坐标，结果表明：

(1) 当风速恒定时，虚线外的潮位或降雨的快速增加几乎对 3 个因素的联合分布概率没有影响。例如，看图 5.4-8(f)中的 10%等值线，当潮位增加到 3.73 m(T1)以上或降雨增加到 130 mm(T2)以上时，F_{wrz} 仍等于 10%。

(2) 显然，$P(R \leqslant r, Z \leqslant z, W \leqslant 15) < P(R \leqslant r, Z \leqslant z, W \leqslant 25)$。例如，当 $W \leqslant 15$ m/s 时，$F_{15} = 87.7\%$，使这 3 个因子的联合概率的最大值约为 87%(图

5.4-8(e))。仅当风速进一步增加，例如 $W \leqslant 25$ m/s 时，这三个因素的联合概率才会增加(图 5.4-8(f))。

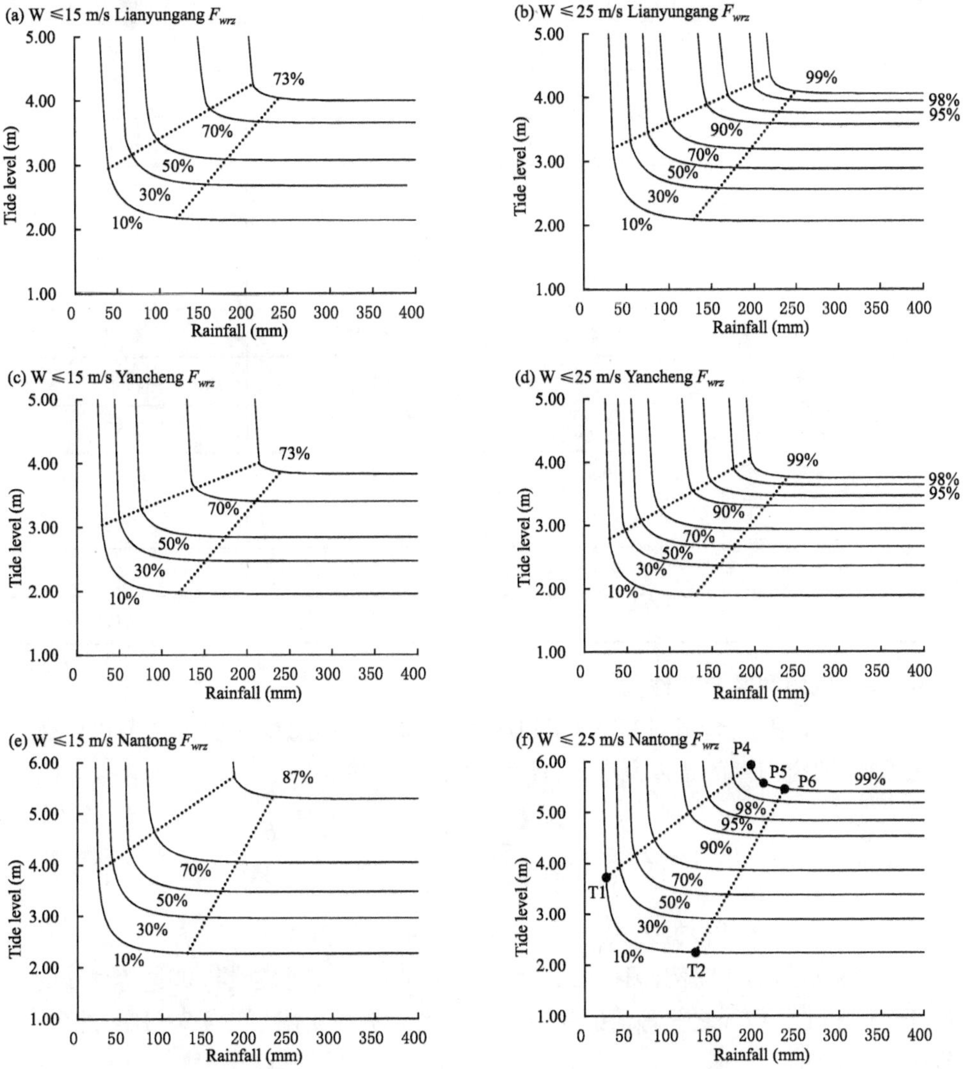

图 5.4-8　风、雨、潮联合分布概率等值线图：(a) $W \leqslant 15$ m/s，连云港，(b) $W \leqslant 25$ m/s，连云港，(c) $W \leqslant 15$ m/s，盐城，(d) $W \leqslant 25$ m/s，盐城，(e) $W \leqslant 15$ m/s，南通，(f) $W \leqslant 25$ m/s，南通

(3) 比较图 5.4-7(c)和图 5.4-8(e)，如果 $P(W \leqslant w) < 1$，则 $P(R \leqslant r,\ Z \leqslant z,\ W \leqslant w) < P(R \leqslant r,\ Z \leqslant z)$。反过来看，给定联合分布概率和 r 值，前者的 z 值超过后者的 z 值。给定联合分布概率和 z 值，前者的 r 的值超过后者。

表 5.4-4　点 P1～P12，T1 和 T2 的坐标

点		R (mm)	Z (m)
F_{rz}	P1	195	5.90
	P2	210	5.56
	P3	230	5.46
$F_{25,\ rz}$	P4	195	5.93
	P5	210	5.57
	P6	235	5.45
	T1	25	3.73
	T2	130	2.25
$F_{rz\mid w\leqslant 15}$	P7	180	5.64
	P8	198	5.37
	P9	225	5.27
$F_{rz\mid w\leqslant 25}$	P10	195	5.92
	P11	210	5.58
	P12	235	5.45

5.4.3.3　风雨潮联合条件概率

表 5.4-1 显示，台风对江苏沿海地区的降雨和潮位影响重大。本节以台风风速为条件，研究雨潮的条件概率，其计算公式定义如下：

$$F_{rz\mid w}=P(R\leqslant r,\ Z\leqslant z\mid W\leqslant w)=\frac{F_{wrz}}{F_{w}} \tag{5.4-1}$$

图 5.4-9 显示了根据公式(5.4-1)绘制的 $F_{rz\mid w}$ 等值线图。以图 5.4-9(e)和图 5.4-9(f)所示的南通为例，图上的 P7 和 P9，P10 和 P12 是虚线与 99%等值线的交点，P8 和 P11 是虚线之间等值线的中心点。表 5.4-4 给出了点 P7～P12 的坐标。研究结果表明：

(1) 自然的，$P(R\leqslant r,\ Z\leqslant z\mid W\leqslant w)=P(R\leqslant r,\ Z\leqslant z,\ W\leqslant w)=P(R\leqslant r,\ Z\leqslant z)$，仅当 $P(W\leqslant w)=1$ 时。实际上，由于 $P(W\leqslant 25)\approx 1$，所以图 5.4-7(c)，图 5.4-8(f)和图 5.4-9(f)非常相似。因此，点 P1～P3 的坐标分别接近点 P4～P6 和 P10～P12 的坐标。

(2) 因为风速的降低，$P(R\leqslant r,\ Z\leqslant z\mid W\leqslant 25)<P(R\leqslant r,\ Z\leqslant z\mid W\leqslant 15)$。因此，当概率固定，例如 99%时，点 P10(195，5.92)，P11(210，5.58)，P12(235，

5.45)的 x 坐标和 y 坐标大于点P7(180，5.64)，P8(198，5.37)，P9(225，5.27)。

(3) 比较图5.4-7c和图5.4-9e，我们可以发现，如果 $P(W\leqslant w)<1$，则 $P(R\leqslant r, Z\leqslant z)<P(R\leqslant r, Z\leqslant z \mid W\leqslant w)$。因此，当概率固定，例如99%时，点P1(195，5.90)，P2(210，5.56)，P3(230，5.46)的 x 坐标和 y 坐标大于点P7(180，5.64)，P8(198，5.37)，P9(225，5.27)。

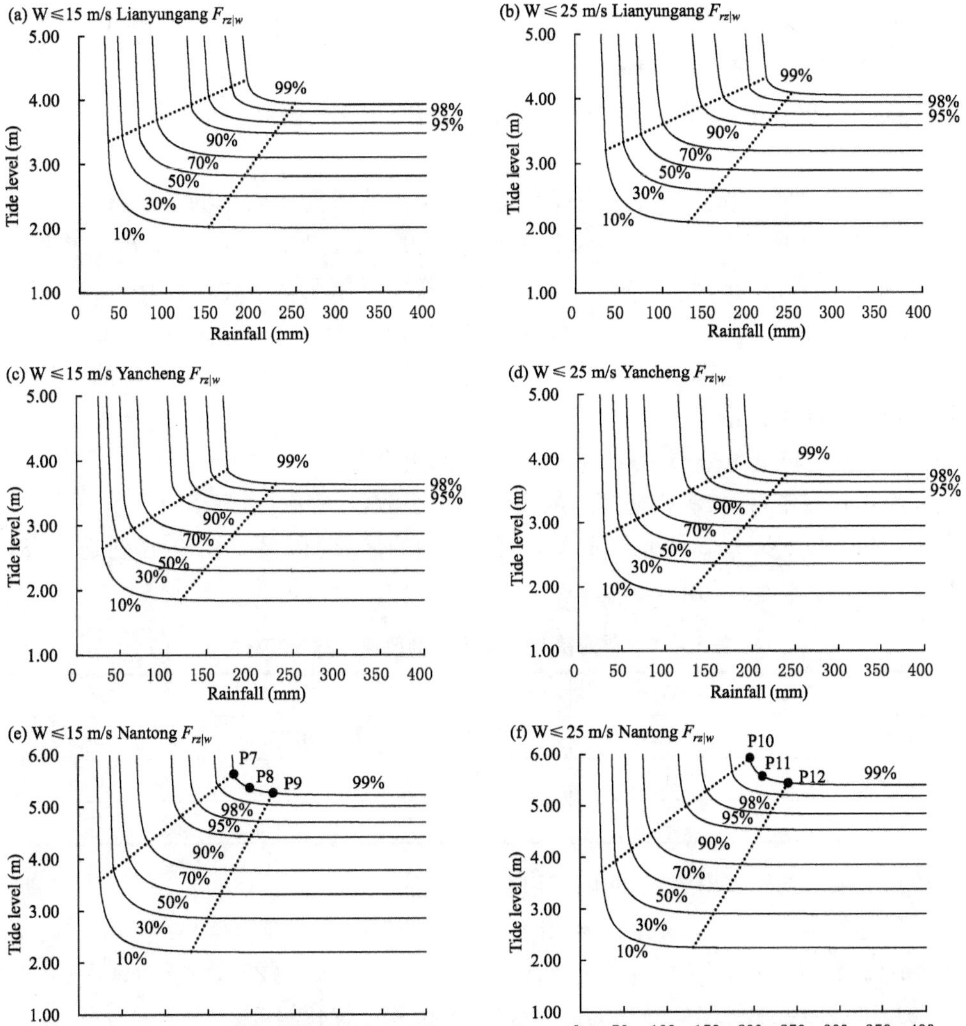

图5.4-9　雨潮条件概率等值线图：(a) $W\leqslant15$ m/s，连云港，(b) $W\leqslant25$ m/s，连云港，(c) $W\leqslant15$ m/s，盐城，(d) $W\leqslant25$ m/s，盐城，(e) $W\leqslant15$ m/s，南通，(f) $W\leqslant25$ m/s，南通

5.4.3.4 雨潮组合“三点”优选法

暴雨和潮位是沿海地区两个主要的水文致灾因素，因此，防洪排涝工程设计必须综合考虑两者的共同致灾影响。那么，我们应该选择哪种概率形式设计雨潮组合？两者的最佳组合又如何确定？下面具体讨论。

通常，$P(R\leqslant r,\ Z\leqslant z,\ W\leqslant w)\leqslant P(R\leqslant r,\ Z\leqslant z)\leqslant P(R\leqslant r,\ Z\leqslant z\ |W\leqslant w)\leqslant P(R\leqslant r)$ or $P(Z\leqslant z)$，以南通为例，设 $r=200$ mm，$z=5$ m，$w=15$ m/s，$F_{wrz}=P(R\leqslant r,\ Z\leqslant z,\ W\leqslant w)=85.54\%$，$F_{rz}=P(R\leqslant r,\ Z\leqslant z)=95.14\%$，$F_{rz|w}=P(R\leqslant r,\ Z\leqslant z\ |W\leqslant w)=97.53\%$，$F_r=P(R\leqslant r)=99.21\%$，$F_z=P(Z\leqslant z)=96.73\%$。所以，相同的设计值组合，概率形式不同，联合分布概率就不同。

同样的道理，相同的联合概率，不同的概率形式可能导致不同的设计组合值。例如，当“联合概率为 70%、$w=15$ m/s、$r=200$ mm”时，F_{wrz}，F_{rz}，$F_{rz|w}$ 中的 z 值分别为 4.05 m，3.87 m 和 3.78 m。当“联合概率为 70%、$w=15$ m/s、$z=4.5$ m”时，则 F_{wrz}，F_{rz}，$F_{r,\ z|w}$ 中的 r 值分别为 96 mm，93 mm，76 mm。

下面以 99%分布概率为例，分析不同概率形式下的雨潮组合，进行两者优化组合设计的相关讨论：

（1）基于单变量分布函数 F_r 和 F_z 的雨潮组合设计

根据连云港，盐城和南通三地的边缘分布函数，计算 99%概率的风速、降雨和潮位，结果如表 5.4-5 所示。此情况下，三地（R，Z）同频率组合分别是（218，4.06），（194，3.75），（192，5.4），点 L1-L3 表示。

表 5.4-5 单变量 99%概率下的风速、降雨和潮位

位置	W (m/s)	R (mm)	Z (m)	点号
Lianyungang	20.8	218	4.06	L1
Yancheng	21.5	194	3.75	L2
Nantong	18.7	192	5.4	L3

（2）基于条件概率 $F_{rz|w}$ 的雨潮组合设计

风速参考表 5.4-5 取值，分析结果如图 5.4-10 所示：虚线与 99%等值线的交点 C1（218，4.2）、C2（245，4.06）、C3（194，3.87）、C4（223，3.75）、C5（192，5.72）和 C6（226，5.4），被作为此情况下 R 和 Z 的优化组合。

（3）基于联合分布 F_{rz} 的雨潮组合设计

分析结果如图 5.4-11 所示：虚线与 99%等值线的交点 C7（218，4.56）、C8（290，4.06）、C9（194，4.17）、C10（280，3.75）、C11（192，6.01）和 C12（285，5.4），被作为此情况下 R 和 Z 的优化组合。

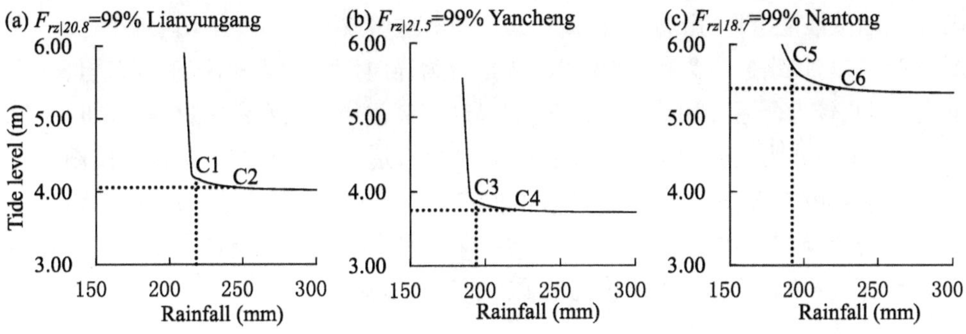

图 5.4-10 等值线图($F_{rz|20.8}=99\%$，$F_{rz|21.5}=99\%$ and $F_{rz|18.7}=99\%$)：(a)连云港，(b)盐城，(c)南通

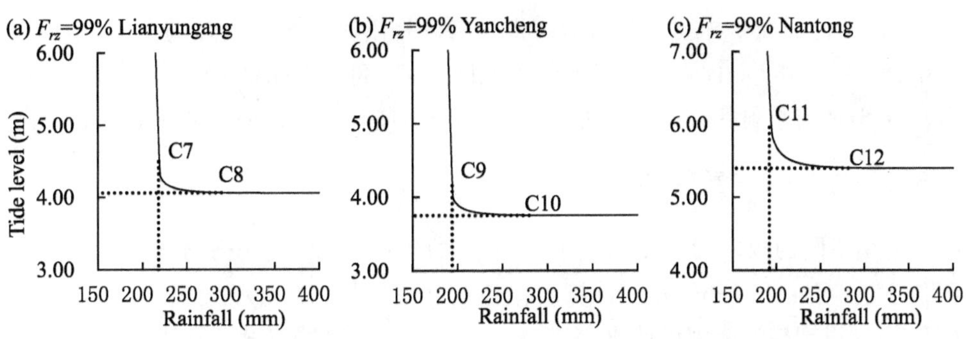

图 5.4-11 等值线图($F_{rz}=99\%$)：(a)连云港，(b)盐城，(c)南通

(4) "三点"法雨潮组合的优化设计

本节简要讨论 R 和 Z 的"三点"法优化组合设计，参考图 5.4-12：如果潮位是工程设计主要考虑的影响因素，则{L1, C1, C7)，{L2, C3, C9)和 {L3, C5, C11}更适合在这三个地方使用。如果降雨是工程设计中的主要考虑影响因素，则{L1, C2, C8)，{L2, C4 C10) 和 {L3, C6, C12)中的雨潮组合可能更合适。如果我们无法确定

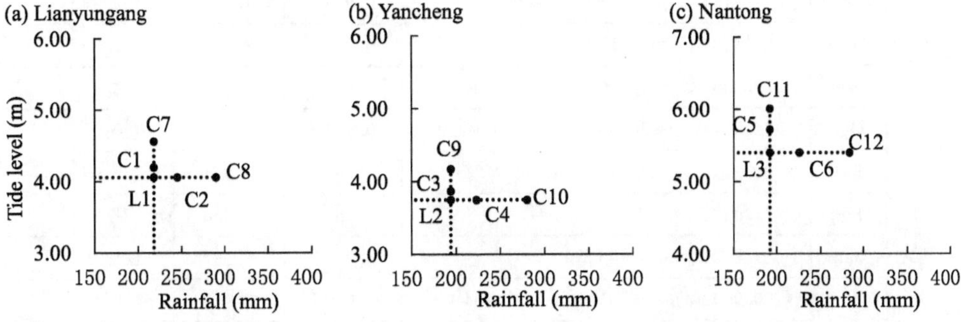

图 5.4-12 雨潮备选组合点集(C1-C12, L1-L3)：(a)连云港，(b)盐城，(c)南通

降雨或潮位谁是主要的影响因素，那么以上所有这些点可能都适合于雨潮组合。

进一步，以南通市为例，如果以工程造价为导向，由于 L3 对应的工程造价通常最低，因此较为合适。如果以工程安全为导向，潮位作为主要考虑影响因素时，C11 更合适，降雨作为主要考虑影响因素时，C12 更合适。如果我们无法确定降雨或潮位是主要影响因素，那么可以选择对工程安全更有利的组合。如果折中工程造价和工程安全，则 C5 更适合以潮位为主要影响因素的情况，C6 更适合以降雨为主要影响因素的情况。当然，更多优化选项需要进一步深入研究。

5.5 苏南地区梅雨暴雨联合分布函数研究

3.3 节已经简单介绍了苏南地区多站梅雨暴雨联合分布研究的意义，本节仅简单介绍一下 Type B 同步情况下苏南地区南京(NJ)、常州(CZ)、溧阳(LY)和东山站(DS)梅雨暴雨联合分布的研究结果，但是不展开讨论成果的进一步应用。

5.5.1 极大值与重现期

使用不同的频率分布来拟合每个站点的年度最大 24 h 梅雨数据。优选出 PⅢ，PⅢ，Wei 和 Gam 分别计算了南京(NJ)、常州(CZ)、溧阳(LY)和东山站(DS)不同重现期的降雨设计值(表 5.5-1)。表 5.5-2 中的“设计值”栏列出了各站的 50 年一遇、100 年一遇、200 年一遇和 500 年一遇设计降雨值，对应的非超越概率分别为 98%，99%，99.5%，和 99.8%。

表 5.5-1 苏南地区优选的年极值梅雨分布函数

站点	分布	参数	R^2	$RMSE$ (10^{-2})	AIC	优选
NJ	PⅢ	$\zeta=20.3246$，$\beta=30.7417$，$\lambda=2.5915$	0.995 8	1.846	−160.44	√
	Log	$\zeta=-6.1515$，$\mu=4.5642$，$\sigma=0.4663$	0.995 7	1.867	−159.97	
	Gam	$\beta=22.9438$，$\lambda=4.2870$	0.994 7	2.061	−157.85	
	Wei	$\zeta=29.2386$，$\beta=700.6878$，$\lambda=1.5048$	0.995 3	1.917	−158.87	
	Gev	$\zeta=76.0040$，$\beta=36.9529$，$\lambda=-0.1000$	0.995 7	1.860	−160.13	
CZ	PⅢ	$\zeta=30.9$，$\beta=33.9037$，$\lambda=1.8421$	0.986 0	3.321	−135.96	√
	Log	$\zeta=27.9082$，$\mu=3.8544$，$\sigma=0.6698$	0.983 5	3.668	−131.81	
	Gam	$\beta=17.2674$，$\lambda=4.8032$	0.976 9	4.397	−126.26	
	Wei	$\zeta=30.9000$，$\beta=265.1161$，$\lambda=1.3644$	0.980 1	3.975	−128.46	
	Gev	$\zeta=64.7129$，$\beta=26.0494$，$\lambda=-0.3552$	0.983 8	3.557	−133.10	

（续表）

站点	分布	参数	R^2	$RMSE$ (10^{-2})	AIC	优选
LY	PⅢ	ζ=3.932 1，β=14.614 4，λ=4.875 1	0.995 4	1.911	−159.00	
	Log	ζ=−25.619 6，μ=4.564 1，σ=0.319 4	0.995 3	1.916	−158.89	
	Gam	β=13.697 7，λ=5.473 9	0.995 3	1.915	−160.91	
	Wei	ζ=20.105 1，β=1 814.038 8，λ=1.834 3	0.995 4	1.908	−159.06	√
	Gev	ζ=60.575 6，β=26.715 0，λ=0.022 2	0.995 3	1.918	−158.85	
DS	PⅢ	ζ=−8.946 2，β=6.260 1，λ=12.532 8	0.993 1	2.409	−149.34	
	Log	ζ=−48.588 0，μ=4.753 9，σ=0.227 3	0.992 6	2.501	−147.78	
	Gam	β=7.236 6，λ=9.767 5	0.993 4	2.328	−152.77	√
	Wei	ζ=23.625 6，β=7 974.395 6，λ=2.278 6	0.993 2	2.374	−149.95	
	Gev	ζ=60.286 4，β=19.837 4，λ=0.126 2	0.993 4	2.329	−150.75	

表 5.5-2　不同重现期年极值梅雨设计值(1970—2017)

T (a)	非超越概率(%)	设计值(mm)			
		NJ	CZ	LY	DS
50	98%	231	220	146	125
100	99%	257	246	158	134
200	99.5%	283	273	169	143
500	99.8%	317	307	182	154
1 000	99.9%	342	333	192	162
2 000	99.95%	366	359	201	170

5.5.2　边缘函数优选

采用不同频率线型对 Type B 同步情况下的各站样本数据进行拟合，优选出 PⅢ、Wei、Wei 和 Wei 分别作为 NJ、CZ、LY 和 DS 站的边缘分布频率线型，结果如表 5.5-3 所示，其中，各站 90%、95%、98%、99%分布概率下的设计值见“设计值”栏，小于同概率下的单站年最大值分析结果(表 5.5-1)。究其原因，Type B 条件下，NJ、CZ、LY 和 DS 站的样本数据平均值分别为 67.1 mm，60.7 mm，56.7 mm，47.5 mm，而各站平均年最大值分别为 101.1 mm，89.7 mm，74.9 mm，69.8 mm。

表 5.5-3　苏南地区梅雨优选的 Copula 的边缘函数

站	边缘分布	参数	R^2	$RMSE$ (10^{-2})	AIC	优选	设计值(mm)
南京 NJ	PⅢ	ζ=23.202 9，β=48.377 4，λ=0.925 4	0.998 5	1.063	−507.10	√	90%:R=129 95%:R=162 98%:R=206 99%:R=239
	Log	ζ=13.401 4，μ=3.680 3，σ=0.862 9	0.997 5	1.369	−478.54		
	Gam	β=23.810 5，λ=8.940 3	0.988 2	2.956	−393.62		
	Wei	ζ=22.989 4，β=38.151 1，λ=0.960 6	0.998 5	1.066	−506.78		
	Gev	ζ=43.341 9，β=24.837 6，λ=−0.410 2	0.996 4	1.640	−458.14		
常州 CZ	PⅢ	ζ=23.354 9，β=32.888 0，λ=1.076 9	0.993 4	2.276	−421.14		90%:R=119 95%:R=148 98%:R=189 99%:R=219
	Log	ζ=16.493 4，μ=3.459 6，σ=0.825 4	0.992 8	2.487	−411.12		
	Gam	β=14.114 3，λ=3.890 8	0.986 3	3.312	−380.78		
	Wei	ζ=23.644 7，β=39.507 6，λ=0.988 5	0.995 1	1.848	−444.66	√	
	Gev	ζ=40.762 8，β=19.042 9，λ=−0.399 4	0.992 6	2.507	−410.22		
溧阳 LY	PⅢ	ζ=23.637 9，β=32.950 1，λ=1.046 9	0.993 4	2.265	−421.68		90%:R=89 95%:R=107 98%:R=130 99%:R=149
	Log	ζ=14.802 5，μ=3.500 8，σ=0.778 7	0.993 1	2.310	−419.46		
	Gam	β=14.624 0，λ=3.746 6	0.986 9	3.174	−385.58		
	Wei	ζ=23.582 4，β=39.408 7，λ=1.078 2	0.993 6	2.207	−424.61	√	
	Gev	ζ=40.536 4，β=19.339 6，λ=−0.335 1	0.992 7	2.318	−419.07		
东山 DS	PⅢ	ζ=23.958 9，β=29.755 8，λ=0.824 0	0.993 9	2.134	−428.41		90%:R=74 95%:R=90 98%:R=111 99%:R=127
	Log	ζ=18.939 5，μ=3.021 8，σ=0.927 2	0.994 1	2.106	−429.90		
	Gam	β=10.537 8，λ=4.272 0	0.978 3	3.920	−361.75		
	Wei	ζ=23.659 6，β=17.702 0，λ=0.948 5	0.994 3	2.006	−435.39	√	
	Gev	ζ=34.136 9，β=13.601 9，λ=−0.455 9	0.992 5	2.594	−406.37		

5.5.3　Copula 函数优选

Type B 情况下，分别开展 2 站、3 站、4 站降雨联合分布分析。南京和常州站周边区域暴雨一般排向长江，因而两者的组合受关注度较强，溧阳和东山站周边区域暴雨一般排向太湖，再由望虞河经长江入海，或由太浦河经上海黄浦江入海，因而两者的组合受关注度较强。南京和常州站，溧阳和东山站的联合分布因此被分别分析。3 站点组合原则参考 Delaunay 三角网的构建原理，选取相邻的 NJ、CZ、LY 为一组，CZ、LY、DS 为一组。4 站点则是由 NJ、CZ、LY、DS 组成。对 16 种 Copulas 进行优选发现（表 5.5-4 至表 5.5-6）：不同组合下，Type Ⅱ Gumbel 均表现出了更优的适应性。

表 5.5-4 优选的 2 站 Copula 的函数(苏南地区梅雨)

2 变量 Copula	参数	R^2	RMSE (10^{-2})	AIC	优选
NJ，CZ					
Gu	$\theta_1=1.1798$	0.9955	1.967	−441.61	
Cl	$\theta_1=0.2825$	0.9929	3.270	−384.22	
Fr	$\theta_1=1.2778$	0.9945	2.528	−413.28	
G_{LI}	$\theta_1=230.5364$，$a_1=0.4361$，$a_2=0.1962$	0.9959	1.639	−458.21	
C_{LI}	$\theta_1=244.7981$，$a_1=0.1999$，$a_2=1$	0.9955	1.972	−437.32	
F_{LI}	$\theta_1=37.3494$，$a_1=0.6408$，$a_2=0.2003$	0.9956	1.919	−440.40	
G_{LII}	$\theta_1=0.7918$，$\theta_2=232.9385$，$a_1=0.5491$，$a_2=0.5768$	0.9960	1.632	−456.69	√
C_{LII}	$\theta_1=243.9788$，$\theta_2=-0.9687$，$a_1=0.9584$，$a_2=0.2306$	0.9957	1.853	−442.35	
F_{LII}	$\theta_1=-1.1549$，$\theta_2=37.2367$，$a_1=0.7289$，$a_2=0.3996$	0.9957	1.797	−445.82	
GC	$\theta_1=1.4658$，$\theta_2=-0.2336$，$w=0.6111$	0.9956	1.888	−442.24	
GF	$\theta_1=1.2894$，$\theta_2=-715.8776$，$w=0.9090$	0.9957	1.845	−444.84	
CF	$\theta_1=-0.2336$，$\theta_2=37.3933$，$w=0.7472$	0.9953	2.074	−431.63	
LY，DS					
Gu	$\theta_1=1.0747$	0.9932	3.044	−392.30	
Cl	$\theta_1=0.1612$	0.9936	2.904	−397.62	
Fr	$\theta_1=0.6329$	0.9933	3.003	−393.84	
G_{LI}	$\theta_1=250.8319$，$a_1=0.0775$，$a_2=0.2872$	0.9940	2.655	−403.74	
C_{LI}	$\theta_1=0.3270$，$a_1=0.5320$，$a_2=1$	0.9936	2.902	−393.70	
F_{LI}	$\theta_1=36.8778$，$a_1=0.1387$，$a_2=0.1227$	0.9937	2.818	−397.02	
G_{LII}	$\theta_1=1.0629$，$\theta_2=251.2263$，$a_1=0.7523$，$a_2=0.7115$	0.9951	2.318	−417.07	√
C_{LII}	$\theta_1=0.2896$，$\theta_2=-2.3002$，$a_1=0.6886$，$a_2=0.9846$	0.9936	2.893	−392.05	
F_{LII}	$\theta_1=0.7079$，$\theta_2=36.4263$，$a_1=0.9869$，$a_2=0.9868$	0.9946	2.393	−413.47	
GC	$\theta_1=463.6447$，$\theta_2=0.0247$，$w=0.0668$	0.9939	2.713	−401.30	
GF	$\theta_1=432.8046$，$\theta_2=-0.6214$，$w=0.1306$	0.9940	2.652	−403.87	
CF	$\theta_1=0.1268$，$\theta_2=37.2712$，$w=0.9814$	0.9936	2.899	−393.82	

表 5.5-5　优选的 3 站 Copula 的函数(苏南地区梅雨)

3 变量 Copula	参数	R^2	RMSE (10^{-2})	AIC	优选
NJ, CZ, LY					
Gu	θ_1=1.202 2	0.994 8	2.305	−423.71	
Cl	θ_1=0.342 3	0.987 3	4.828	−340.22	
Fr	θ_1=1.487 4	0.992 6	3.267	−384.32	
G_{LI}	θ_1=259.154 9, a_1=0.039 5, a_2=0.455 5, a_3=0.524 1	0.995 4	1.937	−437.35	
C_{LI}	θ_1=602.767 2, a_1=0.388 0, a_2=0.188 3, a_3=0.318 8	0.994 8	2.307	−417.61	
F_{LI}	θ_1=36.852 4; a_1=0.657 5; a_2=0.193 9; a_3=0.318 1	0.994 0	2.251	−420.38	
G_{LII}	θ_1=253.477 6, θ_2=1.027 6, a_1=0, a_2=0.438 7, a_3=0.506 2	0.995 5	1.935	−435.46	√
C_{LII}	θ_1=−0.236 6, θ_2=365.126 8, a_1=0.391 8, a_2=0.939 6, a_3=0.416 4	0.995 4	1.942	−435.06	
F_{LII}	θ_1=−2.377 0, θ_2=37.536 0, a_1=0.968 7, a_2=0.209 8, a_3=0.271 2	0.995 4	1.969	−433.50	
M6	θ_1=1.317 0, θ_2=1.078 4	0.994 8	2.302	−421.85	
M4	θ_1=−0.214 6, θ_2=4.564 0	0.993 7	2.789	−400.18	
M3	θ_1=5.704 0, θ_2=−2.003 6	0.995 0	2.193	−427.33	
GC	θ_1=1.240 4, θ_2=−0.131 4, w=0.892 4	0.995 0	2.300	−419.95	
GF	θ_1=1.202 2, w=1	0.994 8	2.305	−419.71	
CF	θ_1=−0.131 4, θ_2=2.046 4, w=0.218 6	0.992 7	3.244	−381.12	
CZ, LY, DS					
Gu	θ_1=1.049 8	0.994 8	2.206	−428.66	
Cl	θ_1=0.097 4	0.994 4	2.384	−419.90	
Fr	θ_1=0.415 2	0.994 6	2.325	−422.73	
G_{LI}	θ_1=245.893 5, a_1=0, a_2=0.465 6, a_3=0.141 9	0.995 3	1.919	−438.40	
C_{LI}	θ_1=262.630 2, a_1=0, a_2=0.154 1, a_3=0.995 7	0.994 9	2.173	−424.36	
F_{LI}	θ_1=36.510 9, a_1=0.023 2, a_2=0.324 6, a_3=0.128 8	0.995 2	1.987	−434.47	

（续表）

3变量 Copula	参数	R^2	$RMSE$ (10^{-2})	AIC	优选
G_{LII}	$\theta_1=0.8854$，$\theta_2=243.9703$，$a_1=1$，$a_2=0.5427$，$a_3=0.5440$	0.995 4	1.888	−438.24	√
C_{LII}	$\theta_1=0.0419$，$\theta_2=244.7979$，$a_1=0$，$a_2=0.9209$，$a_3=0.9403$	0.994 9	2.190	−421.48	
F_{LII}	$\theta_1=36.5066$，$\theta_2=0.3884$，$a_1=0.0169$，$a_2=0.0183$，$a_3=0.2706$	0.995 3	1.947	−434.76	
M6	$\theta_1=2.2085$，$\theta_2=0.6930$	0.995 0	2.087	−432.92	
M4	$\theta_1=0.3410$，$\theta_2=-0.2229$	0.994 6	2.299	−422.00	
M3	$\theta_1=0.8854$，$\theta_2=-0.2900$	0.994 6	2.317	−421.12	
GC	$\theta_1=1.5897$，$\theta_2=-0.0232$，$w=0.1442$	0.994 8	2.199	−425.02	
GF	$\theta_1=1.1529$，$\theta_2=-8.2178$，$w=0.8345$	0.995 1	2.026	−434.27	
CF	$\theta_1=-0.0497$，$\theta_2=37.8517$，$w=0.9330$	0.994 7	2.279	−420.99	

表5.5-6　优选的4站Copula的函数(苏南地区梅雨)

4变量 Copula	参数	R^2	$RMSE$ (10^{-2})	AIC	优选
NJ，CZ，LY，DS					
Gu	$\theta_1=1.1117$	0.993 9	2.546	−412.48	
Cl	$\theta_1=0.1952$	0.989 0	4.156	−357.14	
Fr	$\theta_1=0.8740$	0.991 6	3.423	−379.05	
G_{LI}	$\theta_1=298.4955$，$a_1=0$，$a_2=0$，$a_3=0.7684$，$a_4=0.4820$	0.995 8	1.617	−455.74	
C_{LI}	$\theta_1=243.4980$，$a_1=0.9604$，$a_2=0$，$a_3=0.2446$，$a_4=0.2768$	0.994 2	2.440	−409.28	
F_{LI}	$\theta_1=36.5651$，$a_1=0.9921$，$a_2=0.0469$，$a_3=0.1975$，$a_4=0.2809$	0.994 2	2.422	−410.11	
G_{LII}	$\theta_1=0.8713$，$\theta_2=298.8086$，$a_1=1$，$a_2=0.8087$，$a_3=0.2324$，$a_4=0.2467$	0.995 9	1.585	−455.99	√
C_{LII}	$\theta_1=219.0218$，$\theta_2=-0.1795$，$a_1=0.0088$，$a_2=0$，$a_3=0.9729$，$a_4=0.6405$	0.994 8	2.179	−420.05	

（续表）

4 变量 Copula	参数	R^2	RMSE (10^{-2})	AIC	优选
F_{LII}	$\theta_1=36.8442$，$\theta_2=-1.0963$，$a_1=0.6540$，$a_2=0.1599$，$a_3=0.3132$，$a_4=0.3665$	0.994 9	2.129	−422.67	
M6	$\theta_1=2.2666$，$\theta_2=1.2844$，$\theta_3=0.6667$	0.994 4	2.341	−417.96	
M4	$\theta_1=-0.1248$，$\theta_2=2.4971$，$\theta_3=-0.1839$	0.992 4	3.142	−384.73	
M3	$\theta_1=37.2264$，$\theta_2=-1.6226$，$\theta_3=-0.9523$	0.994 6	2.279	−420.99	
GC	$\theta_1=1.1938$，$\theta_2=-0.0961$，$w=0.6741$	0.994 1	2.501	−410.49	
GF	$\theta_1=1.1844$，$\theta_2=-2.0114$，$w=0.8186$	0.994 1	2.485	−411.22	
CF	$\theta_1=-0.0961$，$\theta_2=1.4154$，$w=0.3162$	0.991 7	3.399	−375.85	

5.5.4 梅雨联合重现期

参考表 5.5-2 中不同站点 20 年一遇、100 年一遇、200 年一遇和 500 年一遇设计降雨值，分析其不同组合的联合重现期，结果如图 5.5-1 和图 5.5-2 所示。

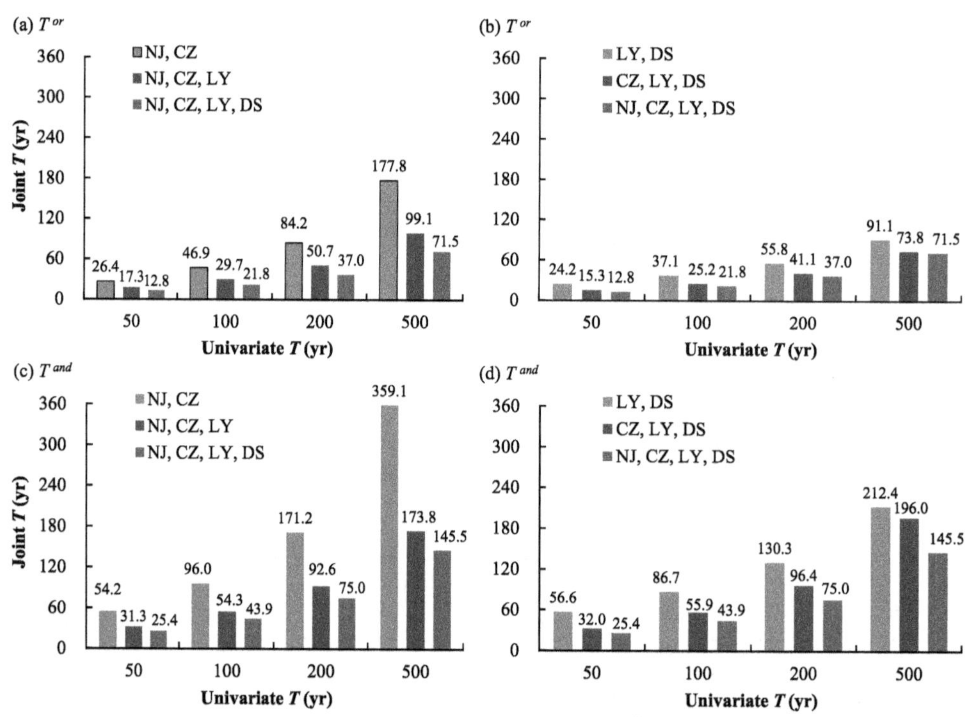

图 5.5-1 同频单变量重现期设计值对应下的联合重现期

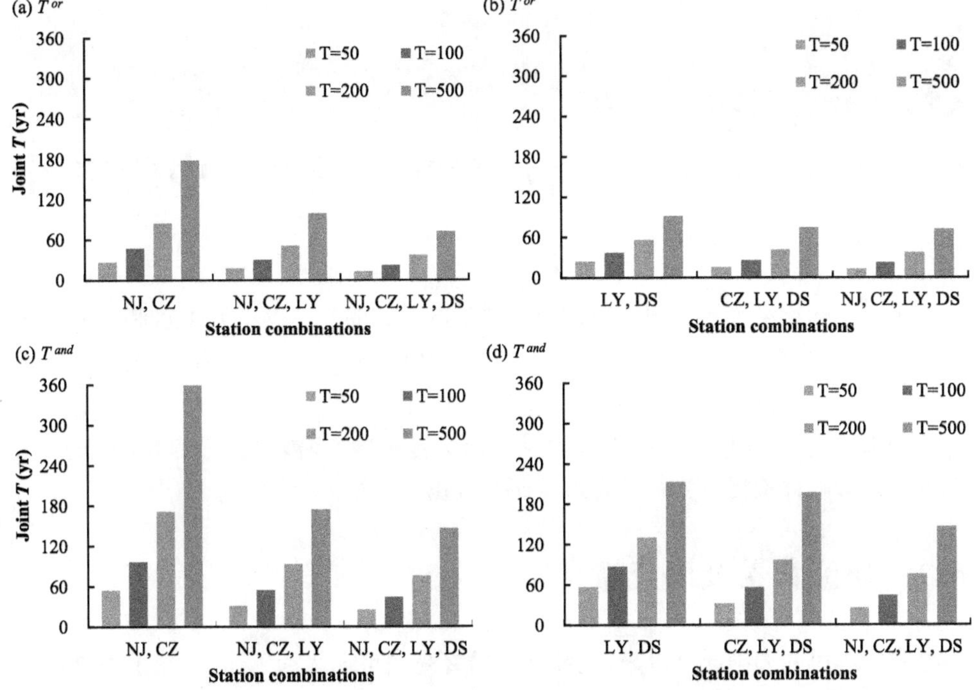

图 5.5-2　不同站点组合的联合重现期之间的比较

(1) 随着变量组合数量的增加，联合重现期呈下降趋势。以每个站的 100 年一遇设计降雨量组合为例，(NJ, CZ)、(NJ, CZ, LY) 和 (NJ, CZ, LY, DS)的联合 OR 重现期分别为 46.9、29.7 和 21.8 年，联合 AND 重现期分别为 96.0、54.3 和 43.9 年。

(2) 在相同的组合下，“OR”重现期小于“AND”重现期。以(NJ, CZ, LY, DS)组合为例，对应 50～500 年一遇单变量组合值，我们发现联合 OR 重现期分别为 12.8 年、21.8 年、37.0 年和 71.5 年，联合 AND 重现期分别为 25.4 年、43.9 年、75.0 年和 145.5 年。

(3) 单变量和多变量重现期之间的明显差异带来了防洪工程设计中的降雨取值问题。以 100 年防洪设计标准为例，当采用 100 年的单变量极大值重现期时，NJ, CZ, LY 和 DS 站的设计降雨量分别为 257 mm, 246 mm, 158 mm 和 134 mm。如果采用 100 年的联合 AND 重现期，如果采用同倍数放大的原则，则 NJ, CZ, LY 和 DS 站的设计降雨量分别为 283 mm, 271 mm, 174 mm 和 148 mm，是单变量设计的 1.102 倍，与 200 年一遇单变量设计降雨值相近。

6 Copula 函数在河道防洪影响数模分析中的应用

本节中运用洪潮遭遇组合模型分析了江苏苏北灌溉总渠上游洪水和下游潮位的组合问题，并获得了其不同洪潮组合的组合风险率。考虑桥墩概化、洪潮组合边界条件，建立了总渠涉水建筑物群防洪影响分析的一维整体数学模型。相对于河段的局部模型，整体模型可以更好地反映出大范围内、多涉水工程的叠加影响，为总渠防洪影响评价提供更科学合理的研究数据。

6.1 研究背景及研究意义

中华人民共和国成立以来，党和国家始终高度重视水利工作，兴建了大批水利工程设施，构筑了具有防洪、排涝、灌溉、供水、发电综合效益的水利工程体系，取得了令人瞩目的巨大成就，为保障人民生命财产和国家财产的安全、促进社会主义经济建设做出了突出贡献。但是相对于公路、铁路等交通基础设施的快速发展，我国水利设施建设已经明显落后，洪涝与干旱交互威胁成为常态，且覆盖范围广、持续时间长、灾害损失重、人员伤亡多、社会影响大。据统计，我国仅 2006 年一年，洪涝灾害就造成受灾人口 13 881.92 万人，因灾死亡 2 276 人，直接经济损失 1 332.62 亿元，其中江苏省受灾人口就达到了 902.5 万人，直接经济损失超过 60 亿元。经济快速发展与水灾频发不相和谐、防御和应急救援能力与人民生命财产安全需求不相适应的矛盾已经严重威胁到我国社会经济的稳定发展。

河道是行洪的主通道，承担着抵御洪涝灾害的重要作用。但是为了满足日益增长的生产生活需要，我国主要河流都修建了大量的涉水建筑物，一些建筑物缺乏设计、建设和管理的规范化，导致汛期河道水位显著升高、流速显著增大等问题，对河势稳定、防汛抢险等带来不利的影响。为此，国内外在河道涉水建筑物建设方面都采取了严格的管理措施。美国《防洪法》于 1917 年发布，《沿岸区域管理法》于 1972 年公布，对涉水建筑物实施严格的项目审批和管理。日本也于 1949 年颁布了《防洪法》。我国 20 世纪 90 年代初开始逐步规范河道涉水项目建设行为。1992 年，水利部、原国家计委联合颁发了《河道管理范围内建设项目管理的有关规定》，规范了河道建设项目管理。1997 年，又颁布《中华人民共和国防洪法》，规定建设

跨河、穿河、穿堤、临河的桥梁、码头、道路、管道、缆线、取排水等工程设施，不得危害堤防安全、影响河势稳定、妨碍行洪畅通。2004年，又颁布《河道管理范围内建设项目防洪评价报告编制导则》(试行)，规范了河道建设项目洪水影响评价报告的编制。

除了规范化要求以外，科学论证现有防洪工程对河势、防洪抢险的影响，同样是河道建设项目管理的必然要求。由于涉水建筑物之间存在扰动、遮蔽影响，其对河流水位、流速、流态的影响将相互叠加，相对于单项工程，对河流防洪安全影响的范围和程度也将更大，且随着建筑物的数量增多，间距减小，影响也越大，必然会改变单一涉水建筑物对河道行洪的影响机制，对防洪影响评价提出了新的技术要求。但到目前为止，我国开展的河道涉水建筑物防洪评价主要针对局部河段的单项工程，对河道涉水建筑物群的防洪影响研究尚不足。因此，为了应对我国面临的日益严重的水安全、水资源和水环境瓶颈问题，深入研究水利建设发展趋势，凝练水利建设发展方向、重点领域及关键技术，受江苏省水利厅委托，江苏省水利科学研究院以苏北灌溉总渠为研究对象，从既要满足经济发展的需要又要确保防洪排涝安全的要求出发，对苏北灌溉总渠涉水建筑物群防洪影响进行研究，推广河道涉水建筑物群防洪影响的应用技术，符合《国家中长期科学和技术发展规划纲要(2006—2020年)》中的相关精神以及江苏省十二五规划纲要对水利工程防洪排涝建设的要求，具有十分重要的现实意义。

6.1.1 研究现状及存在的问题

6.1.1.1 研究现状

目前我国河道涉水建筑物防洪影响评价研究手段主要有三种：理论分析、物理模型实验以及数值模拟，取得的成果十分丰硕：

(1) 董胜男[127]利用SMS软件中FESMWS模块建立数学模型，对跨德惠新河铁路桥防洪影响进行评价，结果显示：大桥建成后，桥墩阻水减少有效过水断面，造成桥前壅水，设计洪水条件下最大壅水高度0.20 m，壅水长度2.5 km，对河道及堤防管理和交通有一定的影响。

(2) 耿艳芬[128]等采用有限体积法建立平面二维水流运动的无结构网格数学模型，取河道拟建桥位上下约2.5 km的河段作为计算区域，应用模型对河段上的圆形墩和圆端矩形墩壅水进行了模拟，结果表明：在10%、5%、2%、1%设计频率洪水条件下，工程建成后洪水水位最大壅高值分别为0.007 m、0.01 m、0.012 m、0.014 m，水位最大壅高值均发生在工程上游约420 m处，水位壅高值及影响范围均较小，对工程附近河段防洪水位不会产生较大影响。

(3) 受地形、地物、地质及其他经济条件的制约，不得不采用斜交方式跨越江河，即构成的所谓的斜交桥渡，由于其墩台不在同一横断面上，上游建筑物产生的干扰水流对下游墩台的挤压影响沿程加剧。季日臣[129]等通过水工模型试验，分析了斜交桥的最大壅水值随斜交角度、跨度、墩径、宽深比的变化趋势，揭示了斜交桥壅水值变化的内在规律，给出桥前壅水的计算公式。拾兵[130]等基于斜交桥渡的水流特点及尾流扩散理论，推导了桥前计算壅水的迭代公式以及相应孔径设计的表达关系，经计算，壅水的计算值与某山区斜交桥渡的试验资料吻合很好。

(4) 李付军[131]等基于动量原理，推导建立了一般性的桥前最大壅水断面和桥位断面的动量方程，与连续性方程和最大壅水高度计算公式联立求解，可计算桥下壅水高度值，并采用该公式进行算例检算，结果表明，公式计算结果基本合理。

(5) 张玮[132]等利用已有的物理模型试验成果，建立平面二维水动力数值模型，对桩墩的壅水进行计算，探讨几种紊动黏性取值方式对壅水计算的影响。研究结果表明：①桩墩壅水的计算值与实测值吻合较好，验证了数学模型的合理性；②利用选取常量、控制计算单元 Peclet 数以及应用 Smagorinsky 方程 3 种紊动黏性取值方式均可以成功地进行壅水计算，其中以 Smagorinsky 方法最优。

(6) 方神光[133]等分别建立柳州市柳江河道大范围河段和拟建广雅桥局部范围曲线坐标系下的二维水流数学模型，并采用纯隐格式的混合有限分析法来离散和求解该数学模型，将常用的干湿网格判别标准与冻结法结合起来模拟计算河道中的浅滩。所建立的大范围柳州市柳江河道二维水动力数学模型计算成果一方面用于验证，另一方面为广雅桥局部二维水动力数学模型提供初始和边界条件。结果表明，广雅桥的建设对局部河道的壅水和水流流态存在一定的影响，同时也证实了纯隐格式的混合有限分析法在工程实际应用中的准确性和有效性。

(7) 赵晓冬[134]利用现有的实验资料，分析了天然和模型相应雷诺数下单桩和桩群的水流阻力特性，研究了桩群阻力与桩数、s/d（桩距/桩径）及桩群排列方式的关系，结果显示：①桩群水流阻力系数与桩数、桩距及桩排列有关。当总桩数越多，桩距越小，沿水流向排列多而横向排桩少，则桩群的遮蔽作用越大，桩群水流阻力系数也越小。②方桩的阻力系数为圆桩的 2 倍左右，为减少码头桩群水流阻力可选用圆桩结构形式。选择大直径，增大桩距，减少桩数也能降低桩群水流阻力。③将桩群水流阻力并入动量方程中的河底摩擦阻力项，可以在数学模型中考虑桩群水流阻力对水流流场的影响。

(8) 唐士芳[135-136]将物模与数模两者结合在一起，利用水槽对三种截面形式的单直桩、单斜桩、桩群横向排列、桩群纵向排列等进行了多种组合实验。采用水槽的尺寸为长 13 m、宽 0.8 m、深 0.6 m、底坡 $i=0$。通过实验得到以下一些结论：①正方形的阻力系数最大，正棱形最小，圆形居中。②当圆桩顺水流方向倾斜时，其阻力系数比相应的直桩略小，而当圆桩迎水流方向倾斜时，其阻力系数又比单直

桩略大。在往复流的潮流中，在一个潮周期内平均时，可将单斜桩当作单直桩来考虑。③在潮流数值模拟时，如需考虑桩基阻力，应对阻力系数和水深进行修正，并给出了相应的修正公式。

(9) 李文文[137]等在“模型水槽尺寸 20 m×2 m、底坡 $i=0.02\%$、糙率=0.011 2”的实验条件下，选用几种典型码头结构型式，做了高桩码头桩群水流特性的实验研究，得出结论：①在横断面上，由于桩群的作用，桩群区的水流向阻力小的非桩群区转移，动量直接向主槽传递，而使无桩区的流速迅速增大，流速的改变波及整个河槽断面；②当码头桩群越长时码头前沿的水位壅高值越大，其相应水位变幅也最大，其阻水作用也越大。

(10) 李光炽[138]等研究了高桩码头对河道流场影响的数值模拟方法，通过由单元长度、宽度、河床糙率和水深以及计算单元包含的支撑桩的数量、直径计算出支撑桩对水流作用的糙率修正系数及河床修正糙率，用来模拟支撑桩对水流的作用，概括如下：①码头平台和引桥支撑桩的存在，使得有效过水面积减小，从而产生阻水作用。为模拟这种作用，引进过水率的概念。过水率为工程后过水面积与工程前过水面积的比值。在连续方程模拟计算中应用过水率来计算单元间的水量交换，同时计算支撑桩对调蓄能力的影响，考虑支撑桩的阻水作用。②由于支撑桩的存在，水流阻力增加了，用修正糙率代替河床糙率，则可考虑到支撑桩对水流的阻力作用，并给出了修正公式。

6.1.1.2 存在的问题

单个涉水建筑物对河道行洪的影响有限，但是如果一段河道内建涉水建筑物较多或相距较近，形成工程群体，产生叠加效应，将会严重削弱河道行洪能力。考虑到建筑物之间存在的相互影响，对于其防洪评价进行理论分析是相当复杂的。另外，采用物理模型和数学模型进行防洪影响评价也存在一些亟待解决的问题，特别是对码头桩基和桥梁桩基：首先，由于桩尺寸相对于整个模拟区域过小、桩基数量又大，建立模型存在一定困难；其次，对于感潮河段，上游以径流控制为主而入海口附近以潮流控制为主，其防洪(潮)计算边界条件存在洪潮组合的问题。根据上述分析并结合灌溉总渠涉水建筑物的特点综合考虑，本研究提出三点有待解决的主要问题：

(1) 桥梁桩群的概化处理。为了寻求此类问题的解决方案，诸多学者采取桩基简化处理的方法，将桩群对河道流场的影响归结为两个方面，包括桩体阻力的影响和桩基存在而使河道过水断面减小的影响。对过水断面的减小，常采用修正地形或过水率的方法，对于桩体阻力影响常采用桩群阻力概化的方法，归纳起来包括：①局部加糙方法进行处理；②局部加糙和修正地形相叠加的方法进行处理；③局部加糙和过水率修正相叠加的方法进行处理。以上简化处理的方法尚需要对灌溉总渠桥梁桩群阻力特征进行进一步的认识。

(2) 数学模型的洪潮组合计算边界问题。现行工程防洪计算中，洪潮组合若以洪为主时，一般选取设计标准洪水与多年平均潮位相组合，当以潮为主时，一般选取设计标准的潮位与多年平均洪水相组合。实际上，按不同的设计标准设计潮位时，河道上游可能发生各种频率的洪水，按不同的设计标准设计洪水时，河道下游也可能发生各种频率的潮位，组合多年平均潮位或多年平均洪水存在一定的风险。所以，灌溉总渠洪潮组合模型的建立有必要进行研究。

(3) 河道涉水建筑物群防洪影响数学模型建立问题。针对河道上单一建筑物对行洪影响一般不大、建筑物群严重削弱行洪能力的实际，进行河道涉水建筑物群整体防洪影响研究，可以为河道全流域多涉水建筑物的兴建提供指导性意见。目前此类研究成果十分匮乏，缺乏技术资料，需要结合前面的问题(1)和问题(2)综合分析解决。

6.1.2 本课题的研究工作

以上对河道涉水建筑物群防洪影响课题的研究意义、研究现状进行了综述和总结，并提出了一些存在的问题。围绕着这些问题，本课题的主要研究工作概括如下：

(1) 苏北灌溉总渠现有涉水桥梁的阻水特征研究及概化处理。

(2) 苏北灌溉总渠数学模型中洪潮组合边界条件的确定。

(3) 以上述两点工作为基础，建立总渠河道整体一维水动力数学模型，研究总渠涉水建筑物群的叠加防洪影响。

(4) 建立局部河段的二维水动力数学模型，研究涉水桥梁对河道水流的影响。

(5) 分析现状灌溉总渠容纳新建涉水建筑物的能力。

6.1.3 采用的技术路线

采用水文数据分析、水下地形测量和水动力数学模型的技术路线进行河道涉水建筑物群的防洪影响研究。其中，水文资料分析用于确定数学模型洪潮组合边界条件，同时也用于模型参数的标定；水下地形测量为数学建模提供地形数据；数学模型则用于涉水建筑物群的防洪影响分析。

6.2 技术依据及质量控制

6.2.1 技术依据

江苏省水利厅与江苏省水利科学研究院签订的江苏省水利科技重点项目合同

书，项目名称为“河道涉水建筑物防洪影响研究与应用”。

6.2.2　基础资料

(1) 2003、2008、2009、2010 年灌溉总渠过闸流量、闸上下水位资料；

(2) 2010 年河道地形测量资料；

(3) 灌溉总渠涉水桥梁、水电站、控制闸的设计资料。

6.2.3　质量标准

(1)《防洪标准》(GB 50201—94)；

(2) 交通部《内河航道与港口水流泥沙模拟技术规程》(JTJ/T 232—98)；

(3) 交通部《海港水文规范》(JTJ 213—98)；

(4) 交通部《内河航道与港口水文规范》(JTJ 214—2000)。

6.3　工程概况

苏北灌溉总渠(图 6.3-1)西接洪泽湖，东泄黄海，是淮河洪水入海的重要通道。1951 年 11 月开挖，1952 年 4 月竣工，全长 168 km。沿渠有高良涧闸、运东闸、阜宁腰闸、总渠立交闸、六垛南闸及苏嘴、羊蒲、通榆、老管等跨河建筑物，东沙

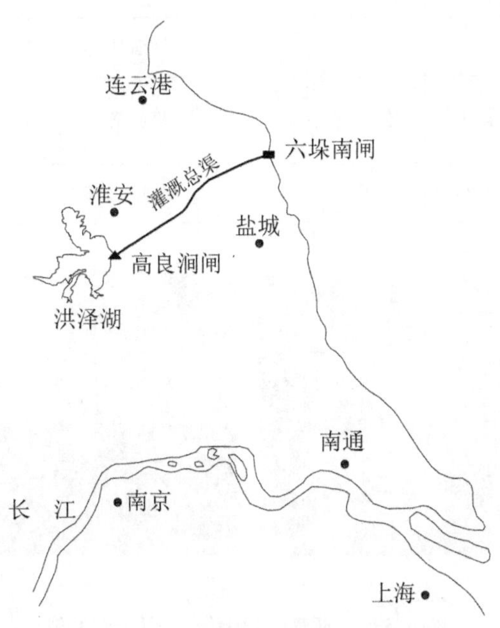

图 6.3-1　灌溉总渠的地理位置

港调节闸、阜坎南船闸、民便河冲淤洞及姚湾地涵等灌溉引水涵洞和穿堤建筑物。其 1952 年规划行洪流量 700 m^3/s，1960 年后将设计行洪流量提高到 800 m^3/s。总渠合计大流量(400 m^3/s 以上)行洪 32 次，日均超 700 m^3/s 流量行洪的有 7 次(1962 年连续 13 d，1969 年连续 12 d，1970 年连续 6 d，1971 年连续 2 d，1960 年 1 d，1961 年 1 d，1991 年 1 d，2003 年 1 d)，最大日均流量 787 m^3/s(1961 年 9 月 13 日)。保护范围为总渠以南、射阳河以北地区。总面积 2 200 km^2，耕地面积 210 万亩，人口 140 万，固定资产总值约 220 亿元。

6.3.1 总渠水闸

沿总渠在渠首、渠中和渠尾分别建有高良涧闸(图 6.3-2)、运东闸(图 6.3-3)、阜宁腰闸(图 6.3-4)、通榆河总渠立交闸(图 6.3-5)和六垛南闸(图 6.3-6)。水闸的主要设计参数如表 6.3-1。

表 6.3-1 水闸主要设计参数(废黄海基面)

名称	闸孔数	闸孔净宽(m)	闸孔净高(m)	闸孔底高程(m)	闸门形式	设计水位(m)		设计泄洪流量(m^3/s)
						上游	下游	
高良涧闸	16	4.20	4.00	7.50	平面闸门	16.00	11.00	800
运东闸	7	9.20	5.50	3.85	弧形闸门	10.80	6.20	800
阜宁腰闸	21	3.00	3.50	1.50	平面闸门	7.80	7.20	800
通榆河总渠立交闸	15	4.00	5.10	−10.00	平面闸门	5.76	5.26	800
六垛南闸	7	9.20	4.90	−2.35	弧形闸门	4.00	−1.00	800

(a)

(b)

图 6.3-2 高良涧闸上(a)、下(b)游情景

图 6.3-3 运东闸下游情景

(a)

(b)

图 6.3-4 阜宁腰闸上(a)、下(b)游情景

(a)

(b)

图 6.3-5 通榆河总渠立交闸下游(a)、通榆河(b)情景

图 6.3-6　六垛南闸上游情景

6.3.2　总渠水电站

总渠在高良涧、运东、阜宁腰闸附近分别建有水电站，其设计流量如表 6.3-2 所示。

表 6.3-2　电站主要设计参数

名称	机组数（台）	设计水头（m）	总装机容量（kW）	总装机设计流量（m^3/s）
高良涧水电站	4	3.5	500	24
运东水电站	4	3.3	500	20
阜宁腰闸水电站	4	3	500	20

表 6.3-2 中设计流量与装机容量的关系如下式：

$$Q=\frac{N}{9.8\eta h} \tag{6.3-1}$$

式中，N 为机组设计装机容量，kW；η 为机组设计效率；h 为设计水头，为电站上下游设计水位差，m；Q 为设计流量，m^3/s。

6.3.3　跨河桥梁

总渠沿线分布桥梁 17 座，主要包括桩号 S0 处新建的跨总渠桥（图 6.3-7）、宁淮高速公路桥（图 6.3-8）、淮海南路特大桥（图 6.3-9）、运东大桥（图 6.3-10）、苏嘴大桥（图 6.3-11）、排污管道桥（图 6.3-12）、六垛新桥（图 6.3-13）等。相关设计参数参考表 6.3-3。

表 6.3-3 涉水桥梁主要设计参数

序号	名称	主要功能	主跨数	主跨基础柱截面形式	主跨基础柱尺寸(m)	南堤桩号
1	总渠大桥	交通	7	长方形	2.5×1.5	S0 上 5.5 km
2	总渠大桥	交通	4	圆形	1.2	S0
3	宁淮高速公路桥	交通	4	长方形	2.5×1.5	S4
4	宁连公路桥	交通	4	圆形	1.2	S11
5	淮海南路特大桥	交通	1	长方形	3×1.5	S16
6	宿淮盐高速公路桥	交通	6	圆形+长方形	1+2.5×1.5	S24
7	运东大桥	交通	4	圆形	1.2	S29
8	237 跨总渠大桥	交通	5	长方形	1.2×0.8	S30
9	新 237 省道大桥	交通	3	长方形	1.8×1.2	S35
10	铁路桥	交通	5	圆形	1.5	S39
11	苏嘴大桥	交通	7	圆形	1	S62
12	老管大桥	交通	9	圆形	1	S72
13	羊蒲大桥	交通	8	圆形	1	S91
14	排污管道桥	排污	3	圆形	0.8	S92
15	204 国道桥	交通	8	圆形	0.8	S112
16	跨总渠大桥	交通	5	圆形	1.2	S142
17	六垛新桥	交通	9	圆形	1	S155

图 6.3-7 S0 处新建的跨总渠桥

图 6.3-8 宁淮高速公路桥

图 6.3-9　淮海南路特大桥

图 6.3-10　运东大桥

图 6.3-11　苏嘴大桥

图 6.3-12　排污管道桥

图 6.3-13　六垛新桥

6.3.4 其他涉水工程

总渠其他涉水工程主要包括沿线的一些船闸、取排水涵闸、涵洞、小型码头等，如图 6.3-14、图 6.3-15 所示。图 6.3-16 显示为总渠主要涉水工程的平面布置。

图 6.3-14 沿线取排水涵闸

图 6.3-15 沿线小型码头

图 6.3-16 总渠主要涉水工程平面布置图

6.4 自然条件

6.4.1 气象

苏北灌溉总渠属于亚热带和暖温带过渡地带，气候温和、四季分明、日照充足、冷暖有常、雨量适中。年平均气温14℃左右，一般7月份最热，1月份温度最低。历年最高气温39℃，最低气温零下17℃。受梅雨、暴雨和台风等极端天气影响，灌溉总渠流域降雨强度大、持续时间长、年内和年际变化明显。多年平均降水量1 000 mm左右，年最大降水量超过1 700 mm，年最小降雨量不足500 mm。降水年内主要集中在5～8月4个月内，其中7月降水量约占全年降水量的25%。

6.4.2 水文

6.4.2.1 基面

采用废黄河基面，基面间的关系见图6.4-1。

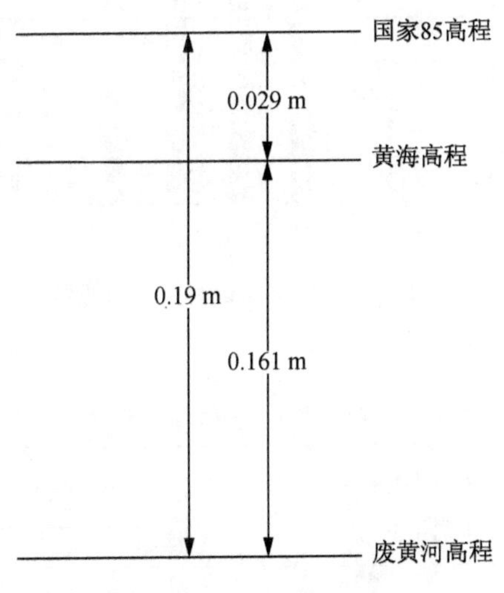

图6.4-1 各基准面关系

6.4.2.2 径流

灌溉总渠承接部分淮河洪水，设计排洪流量800 m^3/s。统计1991—2010年高良涧闸逐年最大流量（图6.4-2）以及2003年、2008年、2009年、2010年高良涧闸逐月平均流量、逐月最大流量（图6.4-3至图6.4-6）：①4～10月份淮河汛期时，总渠承担泄洪任务较重，最大泄洪流量超过设计泄洪流量的80%；②1991—2010年的20年间，包括丰水年(2003年等)、平水年(2008年、2010年等)和枯水年(2009年等)排洪流量均未超过设计流量。

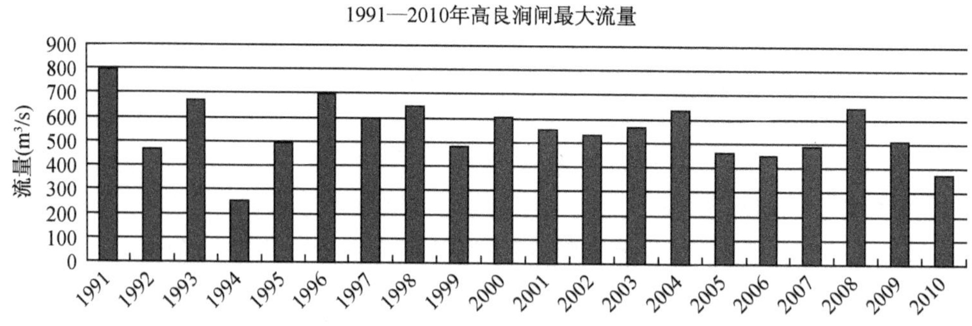

图6.4-2　1991—2010年高良涧闸年最大流量

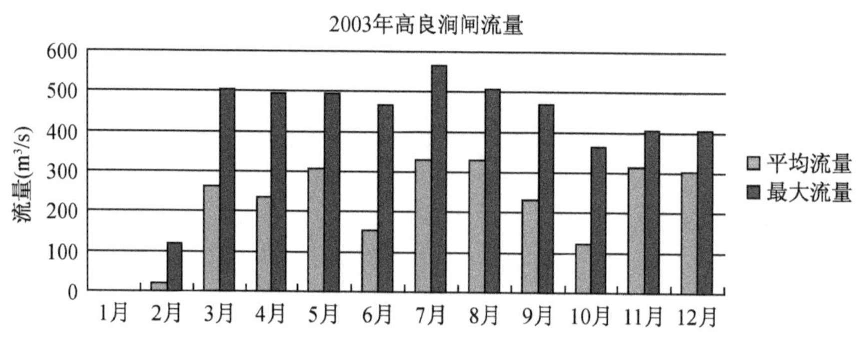

图6.4-3　2003年高良涧闸逐月平均流量和最大流量

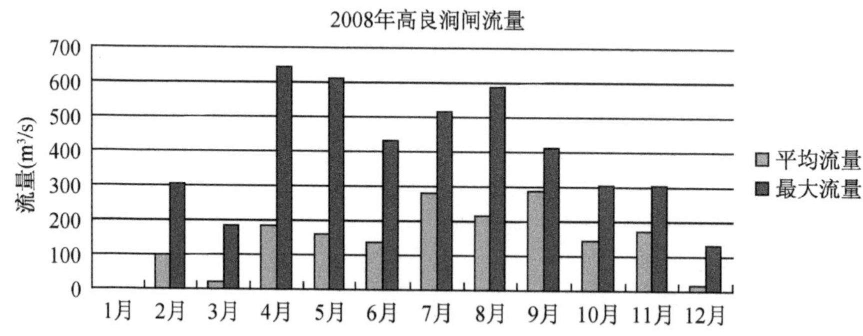

图6.4-4　2008年高良涧闸逐月平均流量和最大流量

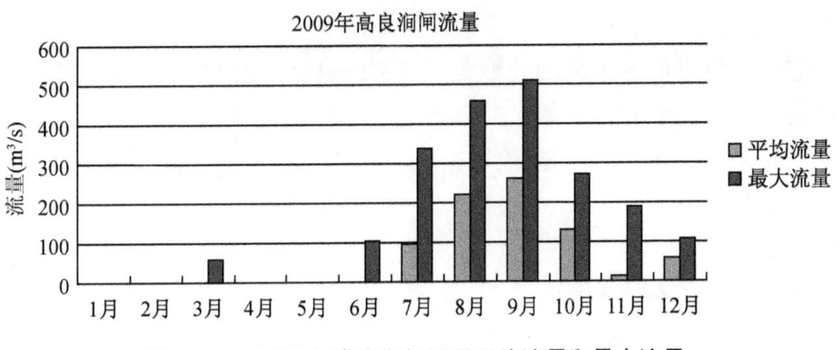

图 6.4-5　2009 年高良涧闸逐月平均流量和最大流量

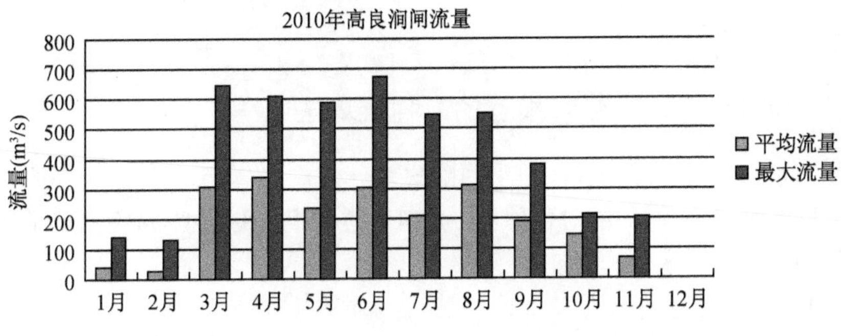

图 6.4-6　2010 年高良涧闸逐月平均流量和最大流量

6.4.2.3　潮汐

灌溉总渠河口位于连云港南部，潮汐主要受南黄海半日无潮系统（无潮点位于 34°35′N，121°12′）的控制。潮汐性质比值 $(H_{K1}+H_{O1})/H_{M2}=0.05$，一个昼夜两涨两落，两次高（低）潮高度大致相等，日不等现象不明显，属正规半日潮型。潮波运动方向，涨潮为 NW-SE 向，落潮为 SE-NW 向。由六垛南闸水文站 2003、2008、2009、2010 年逐时验潮资料统计计算得到该海域的潮汐主要特征值，见表 6.4-1。

表 6.4-1　六垛南闸（闸下）水文站潮汐主要特征值

最高潮位	3.70 m
平均高潮位	1.72 m
最低潮位	−2.34 m
平均低潮位	−1.37 m
最大潮差	5.13 m
平均潮差	3.01 m

6.4.2.4 波浪

根据距离最近的开山岛的波浪实测资料统计，常浪向为NE，强浪向为NNE，最大波高为3 m。按出现频率依次为N、NE、ENE、ESE等，开山岛地区的风浪以有效浪高$H_{1/3}$小于1.0 m的浪为主，出现频率约占90%，大于2.0 m的波浪频率仅为0.3%。

6.5 数学模型研究

利用丹麦水动力研究所(DHI)开发的MIKE商业软件，建立苏北灌溉总渠一维水动力数学模型和局部河段二维水动力数学模型，研究河道涉水建筑物群的防洪影响。

6.5.1 MIKE 11一维数学模型的方程及算法

MIKE 11水动力模型(HD)采用隐式差分格式，适合于包括复杂平原河网在内的一维非恒定流计算，能对各种水工建筑物进行很好的模拟，从而精确地模拟研究区域内各河道的水位和流量。

6.5.1.1 控制方程

一维水动力学模型控制方程为Saint-Venant方程组。

连续方程：
$$\frac{\partial Q}{\partial x}+\frac{\partial A}{\partial t}=q \tag{6.5-1}$$

动量方程：
$$\frac{\partial Q}{\partial t}+\frac{\partial\left(\alpha\frac{Q^2}{A}\right)}{\partial x}+gA\frac{\partial h}{\partial x}+\frac{gQ|Q|}{C^2AR}=0 \tag{6.5-2}$$

式中，x为距离坐标；t为时间坐标；A为过水断面面积；Q为流量；h为水位；q为旁测入流量；n为河床糙率系数；R为水力半径；g为重力加速度。

6.5.1.2 定解条件

定解条件包括初始条件及边界条件。

(1) 初始条件

初始条件包括初始流速和水位：

$$\begin{cases}u(t,\ x)|_{t=t_0}=u_0(x)\\ z(t,\ x)|_{t=t_0}=z_0(x)\end{cases} \tag{6.5-3}$$

式中，u_0、z_0分别为初始流速、初始水位，通常取常数；t_0为起始计算时间。

(2) 边界条件

开边界 Γ_0 一般采用断面流量过程或者水位过程：

$$\begin{cases} Q|_{\Gamma_0} = Q_a(t) \\ z|_{\Gamma_0} = z_a(t) \end{cases} \tag{6.5-4}$$

式中，Q_a、z_a 分别为根据现场观测资料确定的流量过程和水位过程。

6.5.1.3　数值计算方法

MIKE 11 采用隐式差分的 6 点 Abbott 格式离散控制方程组，该离散格式在每一个网格节点并不同时计算水位和流量，而是按顺序交替计算水位和流量，分别称为 h 点和 Q 点，如图 6.5-1 所示：

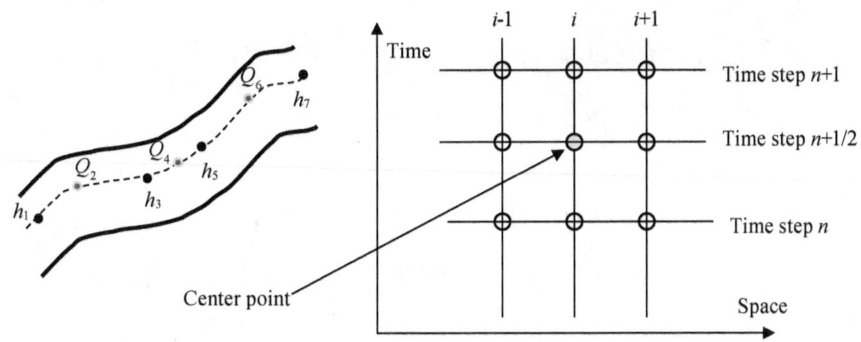

图 6.5-1　Abbott 格式水位点、流量点交替布置(引用 MIKE 操作手册)

6.5.2　MIKE 21 二维数学模型的方程及算法

MIKE 21 是 MIKE 11 的姊妹模型，属于平面二维自由表面流模型，可广泛应用于二维水力学现象，如潮汐、水流、风暴潮、泥沙等的研究，可以进行多种控制性结构的设置，如桥墩、堰、闸、涵洞等，是目前国内外应用较多的二维仿真模拟工具。

6.5.2.1　控制方程

MIKE 21 水动力模块计算的控制方程为浅水方程组。

连续方程：

$$\frac{\partial z}{\partial t} + \frac{\partial (uh)}{\partial x} + \frac{\partial (vh)}{\partial y} = 0 \tag{6.5-5}$$

动量方程：

$$\begin{cases}\dfrac{\partial u}{\partial t}+u\dfrac{\partial u}{\partial x}+v\dfrac{\partial u}{\partial y}=fv-g\dfrac{\partial z}{\partial x}-g\dfrac{u\sqrt{u^2+v^2}}{c^2h}+\varepsilon_x\left(\dfrac{\partial^2 u}{\partial x^2}+\dfrac{\partial^2 u}{\partial y^2}\right)\\ \dfrac{\partial v}{\partial t}+u\dfrac{\partial v}{\partial x}+v\dfrac{\partial v}{\partial y}=-fu-g\dfrac{\partial z}{\partial y}-g\dfrac{v\sqrt{u^2+v^2}}{c^2h}+\varepsilon_y\left(\dfrac{\partial^2 v}{\partial x^2}+\dfrac{\partial^2 v}{\partial y^2}\right)\end{cases} \quad (6.5\text{-}6)$$

式中，x、y 为水平坐标；t 为时间坐标；z 为水位；h 为水深；u、v 为为 x、y 方向垂线平均流速；c 为谢才系数；g 为重力加速度；ε_x、ε_y 为 x、y 方向紊动扩散系数；f 为科氏系数（$f=2\omega\sin\varphi$，ω 是地球自转的角速度，φ 是所在地区的纬度）。

6.5.2.2 定解条件

定解条件包括初始条件及边界条件。

(1) 初始条件

初始条件包括初始流速和水位：

$$\begin{cases}u(t,x,y)|_{t=t_0}=u_0(x,y)\\ v(t,x,y)|_{t=t_0}=v_0(x,y)\\ z(t,x,y)|_{t=t_0}=z_0(x,y)\end{cases} \quad (6.5\text{-}7)$$

式中，u_0、v_0、z_0 分别为初始流速、初始流速的分量、初始水位，通常取常数，t_0 为起始计算时间。

(2) 边界条件

开边界 Γ_0 一般采用断面流量过程、流速过程或水位过程：

$$\begin{cases}Q|_{\Gamma_0}=Q_a(t)\\ u|_{\Gamma_0}=u_a(t,x,y)\\ v|_{\Gamma_0}=v_a(t,x,y)\\ z|_{\Gamma_0}=z_a(t,x,y)\end{cases} \quad (6.5\text{-}8)$$

式中，Q_a、u_a、v_a、z_a 分别为根据现场观测资料确定的流量过程、流速过程和水位过程。

闭边界 Γ_c 采用不可入条件，即 $V_n=0$，法向流速为 0，n 为边界的外法向。

6.5.2.3 数值计算方法

MIKE 21 二维水动力模型可采用有限体积法求解，将计算域划分成三角形网格，对每个三角形网格分别进行水量和动量平衡计算，得出各三角形网格边界沿法向输入或输出的流量和动量通量，然后计算出时段末各三角形网格的平均水深和流速。

6.5.3 水闸、电站处理

数学模型中一般将水闸、电站作为流量点，根据实际闸门操作过程的流态（堰流或者孔流）采取不同的过流公式计算其过闸流量。图 6.5-2 所示为普通提升式闸门的操作过程。

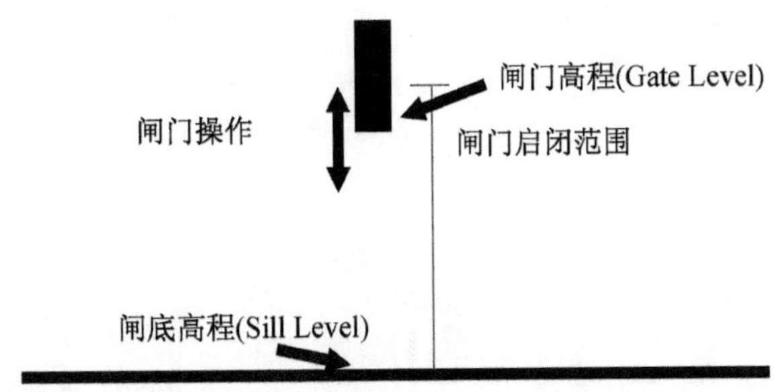

图 6.5-2 提升式闸门操作（引用 MIKE 操作手册）

6.5.3.1 水闸流量的模拟

采用 MIKE 11 堰流或孔流流量公式计算过闸流量。

MIKE 11 堰流公式（Weir Formula 11）：

$$Q = WC\ (H_{us} - H_w)^k \left[1 - \left(\frac{H_{ds} - H_w}{H_{us} - H_w}\right)^k\right]^{0.385} \qquad (6.5\text{-}9)$$

式中，Q 为水闸流量，m^3/s；W 为闸室总净宽，m；C 为流量系数；H_{us} 为上游水位，m；H_{ds} 为下游水位，m；H_w 为堰顶高程，m。公式中的参数参考如图 6.5-3 所示。

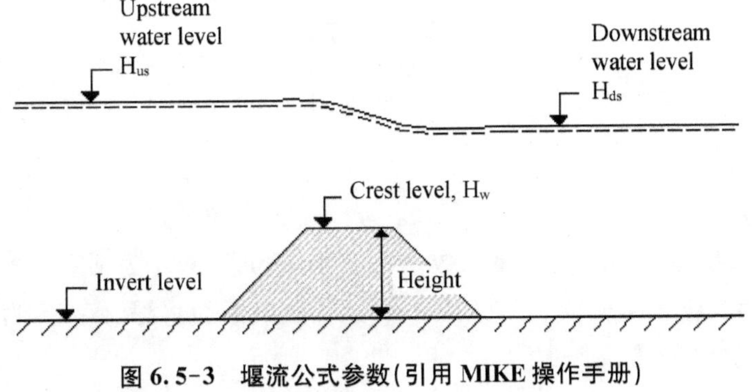

图 6.5-3 堰流公式参数（引用 MIKE 操作手册）

MIKE 11 闸孔出流（自由出流）公式：

$$\begin{cases} Q = C_d wb\sqrt{2gy_1} \\ C_d = \dfrac{C_c}{\sqrt{1 + C_c \dfrac{w}{y_1}}} \\ C_c = \dfrac{y_s}{w} \end{cases} \tag{6.5-10}$$

式中，C_d 为流量系数；w 为闸门开度，m；b 为闸室总净宽，m；y_1 为上游水深，m；y_s 为收缩断面水深，m；C_c 为收缩系数，对于平板闸门，一般取 0.61～0.63。公式中的参数参考图 6.5-4。

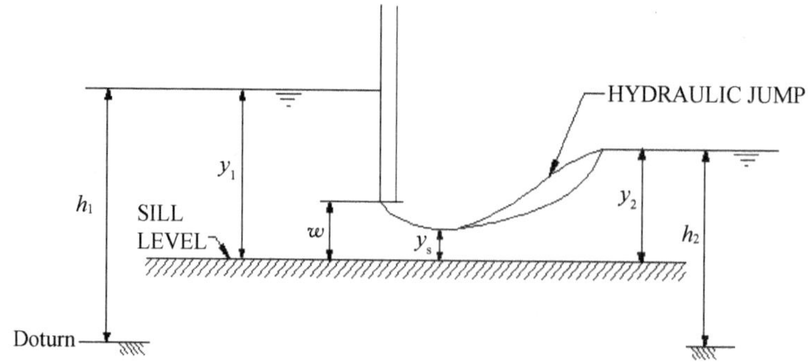

图 6.5-4　孔流公式参数(引用 MIKE 操作手册)

MIKE 11 闸孔出流(淹没出流)公式：

$$\begin{cases} Q = \mu C_d wb\sqrt{2g(h_1 - h_2)} \\ C_d = \dfrac{C_c}{\sqrt{1 + C_c \dfrac{w}{y_1}}} \\ C_c = \dfrac{y_s}{w} \end{cases} \tag{6.5-11}$$

式中，μ 为淹没系数；C_d 为流量系数；w 为闸门开度，m；b 为闸室总净宽，m；h_1、h_2 为上下游水位，m；y_1 为上游水深，m；y_s 为收缩断面水深，m；C_c 为收缩系数。公式中的参数参考图 6.5-4。

6.5.3.2　水电站流量模拟

总渠上的电站属于径流式水电站，采用反击式水轮机，水管道流态为有压管道流。MIKE 11根据伯努利方程计算有压管流：

$$h_1+\frac{V_1^2}{2g}-\frac{\xi}{2g}\left(\frac{Q}{A}\right)^2=h_2+\frac{V_2^2}{2g} \tag{6.5-12}$$

式中，h_1、h_2 为进水口和出水口水位，m；V_1、V_2 为进水口和出水口断面平均流速，m/s；Q 为管道流量，m^3/s；ξ 为阻力系数。

6.5.4 桥墩概化处理

桥墩的存在造成的水流能量损失需要加以特别的考虑，本研究根据桥墩的阻力特征采取桥墩工程区等效糙率修正和过水断面修正的处理方法。

6.5.4.1 糙率修正处理

等效糙率计算参考文献[139]，计算3～7 m水深条件下，不同河道糙率 n 对应下的总渠沿线涉水桥梁等效糙率 n_t，如图6.5-5至图6.5-19所示。

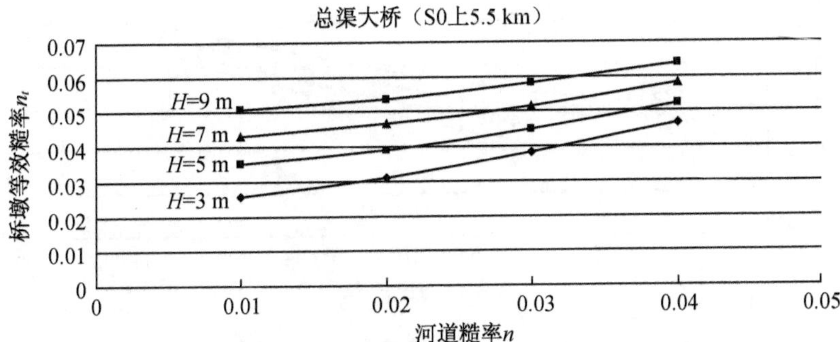

图6.5-5 总渠大桥(S0上5.5 km)等效糙率

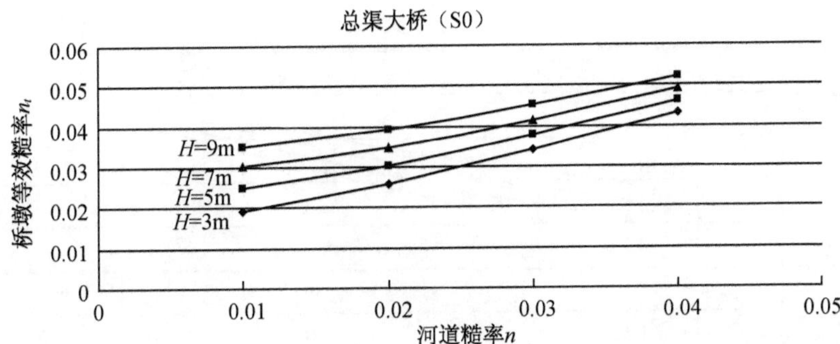

图6.5-6 总渠大桥(S0)等效糙率

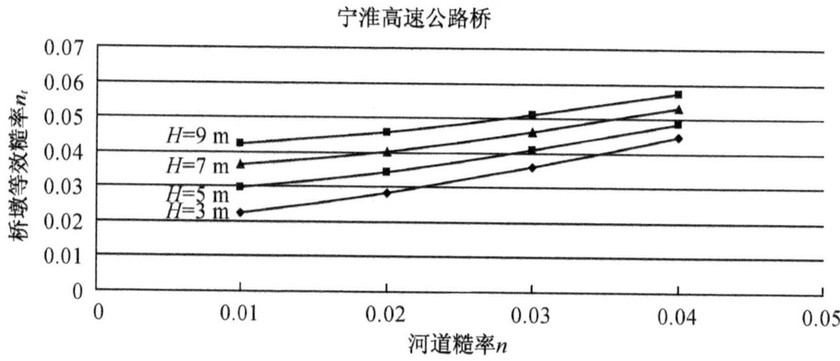

图 6.5-7　宁淮高速公路桥等效糙率

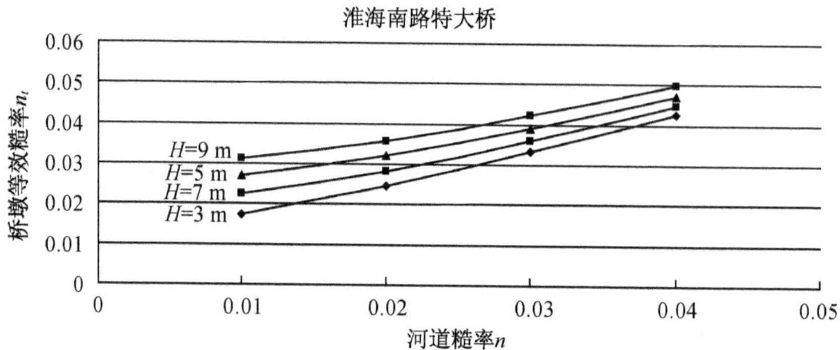

图 6.5-8　淮海南路特大桥等效糙率

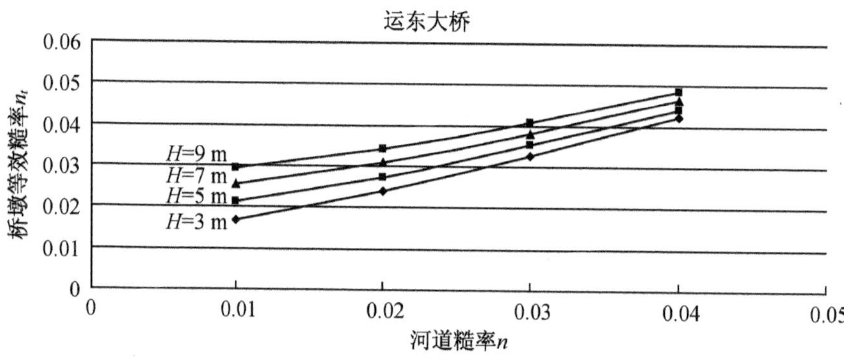

图 6.5-9　运东大桥等效糙率

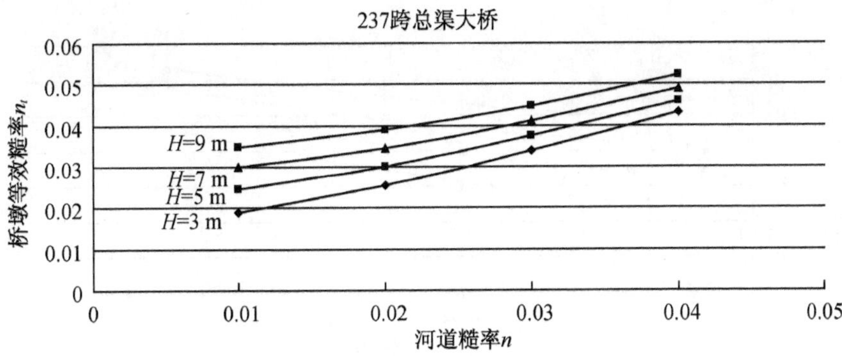

图 6.5-10　237 跨总渠大桥等效糙率

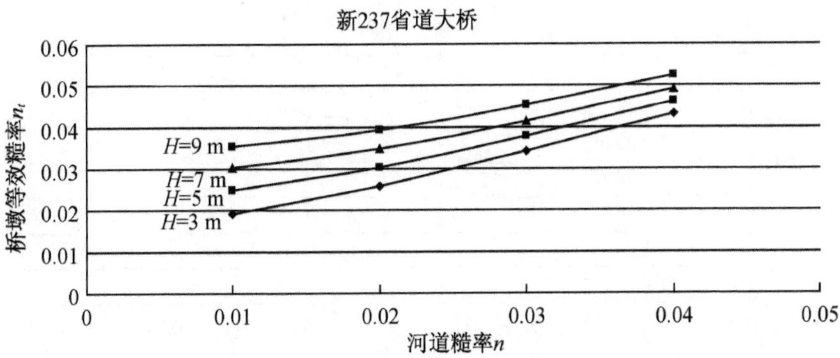

图 6.5-11　新 237 省道大桥等效糙率

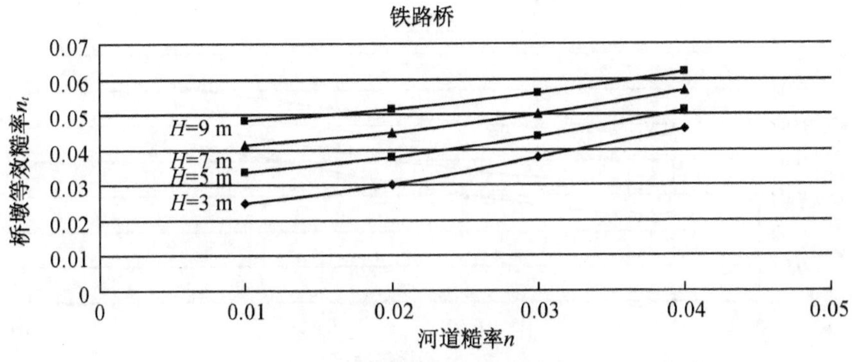

图 6.5-12　铁路桥等效糙率

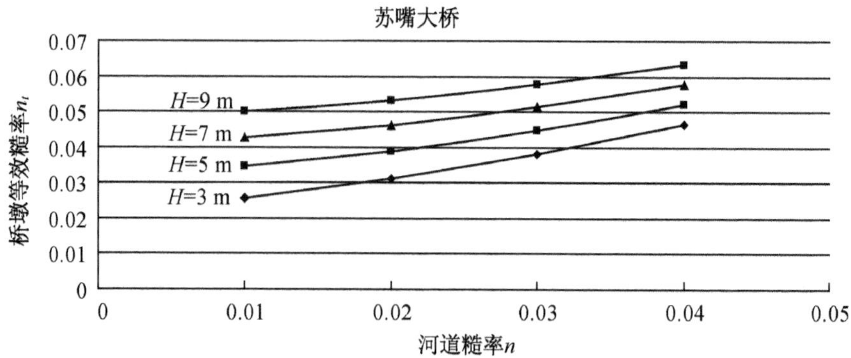

图 6.5-13　苏嘴大桥等效糙率

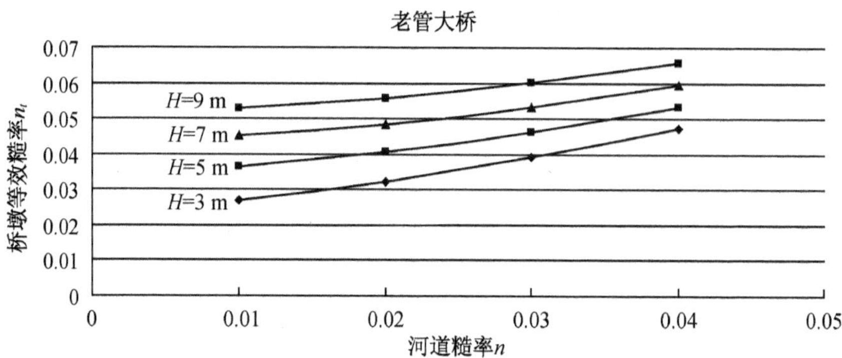

图 6.5-14　老管大桥等效糙率

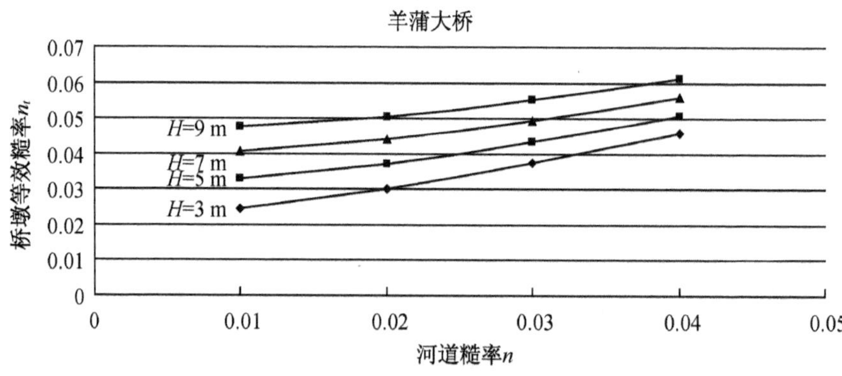

图 6.5-15　羊蒲大桥等效糙率

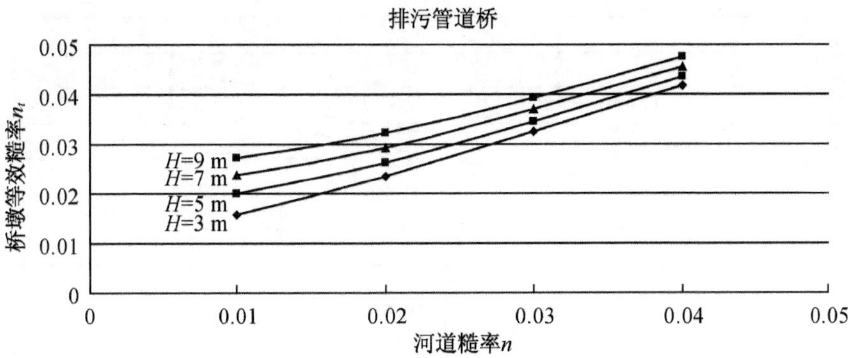

图 6.5-16　排污管道桥等效糙率

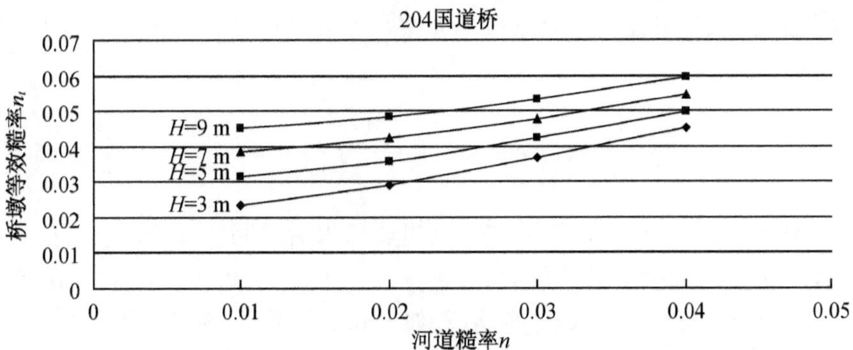

图 6.5-17　204 国道桥等效糙率

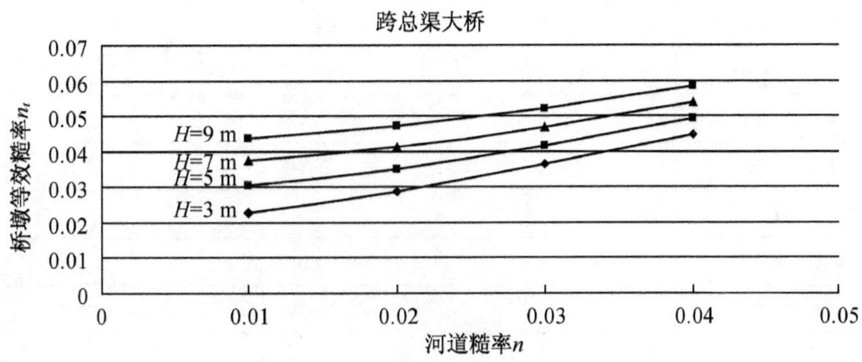

图 6.5-18　跨总渠大桥等效糙率

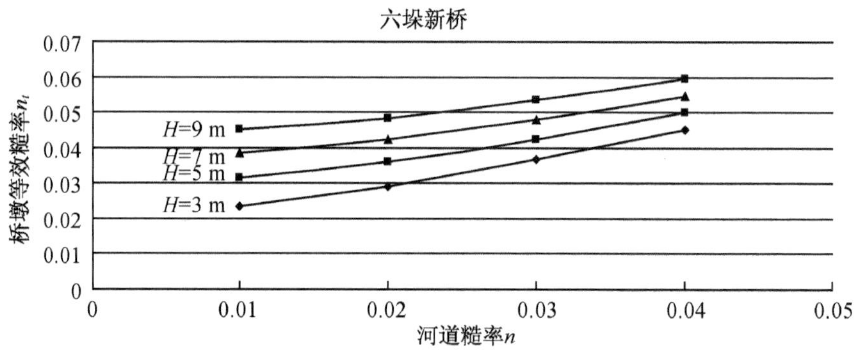

图 6.5-19　六垛新桥等效糙率

6.5.4.2　断面修正处理

桥墩、码头桩群的存在，占据部分河道过水断面，致使过水断面缩小，产生局部阻力损失系数，其局部阻力损失系数 ξ 可按水力学上相关的局部阻力损失计算公式计算，如下式：

$$\xi=0.5\left(1-\frac{A_2}{A_1}\right) \tag{6.5-13}$$

式中，A_1代表原河道断面面积；A_2代表河道收缩以后的断面面积。仅当桥墩阻水面积占河道过水断面面积比例较大时，ξ 较大。计算 3～9 m 水深条件下，总渠沿线涉水桥梁局部阻力损失系数 ξ 平均值，如表 6.5-1 所示，因其局部阻力损失系数较小，可以忽略。

表 6.5-1　总渠涉水桥梁的局部阻力损失系数

名称	ξ	名称	ξ
总渠大桥(S0 上 5.5 km)	0.018 1	铁路桥	0.021 8
总渠大桥(S0)	0.010 7	苏嘴大桥	0.023 7
宁淮高速公路桥	0.012 5	老管大桥	0.026 5
宁连公路桥	0.011 3	羊蒲大桥	0.021 1
淮海南路特大桥	0.006 4	排污管道桥	0.006 3
宿淮盐高速公路桥	0.012 1	204 国道桥	0.014 7
运东大桥	0.007 5	跨总渠大桥	0.017 9
237 跨总渠大桥	0.007 3	六垛新桥	0.023 8
新 237 省道大桥	0.007 5		

6.5.5 洪潮遭遇组合风险

总渠上游发生不同大小的洪水时，下游河口可能发生不同潮位，这种不同的洪水潮位遭遇情况对总渠的防洪和安全运行将产生不同的影响。同时，洪潮遭遇组合也能为河道涉水建筑物防洪影响评价数学模型提供计算工况。采用第Ⅱ型风险率公式(4.1-2)，根据 1991—2010 年总渠历年年最大洪水流量(高良涧闸年最大过闸流量)及其对应当日最高潮位(六剁南闸)序列，分析：以洪水为主，组合相应潮位，满足小于等于设计洪水条件下，洪潮的组合风险率。边缘函数分别采用 PⅢ型频率分析，联合分布函数选择 Gumbel Copula，分析结果如表 6.5-2 所示。

表 6.5-2 总渠洪水及其对应潮位组合风险率

洪水 (m^3/s)	分布函数 (%)	洪水发生概率 (%)	组合潮位 (m)	组合风险率 (%)
824.87	99.5	0.5	2.03	49.85
			2.44	19.79
			2.73	9.79
			3.01	4.81
			3.38	1.84
			3.65	0.88
			3.92	0.41
800.95	99	1	2.03	49.72
			2.44	19.62
			2.73	9.63
			3.01	4.67
			3.38	1.75
			3.65	0.82
			3.92	0.38
774.18	98	2	2.03	49.48
			2.44	19.33
			2.73	9.37
			3.01	4.47
			3.38	1.64
			3.65	0.75
			3.92	0.34

（续表）

洪水（m^3/s）	分布函数（%）	洪水发生概率（%）	组合潮位（m）	组合风险率（%）
732.78	95	5	2.03	48.88
			2.44	18.65
			2.73	8.83
			3.01	4.11
			3.38	1.46
			3.65	0.66
			3.92	0.30
694.7	90	10	2.03	48.03
			2.44	17.82
			2.73	8.25
			3.01	3.77
			3.38	1.32
			3.65	0.59
			3.92	0.26
646.96	80	20	2.03	46.62
			2.44	16.68
			2.73	7.55
			3.01	3.39
			3.38	1.17
			3.65	0.53
			3.92	0.23

6.5.6 总渠数学模型的建立

总渠沿线布置了众多涉水建筑物，从建筑物对水流流态影响的实际程度出发，以总渠为主干河道，包含与京杭运河交汇的部分河段，对河网进行概化，达到既简化计算又不影响水流流态的目的。

6.5.6.1 模型计算范围

模型上起高良涧闸上游 500 m 处，下至六垛南闸下游 1 km 处，全长约 163 km。概化后总渠沿线布置水闸 4 座（运东闸、阜宁腰闸、通榆河总渠立交闸、六垛南闸）、桥梁 17 座（宁淮高速公路桥、淮海南路特大桥、运东大桥等）。特别说明

的是，水电站（高良涧水电站、运东水电站、阜宁腰闸水电站）设计流量相对行洪流量较小，在实际模拟过程中将其纳入过闸流量进行考虑。沿线的取排水涵闸引起的河道流量变化，设置2条虚拟河道加以模拟，分别位于运东闸和阜宁腰闸之间、阜宁腰闸和六垛南闸之间。概化后的模型如图6.5-20所示。

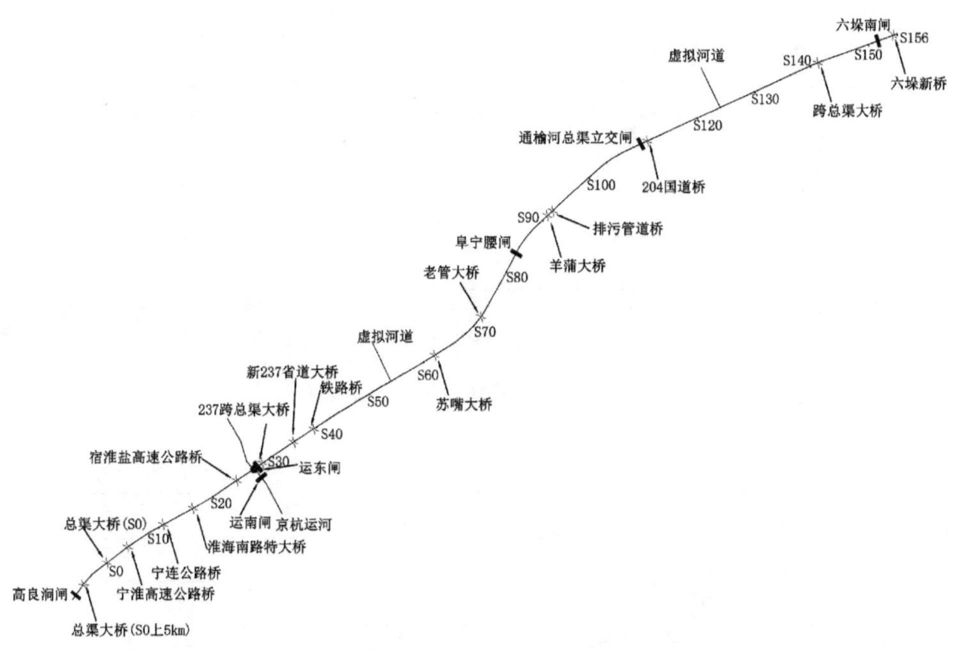

图6.5-20 总渠干线概化示意图(S0、S10……表示桩号)

6.5.6.2 模型边界条件

上游开边界由流量控制，下游开边界由水位控制。考虑到六垛南闸的存在，河道水流受外海潮波的影响大大减小，河道水流呈单向流动，且从2003、2008、2009、2010年各闸日均流量和日均闸上、闸下水位资料来看，河道水流非恒定性现象不明显。另外，王志谦[140]在淮河入海水道河口段数学模型研究中特别提出，按照恒定流计算出来的设计水位比非恒定水位具有一定的安全储备。所以，为了使研究简化，只取恒定流来考虑。

6.5.7 总渠数学模型的验证与率定

模型必须经过验证和对它的糙率进行率定，证明在一定现场自然情况下能复演现场发生的现象，达到适当可靠程度，证明模型与原体确有相似性，然后利用模型所得研究成果才是可信的。本模型验证包括水位和涉水建筑物的壅水验证。

6.5.7.1 验证资料

（1）地形资料采用 2010 年本河段实测地形资料（建模地形）：①最小河道宽度约 150 m，最大河道宽度约 250 m（图 6.5-21）；②河道底坡约万分之 0.8（图 6.5-22）。

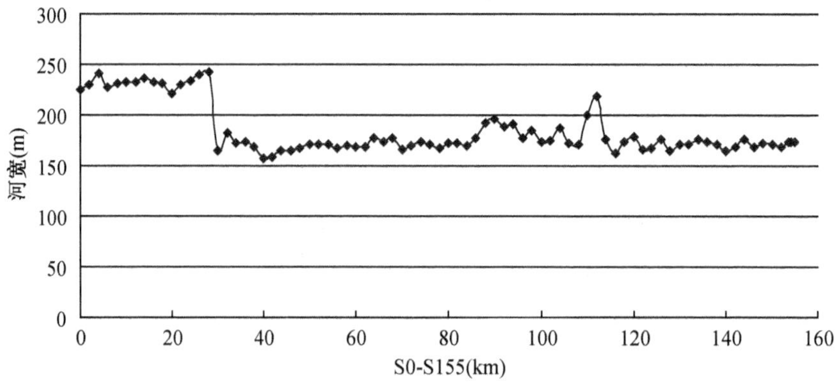

图 6.5-21 河道宽度沿程变化

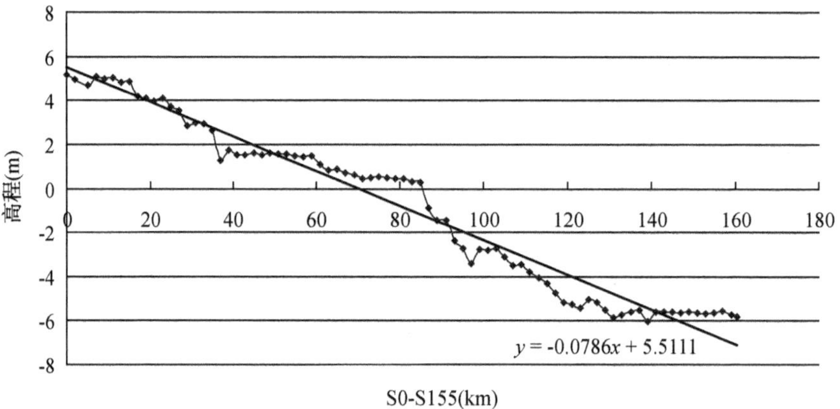

图 6.5-22 河道纵断面

（2）采用总渠河段 2010 年实测的 3 次水文观测资料（洪、中、枯）和 2003 年实测的 1 次洪水期水文观测资料（表 6.5-3），包括：2003 年 7 月 14 日，洪水流量闸上下游水位（Z1～Z8，图 6.5-23）及过闸流量观测资料；2010 年 3 月 6 日，中水流量闸上下游水位（Z1～Z8，图 6.5-23）及过闸流量观测资料；2010 年 4 月 27 日，洪水流量闸上下游水位（Z1～Z8，图 6.5-23）及过闸流量观测资料；2010 年 9 月 6 日，枯水流量闸上下游水位（Z1～Z8，图 6.5-23）及过闸流量观测资料。

表 6.5-3　实测水文资料

时间	闸名称	流量 (m^3/s)	闸上游水位 (m)	闸下游水位 (m)
2003.7.14	高良涧闸	504	Z1=14.425	Z2=10.835
	运东闸	632	Z3=9.511	Z4=9.251
	阜宁腰闸	655	Z5=6.404	Z6=6.164
	六垛南闸	645	Z7=3.818	Z8=3.653
2010.3.6	高良涧闸	373	Z1=13.465	Z2=10.575
	运东闸	338	Z3=9.771	Z4=7.761
	阜宁腰闸	276	Z5=6.304	Z6=3.824
	六垛南闸	272	Z7=2.608	Z8=2.398
2010.4.27	高良涧闸	590	Z1=13.635	Z2=11.035
	运东闸	486	Z3=9.691	Z4=8.161
	阜宁腰闸	477	Z5=4.804	Z6=4.684
	六垛南闸	470	Z7=2.703	Z8=2.643
2010.9.6	高良涧闸	152	Z1=13.125	Z2=10.085
	运东闸	114	Z3=9.761	Z4=7.051
	阜宁腰闸	129	Z5=6.194	Z6=3.034
	六垛南闸	127	Z7=2.318	Z8=1.958

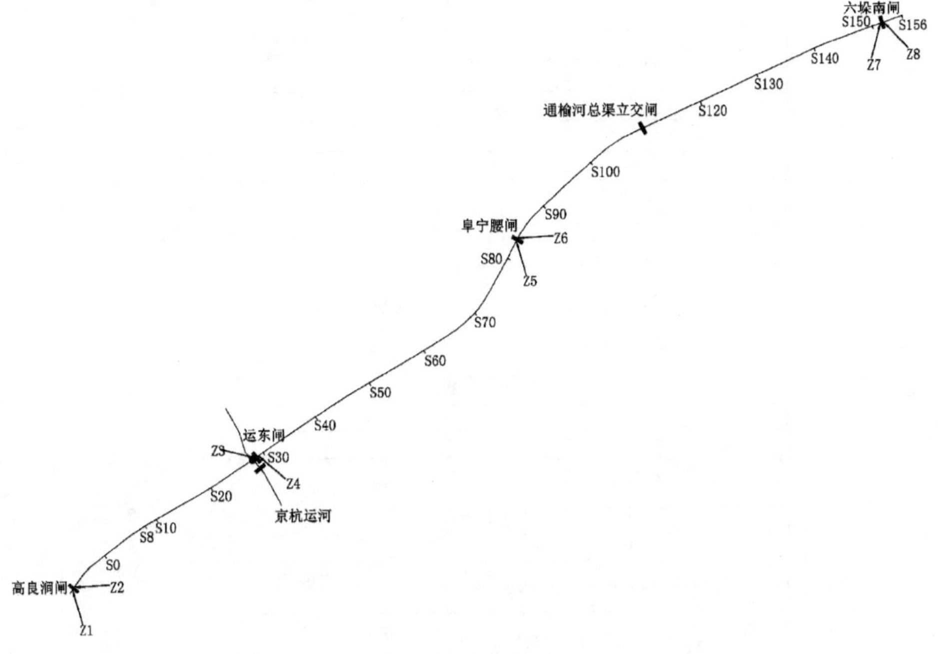

图 6.5-23　总渠水位观测点(S0、S10……表示桩号)

(3) 闸门运用规则取水文观测时段实际调度资料，包括闸门的开度和闸门的开启数量。

6.5.7.2 水面线验证

水面线验证的沿程各水位测站有 Z1、Z2、Z3、Z4、Z5、Z6、Z7 和 Z8，验证结果表明(表 6.5-4、图 6.5-24～图 6.5-26)：模型与天然水面线符合较好，测站水位偏差在±5.0 cm 以内，模型达到了与天然水面线的相似要求。

表 6.5-4 枯水、中水、洪水水位验证表(单位：m)

测点	2010 年枯水流量(152 m^3/s)			2010 年中水流量(373 m^3/s)			2010 年洪水流量(590 m^3/s)		
	实测值	计算值	偏差	实测值	计算值	偏差	实测值	计算值	偏差
Z1	13.125	13.15	0.025	13.465	13.436	−0.029	13.635	13.614	−0.021
Z2	10.085	10.121	0.036	10.575	10.541	−0.034	11.035	11.024	−0.011
Z3	9.761	9.791	0.03	9.771	9.797	0.026	9.691	9.681	−0.01
Z4	7.051	7.041	−0.01	7.761	7.719	−0.042	8.161	8.174	0.013
Z5	6.194	6.23	0.036	6.304	6.332	0.028	4.804	4.786	−0.018
Z6	3.034	3.031	−0.003	3.824	3.783	−0.041	4.684	4.697	0.013
Z7	2.318	2.284	−0.034	2.608	2.643	0.035	2.703	2.714	0.011
Z8	1.958	1.958	0	2.398	2.398	0	2.643	2.643	0

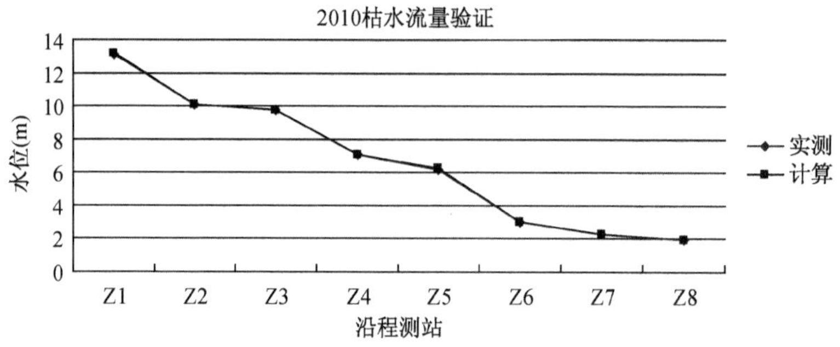

图 6.5-24 2010 年枯水流量水位验证

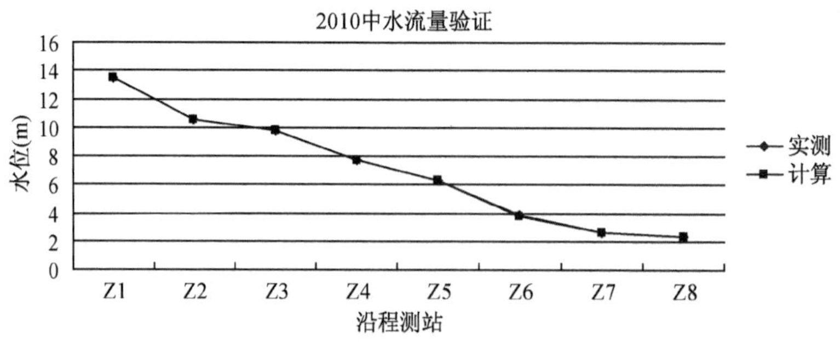

图 6.5-25 2010 年中水流量水位验证

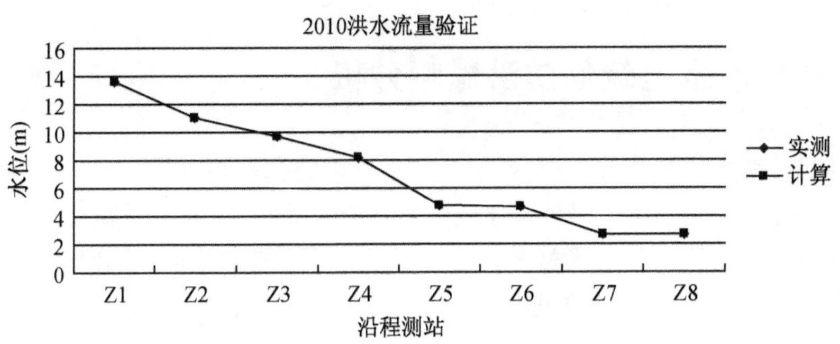

图 6.5-26 2010 年洪水流量水位验证

6.5.7.3 模型壅水验证

根据盐城市水利局《盐城市总渠防洪预案》：1995 年，通榆河总渠立交闸建成后，相同流量地涵上水位将抬高 30～50 cm，2003 年实际壅水 25 cm。将 2003 年实测壅水资料作为壅水的验证资料，计算边界条件选择 2003 年 7 月 14 日的水文资料，计算结果显示(图 6.5-27)：最大壅水发生在距离通榆河总渠立交上游 1 km 左右的位置，壅水高度 30.6 cm，比实测值略大，偏于安全，可作为实际工程壅水计算成果。

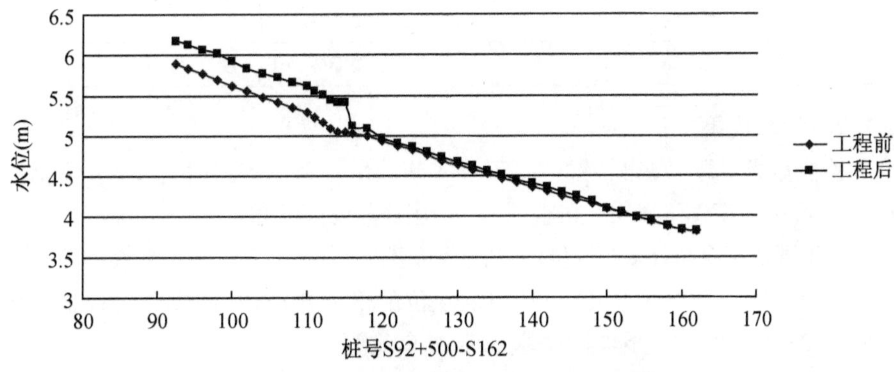

图 6.5-27 2003 年阜宁腰闸闸下-六垛南闸闸上河段壅水验证

6.5.7.4 糙率率定

一维水流数学模型计算率定的主要参数为河床糙率的取值，根据验证计算，总渠河道糙率系数为 0.018～0.028 之间，桥墩等效糙率的取值参考图 6.5-5～图 6.5-19，取值范围一般在 0.025～0.054 之间。另外，洪水时糙率略大于枯水和中水时糙率。局部二维模型的河床糙率参考一维模型。

6.6 总渠涉水建筑物防洪影响分析

汛期时，涉水建筑物的存在，特别是涉水桥梁的存在，会显著抬高河道水位，影响行洪。为此，利用总渠一维整体水动力数学模型研究：①总渠桥梁壅水以及壅高值对行洪安全的影响；②现状总渠容纳新建涉水桥梁能力分析。同时，利用局部二维模型研究桥梁对水流流速的影响。

6.6.1 总渠桥梁壅水的一维数值模型计算

6.6.1.1 模型边界条件

将流量 700 m^3/s、590 m^3/s、373 m^3/s 及 152 m^3/s 作为试验流量，分别组合特定的水位，如表 6.6-1 所示。

表 6.6-1 模型计算边界条件

上边界流量 (m^3/s)	下边界水位 (m)	说明
700	2.716	按洪潮遭遇组合确定，组合风险率＝洪水发生概率；闸门全开
590	2.643	实测水文资料，闸门开度 0.75 m
373	2.398	实测水文资料，闸门开度 1.20 m
152	1.958	实测水文资料，闸门开度 0.30 m

6.6.1.2 计算成果

试验流量条件下，总渠桥梁桩基工程实施前后，工程所在河段沿程水位及壅高值参考图 6.6-1 至图 6.6-12 和表 6.6-2，由图表数据可知：

(1) 不同流量条件下，洪水位的壅高程度不同，相对而言，以流量 $Q=700\ m^3/s$ 时最大，$Q=152\ m^3/s$ 时为最小，其中洪水位的最大壅高值为 35.7 cm，发生在运东闸闸下 32 km 处，壅高影响一直持续到高良涧闸闸下；

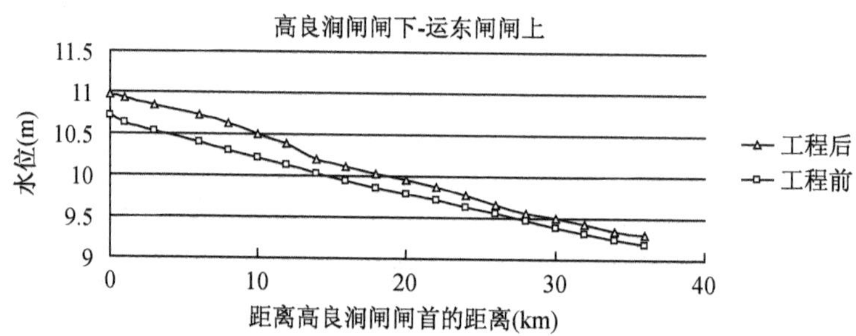

图 6.6-1 高良涧闸闸下-运东闸闸上河段工程前后水面线($Q=700\ m^3/s$)

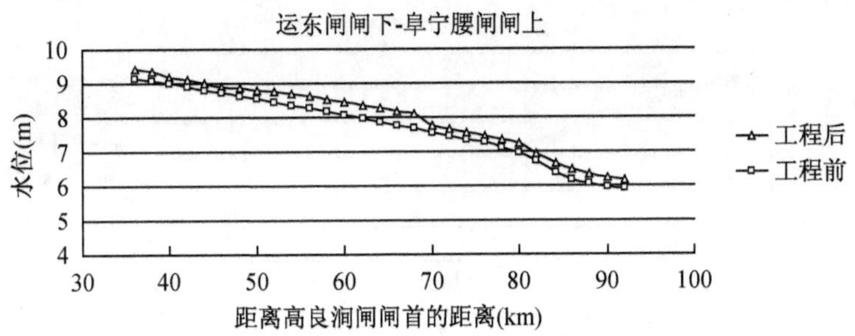

图 6.6-2 运东闸闸下-阜宁腰闸闸上河段工程前后水面线($Q=700\ m^3/s$)

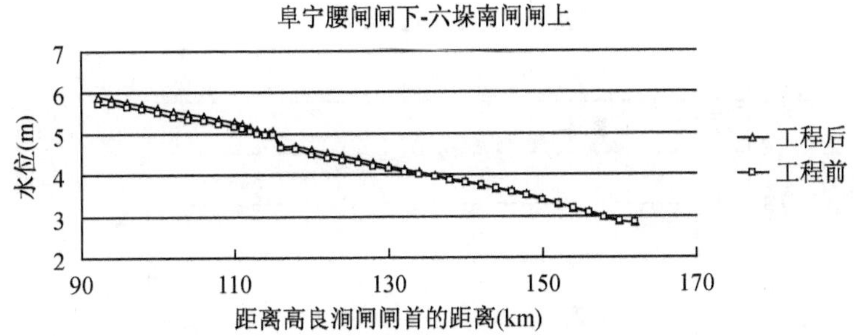

图 6.6-3 阜宁腰闸闸下-六垛南闸闸上河段工程前后水面线($Q=700\ m^3/s$)

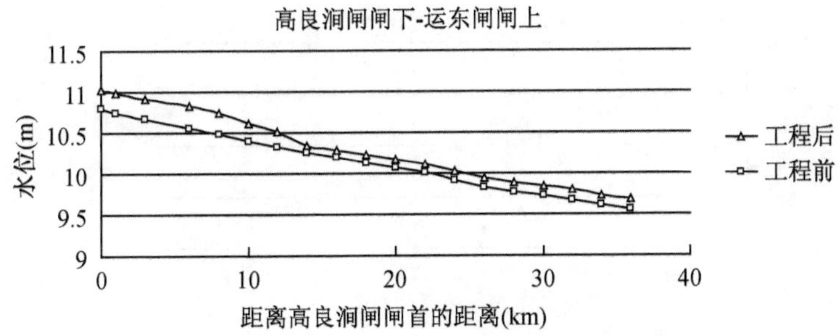

图 6.6-4 高良涧闸闸下-运东闸闸上河段工程前后水面线($Q=590\ m^3/s$)

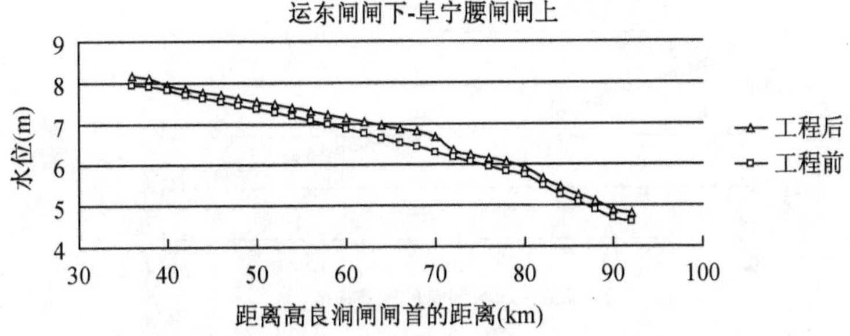

图 6.6-5 运东闸闸下-阜宁腰闸闸上河段工程前后水面线($Q=590\ m^3/s$)

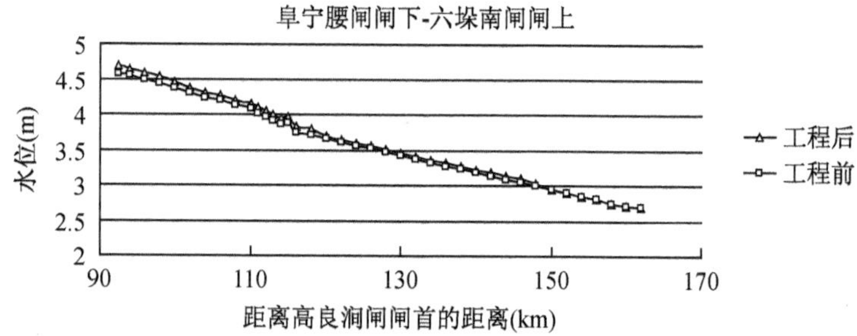

图 6.6-6 阜宁腰闸闸下-六垛南闸闸上河段工程前后水面线($Q=590\ m^3/s$)

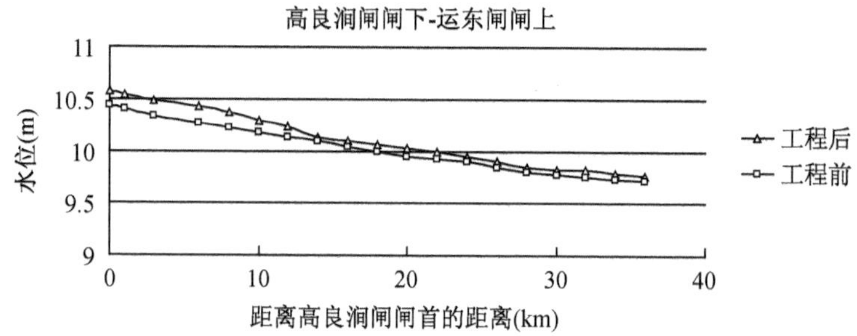

图 6.6-7 高良涧闸闸下-运东闸闸上河段工程前后水面线($Q=373\ m^3/s$)

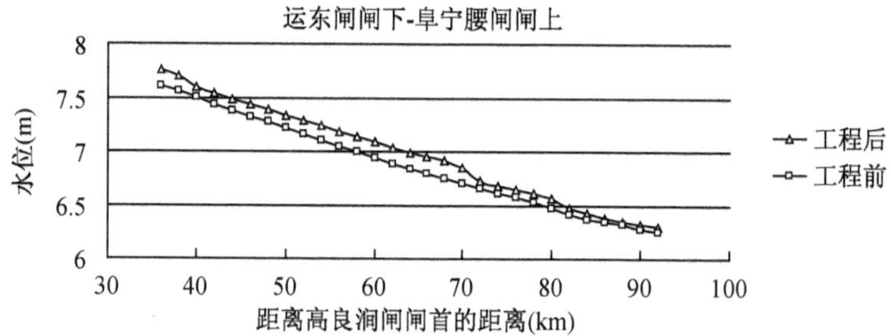

图 6.6-8 运东闸闸下-阜宁腰闸闸上河段工程前后水面线($Q=373\ m^3/s$)

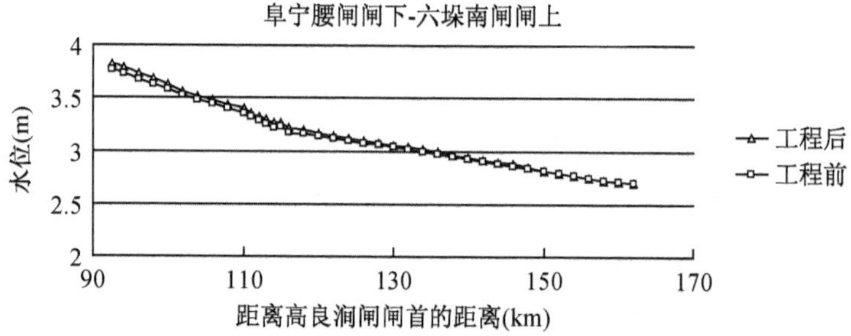

图 6.6-9 阜宁腰闸闸下-六垛南闸闸上河段工程前后水面线($Q=373\ m^3/s$)

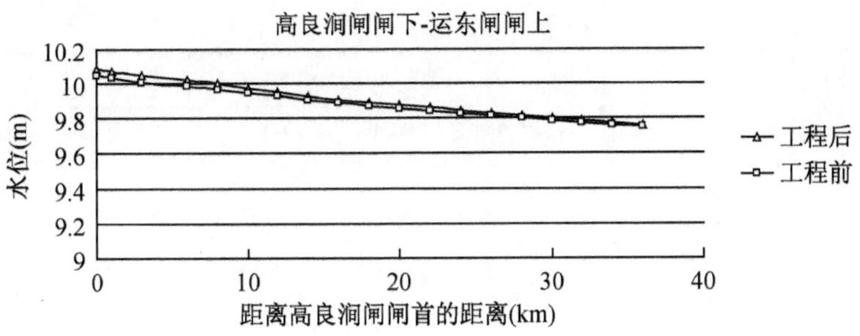

图 6.6-10　高良涧闸闸下-运东闸闸上河段工程前后水面线($Q=152\ m^3/s$)

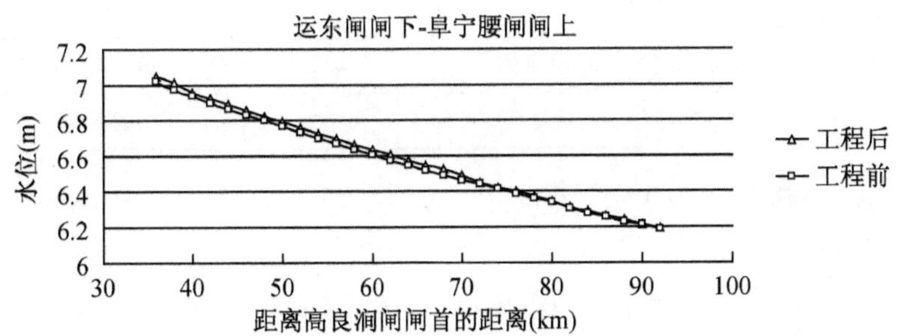

图 6.6-11　运东闸闸下-阜宁腰闸闸上河段工程前后水面线($Q=152\ m^3/s$)

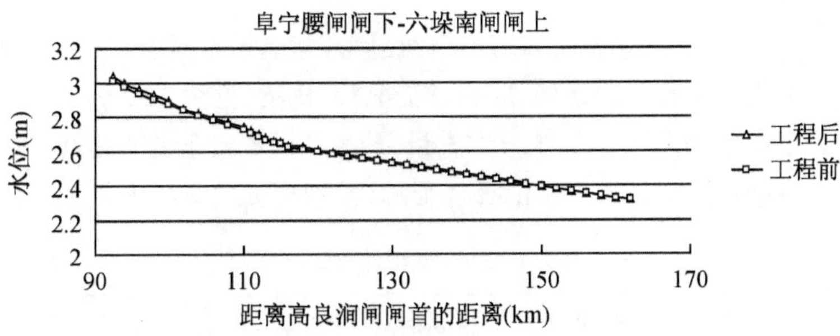

图 6.6-12　阜宁腰闸闸下-六垛南闸闸上河段工程前后水面线($Q=152\ m^3/s$)

表 6.6-2　总渠涉水桥梁壅水值

计算条件	河段	最大壅水值(cm)	发生位置
$Q=700\ m^3/s$	高良涧闸闸下-运东闸闸上	27.1	高良涧闸闸下 6 km 处
	运东闸闸下-阜宁腰闸闸上	35.7	运东闸闸下 32 km 处
	阜宁腰闸闸下-六垛南闸闸上	10.7	阜宁腰闸闸下 9.5 km 处

（续表）

计算条件	河段	最大壅水值(cm)	发生位置
$Q=590\ m^3/s$	高良涧闸闸下-运东闸闸上	22.5	高良涧闸闸下 6 km 处
	运东闸闸下-阜宁腰闸闸上	30.7	运东闸闸下 32 km 处
	阜宁腰闸闸下-六垛南闸闸上	8.4	阜宁腰闸闸下 5.5 km 处
$Q=373\ m^3/s$	高良涧闸闸下-运东闸闸上	12.7	高良涧闸闸下 6 km 处
	运东闸闸下-阜宁腰闸闸上	13.9	运东闸闸下 32 km 处
	阜宁腰闸闸下-六垛南闸闸上	5.0	阜宁腰闸闸下 5.5 km 处
$Q=152\ m^3/s$	高良涧闸闸下-运东闸闸上	3.0	高良涧闸闸下 6 km 处
	运东闸闸下-阜宁腰闸闸上	3.9	运东闸闸下 32 km 处
	阜宁腰闸闸下-六垛南闸闸上	2.2	阜宁腰闸闸下 5.5 km 处

（2）总渠 168 km 长的河段分布着大大小小 17 座桥梁，桥梁平均间距 10 km，特别是高良涧闸-运东闸河段，平均 6 km 间距就有一座桥梁，由于桥梁之间的叠加影响作用，本河段洪水期壅水较为严重，一定程度上削弱了总渠行洪能力。

6.6.2 河道行洪流量影响的一维数值模拟分析

6.6.2.1 计算工况

固定下游边界水位，调整上游边界流量，研究涉水桥梁对河道行洪流量的叠加影响。为了量化比较其影响结果，取参考工况“无桥梁，上游 700 m^3/s 行洪流量组合下游 2.716 m 水位”，逐步降低上游流量，分析不同流量下的水面线，根据水面线来判断涉水桥梁对河道行洪流量的叠加影响，模型计算工况如表 6.6-3 所示。

表 6.6-3 模型计算工况

上边界流量(m^3/s)	下边界水位(m)	说明
700	2.716	无桥梁；闸门全开
650	2.716	现状桥梁；闸门全开
600	2.716	现状桥梁；闸门全开
550	2.716	现状桥梁；闸门全开

6.6.2.2 计算成果

计算工况下，总渠沿程水位参考图 6.6-13 和表 6.6-4，可知：

（1）高良涧闸-运东闸河段，因桥梁较为密集，其河道行洪受影响最大，影响范围主要集中在距离高良涧闸 20 km 范围内；

(2) 相对无桥梁工程流量 700 m^3/s 时，仅 550 m^3/s 计算工况的河道水面线低于其水位，受桥梁迭代影响而减少的河道行洪流量约 120 m^3/s。

表 6.6-4　各工况计算水位对比　　单位：m

距离高良涧闸(km)	Q=700	Q=650	Q650−Q700	Q=600	Q600−Q700	Q=550	Q550−Q700
1	10.63	10.955	0.325	10.734	0.104	10.504	−0.126
3	10.529	10.883	0.354	10.659	0.13	10.425	−0.104
6	10.393	10.767	0.374	10.541	0.148	10.304	−0.089
8	10.303	10.655	0.352	10.429	0.126	10.191	−0.112
10	10.212	10.496	0.284	10.267	0.055	10.027	−0.185
12	10.122	10.362	0.24	10.13	0.008	9.885	−0.237
14	10.028	10.116	0.088	9.878	−0.15	9.624	−0.404
16	9.947	10.029	0.082	9.787	−0.16	9.529	−0.418
18	9.863	9.939	0.076	9.695	−0.168	9.432	−0.431
20	9.789	9.858	0.069	9.611	−0.178	9.345	−0.444

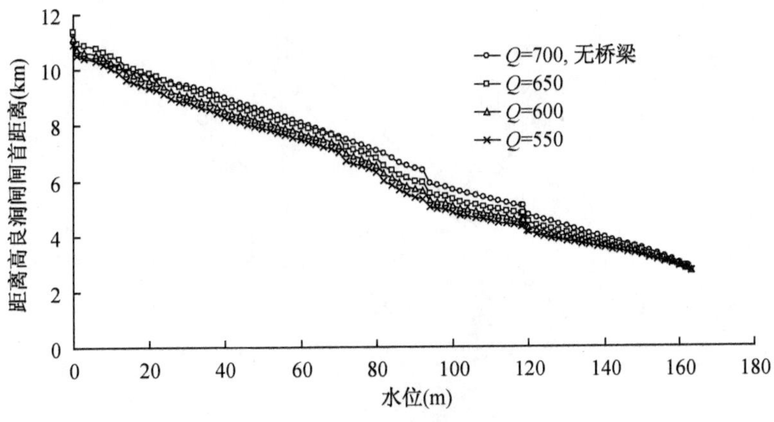

图 6.6-13　计算工况下沿程水位

6.6.3　涉水桥梁对水流影响的二维数值模拟

通过无结构网格对桥墩形状进行精细拟合，利用二维数值模型研究局部河段建桥前后桥墩附近的水流变化。其中，二维数值模型计算边界条件由总渠一维整体水动力数学模型提供。

6.6.3.1 新建桥梁位置及型式

假设新建桥梁位于排污管道桥下游 3 km，桥梁桩基型式如图 6.6-14 所示，平面布置如图 6.6-15 所示。

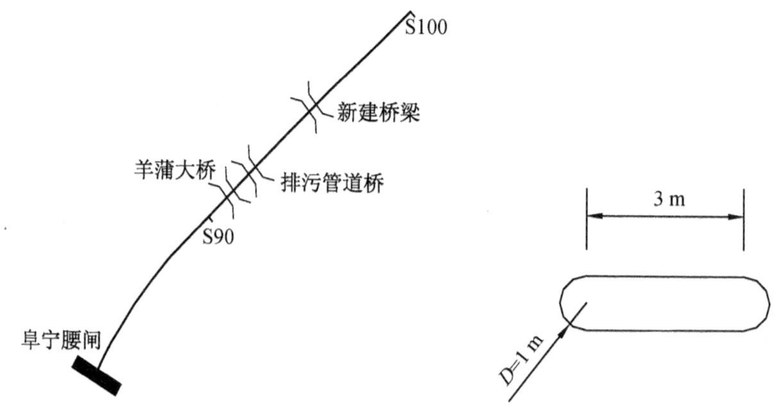

图 6.6-14 桥梁桩基型式

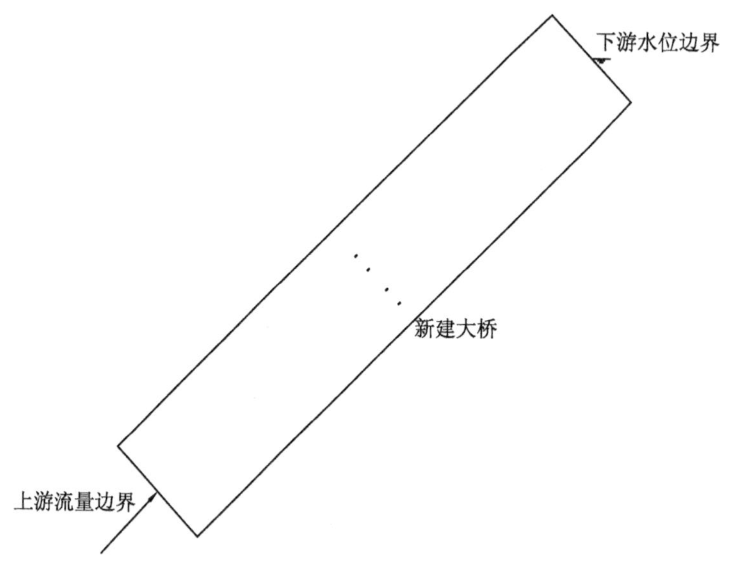

图 6.6-15 桥梁平面布置

6.6.3.2 模型范围及网格剖分

参考图 6.6-15 和图 6.6-16：模型上下游边界分别距离大桥 1 000 m，共有三角形网格单元 19 038 个，工程区域河段网格加密，最小网格尺度为 2 cm×2 cm×2 cm。

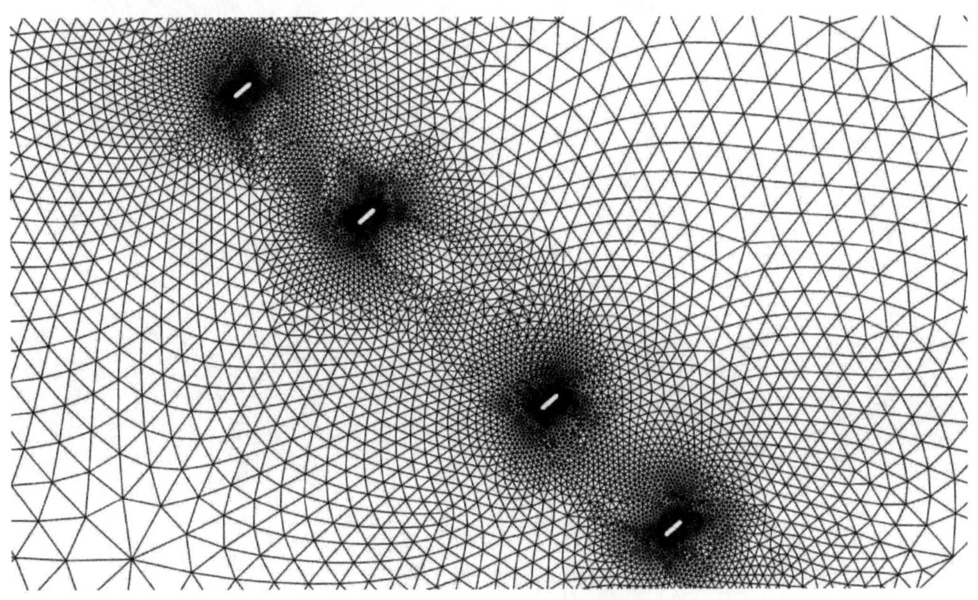

图 6.6-16　桥墩局部网格

6.6.3.3　模型边界条件

二维模型边界条件由一维模型提供。建桥前边界条件上游取流量 590 m^3/s，下游取水位 4.370 m。建桥后边界条件上游取流量 590 m^3/s，下游取水位 4.371 m。

6.6.3.4　紊动黏性系数

紊动黏性系数与网格步长及当地水流特性有关，采用 Smagorinsky 公式计算，使其随网格尺度及水流动力强弱自动调整，既避免紊动扩散项过大引起流场失真，又能增强模型稳定性。

6.6.3.5　桥墩附近流速变化

为比较建桥前后桥墩附近水流变化，在桥墩附近布置若干流速测点，如图 6.6-17 所示：沿桥梁中心上下游 2# 断面布置 21 个点，点间隔 10 m，横向 1# 断面布置 3 个点，各点均位于桥墩的中间。

涉水桥梁近区流场如图 6.6-18。

表 6.6-5、图 6.6-19、图 6.6-20 为试验流量条件下，桥梁工程方案实施前后，工程所在河段测点流速变化特征：

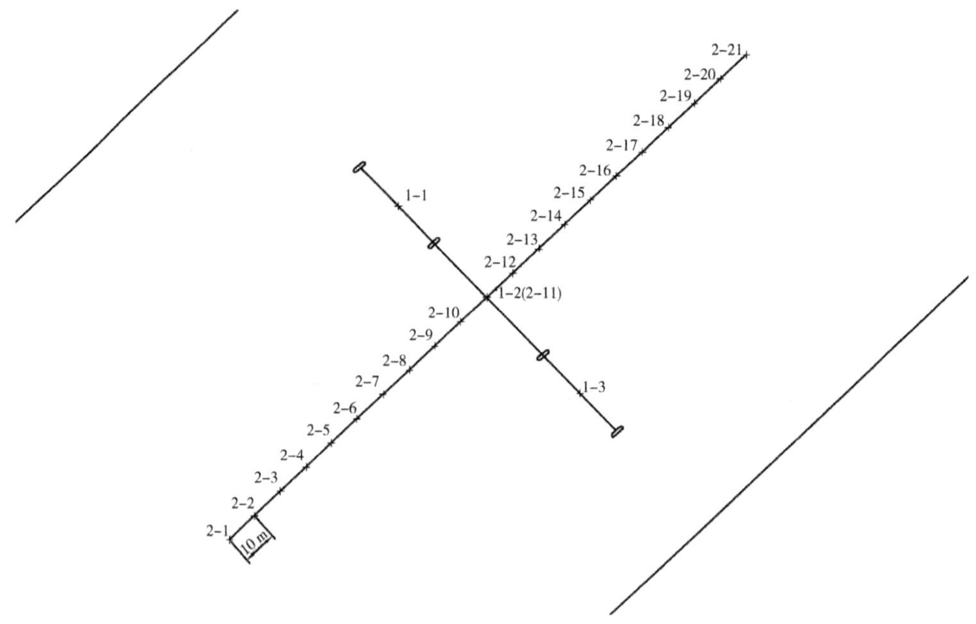

图 6.6-17　流速测点

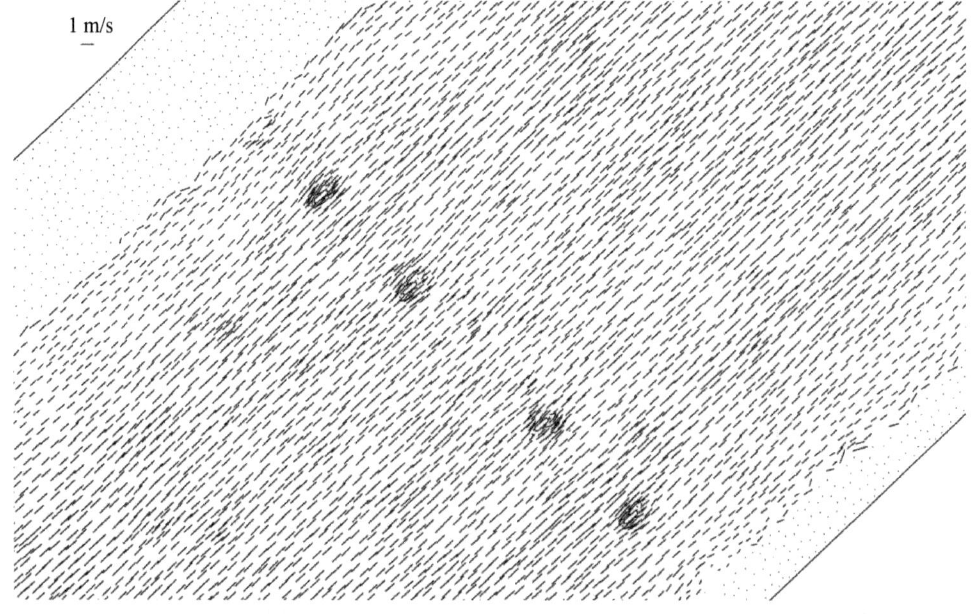

图 6.6-18　涉水桥梁近区流场图

(1) 受涉水桥梁阻水的影响，桥梁上、下游一定范围的流速有所减小，减小幅度 1～4 cm/s；

(2) 桥墩收缩，束窄过流断面，导致桥墩之间流速增大，增大幅度 7～8 cm/s，流速增加，可能会对两岸大堤及桥墩桩基的安全带来不利影响。

表 6.6-5 测点流速变化

点号	590 m^3/s		
	工程前(m/s)	工程后(m/s)	差值(m/s)
1-1	0.88	0.95	0.07
1-2	0.94	1.01	0.07
1-3	0.89	0.97	0.08
2-1	0.94	0.93	−0.01
2-2	0.96	0.92	−0.04
2-3	0.95	0.92	−0.03
2-4	0.94	0.92	−0.02
2-5	0.96	0.92	−0.04
2-6	0.95	0.91	−0.04
2-7	0.95	0.91	−0.04
2-8	0.94	0.92	−0.02
2-9	0.94	0.95	0.01
2-10	0.94	0.98	0.04
2-11	0.94	1.01	0.07
2-12	0.94	1.02	0.08
2-13	0.94	0.99	0.05
2-14	0.93	0.96	0.03
2-15	0.94	0.93	−0.01
2-16	0.93	0.92	−0.01
2-17	0.95	0.92	−0.03
2-18	0.95	0.91	−0.04
2-19	0.94	0.91	−0.03
2-20	0.93	0.90	−0.03
2-21	0.93	0.90	−0.03

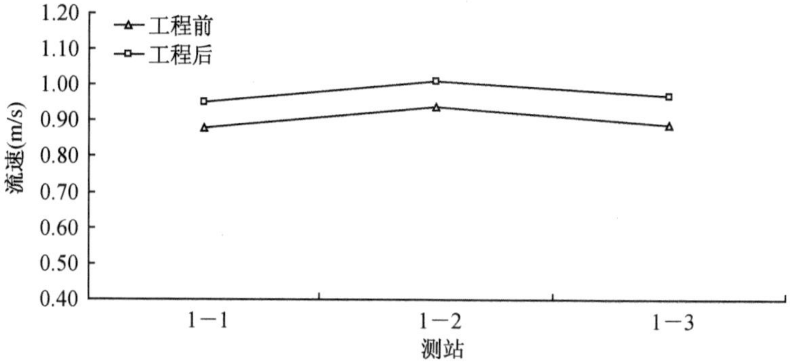

图 6.6-19 1# 断面流速测点

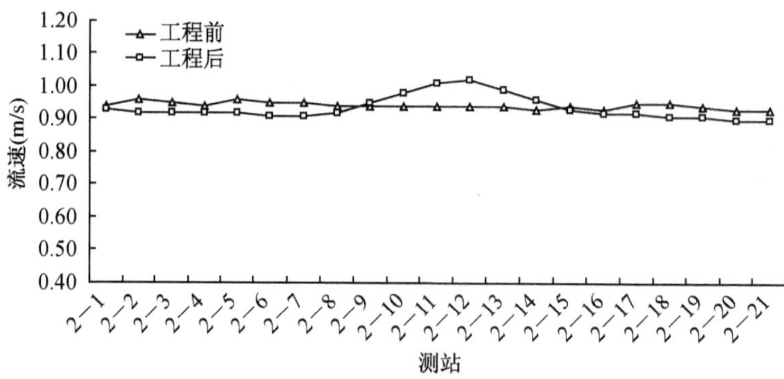

图 6.6-20 2# 断面流速测点

参考文献

[1] 施素芬，赵利刚.强台风“云娜”灾害特征及其评估[J].气象科技，2006，34(3):315-318.

[2] 王红军，白爱娟，杨学艺，等．2008年6月深圳异常降水大尺度环流特征及成因分析[J].热带海洋学报，2010，29(3):28-34.

[3] 刘曾美，陈子燊，李粤安.感潮河段洪潮遭遇组合风险研究[J].中山大学学报(自然科学版)，2010，49(2):113-118

[4] FRANCESCO SERINALDI，SALVATORE GRIMALDI. Asymmetric copula in multivariate flood frequency analysis[J].Advances in Water Resources，2006，29:1155-1167

[5] FAVRE A.C，ADLOUNI S.E.，PERRAULT L.，etal. Multivariate hydrological frequency analysis using copulas[J]. Water Resource Research，2004，40:1-12

[6] 熊立华，郭生练，闫宝伟，肖义，等.Copula联结函数在多变量水文频率分析中的应用[J].武汉大学学报(工学版)，2005，38(6):16-19

[7] 谢华，黄介生.两变量水文频率分布模型研究述评[J].水科学进展，2008，19(1):443-452

[8] 陈海涛，邱林，李阿龙.基于Copula函数的区域作物生育阶段干旱频率分析[J].节水灌溉，2018，(2):106-112.

[9] 肖义，郭生练，刘攀，等.基于Copula函数的设计洪水过程线方法[J].武汉大学学报(工学版)，2007，40(4):13-17

[10] 许月萍，李佳，曹飞凤，等.Copula在水文极限事件分析中的应用[J].浙江大学学报(工学版)，2008，42(2):1119-1122.

[11] RÜSCHENDORF L. On the distributional transform，sklar's theorem，and the empirical copula process[J].Journal of Statal Planning and Inference，2009，139(11):3921-3927.

[12] GENEST C.，MACKAY R. J. The Joy of Copulas: bivariate distributions with uniform marginals[J].The American Statistician，1986，40(4):280-283.

[13] GENEST C.，MACKAY R.J. Copules archime Ddiennes et familles de loisbidimensionnelles dont les marges sont donne Des[J]. Canadian Journal of Statistics，1986，14(2):145-159.

[14] MARSHALL A. W.，OLKIN I. Families of multivariate distributions[J]. Journal of the American Statistical Association，1988，83(403):834-841.

[15] LAZOGLOU G.，ANAGNOSTOPOULOU C. Joint distribution of temperature and precipitation in the Mediterranean，using the Copula method[J]. Theoretical and Applied Climatology，2019，135(3):1399-1411.

[16] KONG X. M.，HUANG G. H.，FAN Y. R.，et al. Maximum entropy-Gumbel-Hougaard

copula method for simulation of monthly streamflow in Xiangxi river, China[J]. Stochastic environmental research and risk assessment, 2015, 29(3),833-846.

[17] KUMAR P. Probability dstributions and etimation of Ali-Mikhail-Haq Copula[J].Applied Mathematical Sciences, 2010, 4(14):657-666.

[18] COORAY K. Strictly Archimedean copulas with complete association for multivariate dependence based on the Clayton family[J].Dependence Modeling, 2018, 6(1),1-18.

[19] JOE H. Multivariate Models and Dependence Concepts [M]. New York: Chapman & Hall, 1997.

[20] NELSEN R.B. An Introduction to Copulas[M].New York:Springer-Verlag, 1999.

[21] LIEBSCHER E. Construction of asymmetric multivariate Copulas [J]. Journal of Multivariate Analysis, 2008, 99(10):2234-2250.

[22] CHANG K.L. The time-varying and asymmetric dependence between crude oil spot and futures markets: Evidence from the Mixture copula-based ARJI - GARCH model[J]. Economic Modelling, 2012, 29(6):2298-2309.

[23] YU J., CHEN K., MORI J., et al. A Gaussian mixture copula model based localized Gaussian process regression approach for long-term wind speed prediction[J]. Energy, 2013, 61:673-686.

[24] BOATENG M. A., Omari-Sasu A. Y., Avuglah R. K., et al. Hybrid Clayton-Frank convolution-based bivariate Archimedean copula[J].Journal of Probability and Statistics, 2018:1-9.

[25] YUE W., CAI Y., SU M., et al. A hybrid copula and life cycle analysis approach for evaluating violation risks of GHG emission targets in food production under urbanization [J].Journal of Cleaner Production, 2018, 190(20):655-665.

[26] 邱可森.三参数 Pearson-Ⅲ型分布的一种通用模式及其应用[J].热带海洋学报,1993, 12(1):9-15.

[27] 王立君.一种估算三参数 log-normal 分布参数的近似方法[J].数理统计与管理, 1999, 18(2):40-43.

[28] SHEN Z., YANG L., WU J. Lognormal distribution of citation counts is the reason for the relation between impact factors and citation success index[J]. Journal of Informetrics, 2018, 12(1):153-157.

[29] ANTÃO E.M., SOARES C.G. Approximation of the joint probability density of wave steepness and height with a bivariate Gamma distribution[J]. Ocean Engineering, 2016, 126: 402-410.

[30] 孙增国.高分辨率 SAR 图像 RCS 模型的 Gamma 分布参数估计[J].小型微型计算机系统, 2013, 34(3):663-667.

[31] 汤银才,侯道燕. 三参数 Weibull 分布参数的 Bayes 估计[J]. 系统科学与数学,2009, 29(1):109-115.

[32] 王炳兴. Weibull分布场合具有非常数形状参数恒加试验的参数估计[J].应用数学学报，2004，27(1):44-51.

[33] RULFOVÁ Z., BUISHAND A., ROTH M., et al. A two-component generalized extreme value distribution for precipitation frequency analysis[J].Journal of Hydrology，2016，534：659-668.

[34] 王颖，刘晓冉，程炳岩，等.广义极值分布在重庆短历时极值降水中的应用[J].气象，2019，45(6):820-830.

[35] GRINGORTEN Ⅱ. A plotting rule for extreme probability paper[J]. Journal of Geophysical Research，1963，68(3):813-814.

[36] AYANTOBO O.O., LI Y., SONG S. Multivariate drought frequency analysis using four-variate symmetric and asymmetric Archimedean copula functions[J]. Water Resources Management，2019，33:103-127.

[37] 邱小霞，刘次华，吴娟，等.Copula 函数中参数的矩估计方法[J].应用数学，2009，22(002)：448-451.

[38] 邱小霞，刘次华，吴娟.Copula 函数中参数极大似然估计的性质[J].经济数学，2008，25(2)：210-215.

[39] 马晓晓.基于 Copula 函数的不完全降水序列频率计算方法研究[D].杨凌：西北农林科技大学，2017.

[40] 李述山，王新慧，王迪.Archimedean copula 函数参数估计方法的比较[J].统计与决策，2016(18):75-77.

[41] 王迪.Archimedean copula 函数参数估计方法研究[D].青岛：山东科技大学，2016.

[42] 陈希镇，胡兆红.Copula 函数的非参数核密度估计方法[J].统计与决策，2010，(14):27-28.

[43] 徐玉琴，张扬，戴志辉.基于非参数核密度估计和 Copula 函数的配电网供电可靠性预测[J].华北电力大学学报(自然科学版)，2017，44(6):14-19.

[44] 于波.一种新的 Copula 函数的参数估计方法[J].统计与决策，2009，(11):160-161.

[45] 杜江，陈希镇，于波.Archimedean Copula 函数中参数的 Bootstrap 估计[J].统计与决策，2009，(12):39-40.

[46] 张连增，胡祥.Copula 的参数与半参数估计方法的比较[J].统计研究，2014，31(2):91-95.

[47] 王沁，王璐，袁代林.基于 Spearman 的 rho 的 Copula 参数模型的选择[J].数学的实践与认识，2011，41(15):145-150.

[48] 高艺，王璐.基于半参数 Copula 的金融资产组合风险 VaR 测度[J].武汉理工大学学报(信息与管理工程版)，2016，38(2):192-196.

[49] 钟波，张鹏.Copula 选择方法[J].重庆理工大学学报，2009，23(5):155-160.

[50] 周艳菊，王亚滨，王宗润.基于 Copula 函数的股指尾部相关性研究—以道琼斯工业指数与恒生指数为例[J].数学的实践与认识，2012，42(9):19-27.

[51] 闫中义，李新民.Copula 函数的选择及股票市场的相关性研究[J].山东理工大学学报(自然科学版)，2016，(3):42-45.

[52] 彭选华.Copula 函数选择的小波方法[J].西南大学学报(自然科学版),2016, 41(8):90-99.
[53] 侯芸芸,宋松柏,赵丽娜,等.基于 Copula 函数的多变量洪水频率计算研究[J].西北农林科技大学学报:自然科学版,2010, 38(2):219-228.
[54] 肖名忠,张强,陈永勤,等.基于三变量 Copula 函数的东江流域水文干旱频率分析[J].自然灾害学报,2013, 22(2):99-108.
[55] 陈永勤,孙鹏,张强,等.基于 Copula 的鄱阳湖流域水文干旱频率分析[J].自然灾害学报,2013, 22(1):75-84.
[56] 陈子燊,曹深西.基于 Copula 函数的波高与周期长期联合分布[J].海洋通报,2012, 31(6):630-635.
[57] 徐翔宇,许凯,杨大文,等.多变量干旱事件识别与频率计算方法[J].水科学进展,2019, 30(3):373-381.
[58] 曹伟华,梁旭东,赵晗萍,等.基于 Copula 函数的北京强降水频率及危险性分析[J].气象学报,2016, 74(5):772-783.
[59] 高超,梅亚东,涂新军.基于 Copula 函数的区域降水联合分布与特征分析[J].水电能源科学, 2013,(6):1-5.
[60] 刘学,诸裕良,孙波,等.基于 Copula 函数推求设计潮位过程线[J].水利学报,2014, 45(2):243-247.
[61] 肖义,郭生练,刘攀,等.基于 Copula 函数的设计洪水过程线方法[J].武汉大学学报(工学版),2007, 40(4):13-17.
[62] 徐长江.设计洪水计算方法及水库防洪标准比较研究[D].武汉:武汉大学,2016.
[63] 刘冰冰.Copula 函数在金沙江干流随机水文分析中的应用[D].重庆:重庆交通大学,2016.
[64] 刘和昌.基于 Copula 函数设计年径流过程[J].人民珠江,2016, 37(02):55-58.
[65] 江聪.考虑水文过程的年径流非一致性分析[D].武汉:武汉大学,2017.
[66] 刘立燕.基于 Copula 函数和神经网络模型的洪水预测[D].南京:南京邮电大学,2018.
[67] 郑志勤.广州市中心城区市政排水与水利排涝的暴雨标准衔接关系研究[D].广州:华南理工大学,2017.
[68] 武传号,黄国如,吴思远.基于 Copula 函数的广州市短历时暴雨与潮位组合风险分析[J].水力发电学报,2014, 33(2):33-40.
[69] 林凯荣,陈晓宏,江涛.基于 Copula-Glue 的水文模型参数的不确定性[J].中山大学学报(自然科学版),2009, 48(3):109-115.
[70] 王旭滢,包为民,孙逸群,等.基于 Copula-GLUE 的新安江模型次洪参数不确定性分析[J].水力发电,2018, 44(1):9-12.
[71] 李爱国,覃征,鲍复民,等.粒子群优化算法[J].计算机工程与应用,2002, 38(21):1-3.
[72] 刘苏宁,甘泓,魏国孝.粒子群算法在新安江模型参数率定中的应用[J].水利学报,2010, 41(5):537-544.
[73] 张超,马金宝,冯杰.水文模型参数优选的改进粒子群优化算法[J].武汉大学学报(工学版),2011, 44(2):182-186.

[74] 丁义.基于粒子群算法的大盈江流域洪水预报模型参数优化及应用研究[D].成都:四川大学,2007.

[75] 袁帆.确定水质水量模型参数的单纯形-粒子群混合算法研究[D].西安:长安大学,2016.

[76] 甘丽云,付强,孙颖娜,等.基于免疫粒子群算法的马斯京根模型参数识别[J].水文,2010,30(3):43-47.

[77] 唐颖,张永祥,王昊,等.基于 PSO-AGA 的水文频率参数优化算法[J].北京工业大学学报,2016,42(6):953-960.

[78] XUE Y.X., SHEN G.X., ZHANG Y.Z., et al. Maximum likelihood method for parameter estimation of reliability distribution model based on particle swarm optimization theory[J]. Journal of Jilin University (Engineering and Technology Edition),2009, 39: 219-221.

[79] 罗长林,张正禄,邓勇,等.基于改进的高斯-牛顿法的非线性三维直角坐标转换方法研究[J].大地测量与地球动力学,2007, 27(1):50-54.

[80] 陈宇,白征东.基于非线性最小二乘算法的空间坐标转换[J].大地测量与地球动力学,2010,30(2):129-132.

[81] 沈云中,胡雷鸣,李博峰.Bursa 模型用于局部区域坐标变换的病态问题及其解法[J].测绘学报, 2006, 35 (2): 95-98.

[82] 陈义,沈云中.非线性三维基准转换的稳健估计[J].大地测量与地球动力学, 2003, 23 (4): 49-53.

[83] 罗长林,张正禄,梅文胜,等.三维直角坐标转换的一种阻尼最小二乘稳健估计法[J].武汉大学学报(信息科学版), 2007, 32 (8): 707-710.

[84] AWANGE L J, GRAFAREND E W. Linearized least squares and nonlinear Gauss-Jacobi combinatorial algorithm applied to t he 7-parameter datum transformat ion C7 (3) problem [J]. Zeitschrift fur Vermessungswesen, 2002, 127: 109-116.

[85] AWANGE L J, GRAFAREND E W. Closed form solution of the over determined nonlinear 7 parameter datum transformation[J]. AVN, 2003, 4: 130-148.

[86] 于彩霞,黄文骞,樊沛. Bursa 的 3 参数模型与 7 参数模型的适用性研究[J].测绘科学,2008, 33(2):96-97.

[87] 韩雪培,廖帮固.海岸带数据集成中的空间坐标转换方法研究[J].武汉大学学报(信息科学版),2004, 29(10):933-936.

[88] 王解先.七参数转换中参数之间的相关性[J].大地测量与地球动力学,2007, 27(2):43-46.

[89] 谢鸣宇,姚宜斌.三维空间与二维空间七参数转换参数求解新方法[J].大地测量与地球动力学,2008, 28(2):104-109.

[90] ZHANG Q., LI J., SINGH V. P., et al. Copula-based spatio-temporal patterns of precipitation extremes in China[J]. International Journal of Climatology, 2013, 33(5):1140-1152.

[91] XIONG L., JIANG C., XU C. Y., et al. A framework of change-point detection for multivariate hydrological series[J].Water Resources Research, 2016, 51(10):8198-8217.

[92] 王纪军，裴铁璠，顾万龙，等.降水年内分配不均匀性指标[J].生态学杂志，2007，26(9)：1364-1368.

[93] 杨玮，何金海，王盘兴，等.近 42 年来青藏高原年内降水时空不均匀性特征分析[J].地理学报，2011，66(3)：376-384.

[94] 张文华，夏军，张翔，等.考虑降雨时空变化的单位线研究[J].水文，2007，27(5)：1-6.

[95] 林木生，陈兴伟，陈莹.晋江西溪流域洪水与暴雨时空分布特征的相关分析[J].资源科学，2011，33(12)：2226-2231.

[96] KAMRAN H. S，DAVID C. G，DONALD E. M，et al . Spatial characteristics of thunderstorm rainfall fields and their relation to runoff [J]. Journal of Hydrology，2003，271：1-21.

[97] PECHLIVANIDIS I. G，MCINTYRE N. R，WHEATER H. S，et al . Relation of spatial rainfall characteristics to runoff：An analysis of observed data [J]. Pro BHS National Hydrology Conference，University of Exeter，2008，9：86-94.

[98] NEIL M.，AISHA A.，HOWARD W. Regression analysis of rainfall-runoff data from an arid catchment in Oman[J]. Hydrological Sciences Journal，2007，52(6)：1103-1118.

[99] 温磊磊，郑粉莉，杨青森，等.雨型对东北黑土区坡耕地土壤侵蚀影响的试验研究[J].水利学报，2012，43(9)：1084-1091.

[100] 韩建刚，李占斌.紫色土区小流域泥沙输出过程对雨型和空间尺度的响应[J].水利学报，2006，37(1)：58-62.

[101] 宁静.上海市短历时暴雨强度公式与设计雨型研究[D].上海：同济大学，2006.

[102] 李佩武，李贵才，陈莉.深圳市植被径流调节及其生态效益分析[J].自然资源学报，2009，24 (7)：1223-1233.

[103] 汪明明.雨水池设计理论研究[D].北京：北京工业大学，2008.

[104] 岑国平，沈晋，范荣生.城市设计暴雨雨型研究[J].水科学进展，1998，9(1)：41-46.

[105] 王振奥.围海堵口工程水力条件研究[D].天津：天津大学，2010.

[106] 孙传余.围海工程堵口的水力计算与研究[D].青岛：中国海洋大学，2010.

[107] 刘维东.一、二维围海堵口水力计算的应用研究[D].南京：河海大学，2007.

[108] 李国芳，陈阿平，华家鹏.设计潮位计算中若干问题探讨[J].水电能源科学，2006，24(3)：35-38.

[109] 孔令婷.感潮河段分期设计潮汐要素计算方法的研究[D].南京：河海大学，2004.

[110] 陈静.设计潮位过程线及其推求[J].水文，2012，32 (3)：47-50.

[111] 杨智硕.暴雨选样间的频率转换问题探讨[J].福州大学学报(自然科学版)，2005，33(2)：230-233.

[112] 刘俊，俞芳琴，张建涛，等.城市管道排水与河道排涝设计标准的关系[J].中国给水排水，2009，23(2)：43-45.

[113] 陈鑫，邓慧萍，马细霞.基于 SWMM 的城市排涝与排水体系重现期衔接关系研究[J].给水排水，2009，35(9)：114-117.

[114] 邓培德.城市暴雨两种选样方法的概率关系与应用评述[J].给水排水,2005, 32(6):39-42.

[115] 谢华,黄介生.平原河网地区城市两级排涝标准匹配关系[J].武汉大学学报(工学版), 2007, 40(5):39-43.

[116] 童汉毅,赵明登,槐文信,等.洪潮遭遇情况的水动力学计算[J].武汉水利电力大学学报, 2000, 33(5):11-15

[117] 卢永金,何友声,刘桦.海堤设防标准探讨[J].中国工程科学,2005, 7(12):17-23.

[118] 胡殿才,马兴华,陈学良.曹妃甸海域西风减水效应在海堤工程中的应用[J].水运工程, 2009, (2):56-61.

[119] 季永兴,张燎军,卢永金.基于超越概率的海堤防御标准理论探讨[J].水电能源科学,2011, 29 (1):37-39.

[120] 张从联,朱峰,李维涛,等.上海、浙江、福建三省市海堤现状调查[J].水利水电科技进展, 2008, 28 (2):51-55.

[121] 薛桁,朱瑞兆,杨振斌.沿海陆上风速衰减规律[J].太阳能学报,2002, 23(2):207-210.

[122] REN M. E., YANG J. H. Effect of Typhoon No. 8114 on Coastal Morphology and Sedimentation of Jiangsu Province, People's Republic of China[J]. Journal of Coastal Research, 1985, 1(1): 21-28.

[123] CHEN C.S., QIN Z. H. Numerical simulation of typhoon surges along the east coast of Zhejiang and Jiangsu Provinces[J]. Advances in Atmospheric Sciences, 1985, 2(1): 8-19.

[124] XIE N., XIN J., LIU S. China's regional meteorological disaster loss analysis and evaluation based on grey cluster model[J]. Natural Hazards, 2014, 71(2):1067-1089.

[125] FENG X., TSIMPLIS M. N. Sea level extremes at the coasts of China[J]. Journal of Geophysical Research: Oceans, 2014, 119(3):1593-1608.

[126] 孙佳,王燕妮,左军成.江浙沿海台风特征分析[J].河海大学学报:自然科学版,2015, 43 (003):215-221.

[127] 董胜男.跨河桥梁对河道防洪影响评价问题的研究[D].济南:山东大学,2010 年.

[128] 耿艳芬,王志力.桥渡对河道水流影响的二维无结构网格模型[J].水利水运工程学报, 2008,(4):78-83.

[129] 季日臣,何文社,房振叶.斜交桥壅水试验研究与理论探讨[J].水科学进展,2007, 18(4): 504-508.

[130] 拾兵,贺如泓,于诰方.斜交桥渡的壅水及设计计算[J].水科学进展,2001, 12(2):201-205.

[131] 李付军,张佰战,戴荣尧.桥下壅水高度计算方法的理论分析[J].铁道建筑,2009,(6): 31-33.

[132] 张玮,解鸣晓.桩墩壅水数值计算方法[J].水利水电科技进展,2008, 28(5):25-28.

[133] 方神光,黄胜伟.纯隐格式的混合有限分析法在广雅桥水流数值模拟中的应用[J].水利水电科技进展,2010, 30(6):53-57.

[134] 赵晓冬,等.桩群水流阻力研究及模型码头桩群计算[R].南京:南京水利科学研究院,1996.

[135] 唐士芳,李蓓.桩群水流阻力影响下的潮流数值模拟研究[J].中国港湾建设,2001,(5):

25-30.

[136] 唐士芳.桩和桩群的水流阻力及其在潮流数值模拟中的应用[D].大连:大连理工大学,2002.

[137] 李文文,黄本胜.高桩码头桩群水流特性的实验研究[J].新疆农业大学学报(自然科学版),2004,27(4):78-81.

[138] 李光炽,周晶晏,张贵寿.高桩码头对河道流场影响的数值模拟[J].河海大学学报(自然科学版),2004,32(2):216-221.

[139] 杨星,等.N-S方程有限体积法求解及墩柱(群)绕流阻力问题研究[M].北京:海洋出版社,2018.

[140] 王志谦.淮河入海水道河口段水流数值模拟及分析[D].南京:河海大学,2001.

附录 A

非线性方程组 PSO 求解程序

很多优化问题可以用数学方程来表示，方程包含若干变量，这类方程通常有无穷多组解，但是如果加上一些约束条件，可能获得约束条件下的唯一解，这个解称为该约束条件下的最优解。粒子群优化(PSO)算法是求解这类优化问题的最佳工具，算法、编程简单易实现，已得到广泛研究和应用。本程序基于 Delphi 7.0 开发(图 A-1)，可完成非线性优化问题求解。具体可概括为以下两个主要功能：(1)求解各类优化问题的线性方程、线性方程组、非线性方程、非线性方程组；(2)求解极值问题。

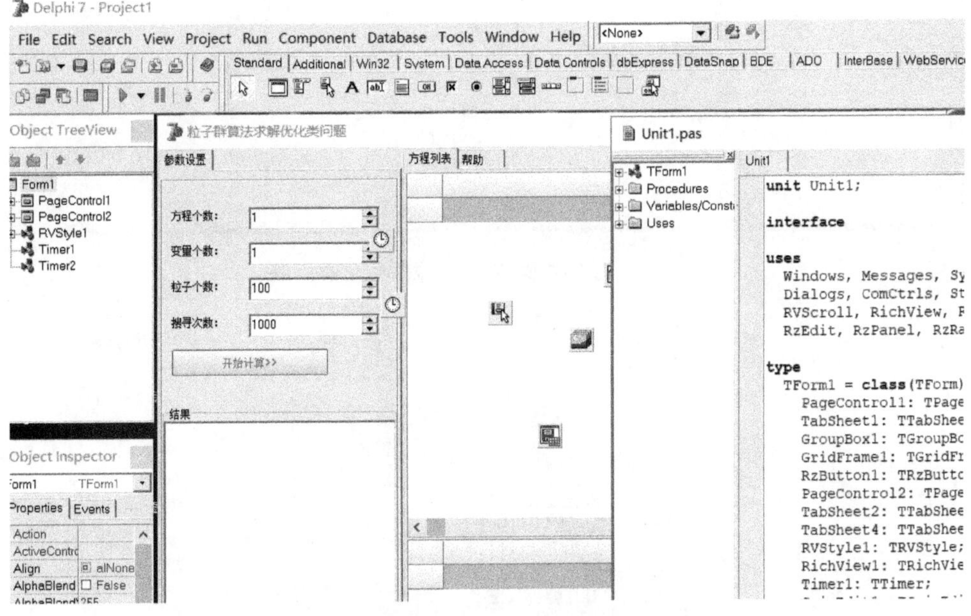

图 A-1 编程界面：PSO 求解优化类问题

开发的软件界面如图 A-2 所示：方程就是粒子算法中的目标函数，方程的右端都为 0，如果不为 0，请把方程右边的项转移到左边，a、b、c 为方程中的变量，粒子群算法要求设置每个变量的取值范围，相当于鸟在觅食的时候不会超越的边界范围。最后点击【开始计算】,结果如图 A-3 所示:总体误差表示计算时距离目标函数的误差,误差越小越好。注意:参数每次计算的结果可能不一样,因为存在“异参同效”现象。

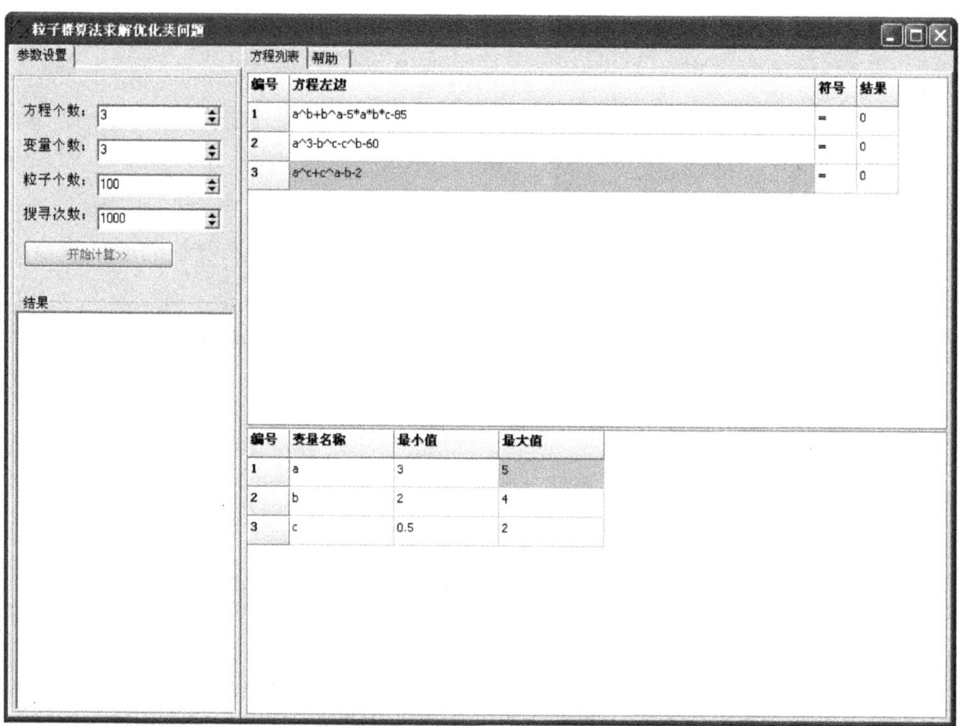

图 A-2　软件界面:粒子群求解优化类问题

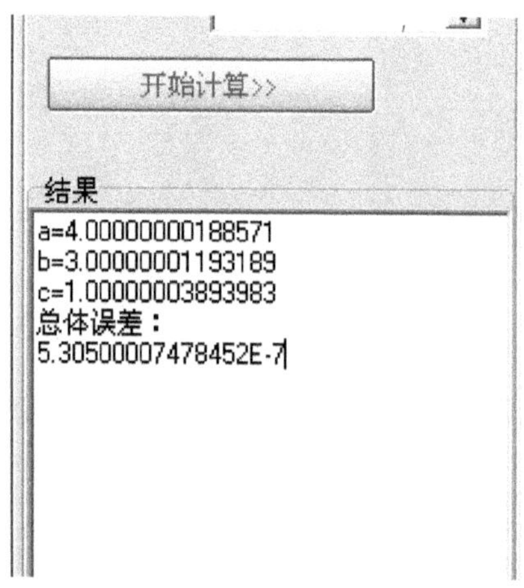

图 A-3　粒子群案例求解结果

```
unit Unit1;

interface

uses
  Windows, Messages, SysUtils, Variants, Classes, Graphics, Controls, Forms,
  Dialogs, ComCtrls, StdCtrls, ExtCtrls, GridUnit, RzButton,math,AdvGrid,
  RVScroll, RichView, RVStyle,MYTypeUnit,Registry, Spin, ExPars, ExFuncs,
  RzEdit, RzPanel, RzRadGrp, Menus;

type
  TForm1 = class(TForm)
    PageControl1: TPageControl;
    TabSheet1: TTabSheet;
    GroupBox1: TGroupBox;
    GridFrame1: TGridFrame;
    RzButton1: TRzButton;
    PageControl2: TPageControl;
    TabSheet2: TTabSheet;
    TabSheet4: TTabSheet;
    RVStyle1: TRVStyle;
    RichView1: TRichView;
    Timer1: TTimer;
    SpinEdit1: TSpinEdit;
    Label1: TLabel;
    Label2: TLabel;
    SpinEdit2: TSpinEdit;
    GridFrame2: TGridFrame;
    Label3: TLabel;
    SpinEdit3: TSpinEdit;
    Label4: TLabel;
    SpinEdit4: TSpinEdit;
    EPRegFuncs1: TEPRegFuncs;
    ExParser1: TExParser;
    ExParser2: TExParser;
    EPRegFuncs2: TEPRegFuncs;
    EPRegFuncs3: TEPRegFuncs;
```

```
EPRegFuncs4: TEPRegFuncs;
EPRegFuncs5: TEPRegFuncs;
EPRegFuncs6: TEPRegFuncs;
EPRegFuncs7: TEPRegFuncs;
EPRegFuncs8: TEPRegFuncs;
EPRegFuncs9: TEPRegFuncs;
EPRegFuncs10: TEPRegFuncs;
EPRegFuncs11: TEPRegFuncs;
EPRegFuncs12: TEPRegFuncs;
EPRegFuncs13: TEPRegFuncs;
EPRegFuncs14: TEPRegFuncs;
EPRegFuncs15: TEPRegFuncs;
EPRegFuncs16: TEPRegFuncs;
EPRegFuncs17: TEPRegFuncs;
EPRegFuncs18: TEPRegFuncs;
EPRegFuncs19: TEPRegFuncs;
EPRegFuncs20: TEPRegFuncs;
ExParser3: TExParser;
ExParser4: TExParser;
ExParser5: TExParser;
ExParser6: TExParser;
ExParser7: TExParser;
ExParser8: TExParser;
ExParser9: TExParser;
ExParser10: TExParser;
ExParser11: TExParser;
ExParser12: TExParser;
ExParser13: TExParser;
ExParser14: TExParser;
ExParser15: TExParser;
ExParser16: TExParser;
ExParser17: TExParser;
ExParser18: TExParser;
ExParser19: TExParser;
ExParser20: TExParser;
Panel1: TPanel;
RzRadioGroup5: TRzRadioGroup;
```

```
    RzMemo1: TRzMemo;
    Label7: TLabel;
    Timer2: TTimer;
    procedure FormCreate(Sender: TObject);
    procedure Timer1Timer(Sender: TObject);
    procedure SpinEdit1Change(Sender: TObject);
    procedure SpinEdit2Change(Sender: TObject);
    procedure RzButton1Click(Sender: TObject);
    procedure Timer2Timer(Sender: TObject);
  private
    { Private declarations }
  public
    { Public declarations }
  ExParser:array[1..20] of TExParser;
  function f(var ee,xname:T1S;var xx:T1D):real; //把表格里输入的方程(文字)转换成可计
算的方程
  procedure getf;
  end;

var
  Form1: TForm1;

implementation

{$R *.dfm}


procedure TForm1.FormCreate(Sender: TObject);
var
hang,lie:integer;
begin
hang:=2;
lie:=4;
GridFrame1.chushihua(hang,lie,0);
GridFrame2.chushihua(hang,lie,1);
ExParser[1]:=ExParser1;ExParser[2]:=ExParser2; //存入非线性方程
ExParser[3]:=ExParser3;ExParser[4]:=ExParser4;
```

```
ExParser[5]: = ExParser5;ExParser[6]: = ExParser6;

ExParser[7]: = ExParser7;ExParser[8]: = ExParser8;
ExParser[9]: = ExParser9;ExParser[10]: = ExParser10;
ExParser[11]: = ExParser11;ExParser[12]: = ExParser12;

ExParser[13]: = ExParser13;ExParser[14]: = ExParser14;
ExParser[15]: = ExParser15;ExParser[16]: = ExParser16;
ExParser[17]: = ExParser17;ExParser[18]: = ExParser18;
ExParser[19]: = ExParser19;ExParser[20]: = ExParser20;

end;


function TForm1.f(var ee,xname:T1S;var xx:T1D):real; //获得变量名称和变量数值
var
i,j,n,m:integer;
x,y,z:real;
str:string;
begin
z: = 0;
n: = length(ee) - 1;
m: = length(xname) - 1;
for i: = 1 to n do
  begin
  for j: = 1 to m do
    begin
    str: = xname[j];
    ExParser[i].SetVariable(str,xx[j]);
    end;
  try
  y: = ExParser[i].F([0]);
  except
  continue;
  end;
  z: = z + abs(y);
  end;
```

```
f: = z;
end;


procedure TForm1.getf; //粒子群算法子程序
var
str:string;
fv:extended;
k:integer;
ee,xname:T1S;
xx,bound:T2D;

i,n:integer;
vmax:T1D;
v:T2D;
fpbest:real;
gbest:T1D;
pbest:T2D;
mx:T1D;
fvalue,svalue:T1D;

c1,c2:real;
w:real;
r1,r2,r3,r4:real;
j,num:integer;

lizishu:integer;//粒子数
xunhuan:integer;
begin

//方程
setlength(ee,21);
k: = 0;
for i: = 1 to GridFrame1.AdvStringGrid1.RowCount - 1 do
  begin
  if  GridFrame1.AdvStringGrid1.cells[1,i] = '' then break;
  k: = k + 1;
```

```
    str: = trim(GridFrame1.AdvStringGrid1.cells[1,i]);
    ee[i]: = str;
    end;
  setlength(ee,k + 1);

  //粒子边界
  setlength(bound,1001,3);
  setlength(xname,1001);
  k: = 0;
  for i: = 1 to GridFrame2.AdvStringGrid1.RowCount - 1 do
    begin
    if GridFrame2.AdvStringGrid1.cells[1,i] = '' then break;
    if GridFrame2.AdvStringGrid1.cells[2,i] = '' then break;
    if GridFrame2.AdvStringGrid1.cells[3,i] = '' then break;

    k: = k + 1;
    str: = trim(GridFrame2.AdvStringGrid1.cells[1,i]);
    xname[i]: = str;

    str: = trim(GridFrame2.AdvStringGrid1.cells[2,i]);
    if not TryStrToFloat(str,fv) then
      begin
      MessageBox(application.handle,'数据输入错误','提示', MB_ICONEXCLAMATION);
      exit;
      end;
    bound[i,1]: = fv;

    str: = trim(GridFrame2.AdvStringGrid1.cells[3,i]);
    if not TryStrToFloat(str,fv) then
      begin
      MessageBox(application.handle,'数据输入错误','提示', MB_ICONEXCLAMATION);
      exit;
      end;
    bound[i,2]: = fv;
    end;
```

```
setlength(bound,k+1,3);
setlength(xname,k+1);



//学习常数
c1:=2;
c2:=2;
w:=0.8;  //惯性常数
randomize;

lizishu:=SpinEdit3.Value;//粒子数
xunhuan:=SpinEdit4.Value;//循环次数
n:=k;
setlength(xx,lizishu+1,n+1);
//初始化粒子初始位置
for i:=1 to lizishu do
for j:=1 to n do
  begin
  xx[i,j]:=random*(bound[j,2]-bound[j,1])+bound[j,1];
  //RzMemo1.Lines.Add(floattostr(xx[i,j]));
  end;

setlength(vmax,n+1);   //最大速度
for i:=1 to n do
vmax[i]:=(bound[i,2]-bound[i,1])/2;

//初始化粒子速度
setlength(v,lizishu+1,n+1);
for i:=1 to lizishu do
for j:=1 to n do
v[i,j]:=vmax[j]*random;

for i:=1 to length(ee)-1 do
  begin
  ExParser[i].Expression.Clear;
  ExParser[i].ClearVariables;
  ExParser[i].Expression.Add(trim(ee[i]));
```

```
  end;

setlength(fvalue,lizishu+1);
setlength(svalue,lizishu+1);
setlength(mx,n+1);
setlength(gbest,n+1);
for i:=1 to lizishu do
  begin
  application.ProcessMessages;
  for j:=1 to n do mx[j]:=xx[i,j];
  fvalue[i]:=f(ee,xname,mx);
  svalue[i]:=fvalue[i];
  if(i=1) then fpbest:=fvalue[1]
  else
    begin
    //初始化全局极值
    if fvalue[i]<fpbest  then
      begin
      fpbest:=fvalue[i];
      for j:=1 to n do
      gbest[j]:=xx[i,j];
      end;
    end;
  end;


//初始化个体极值
setlength(pbest,lizishu+1,n+1);
for i:=1 to lizishu do
for j:=1 to n do
pbest[i,j]:=xx[i,j];

//循环 lizishu 次求最优解
bbbnum:=0;
for num:=2 to xunhuan do
  begin
  for i:=1 to lizishu do
```

```
    begin
    application.ProcessMessages;
    //更新粒子 i 位置
    for j: = 1 to n do
      begin
      r1: = random;
      r2: = random;
      randomize;
      r3: = random;
      v[i,j]: = w * v[i,j] + c1 * r1 * (pbest[i,j] - xx[i,j]) + c2 * r2 * (gbest[j] - xx[i,j]);
      xx[i,j]: = xx[i,j] + v[i,j];
      if(xx[i,j]<bound[j,1]) or (xx[i,j]>bound[j,2]) then
      xx[i,j]: = xx[i,j] - v[i,j];
      end;
    for j: = 1 to n do mx[j]: = xx[i,j];
    svalue[i]: = f(ee,xname,mx);
    //更新粒子 i 的最佳位置
    if(fvalue[i]>svalue[i]) then
    for j: = 1 to n do
    pbest[i,j]: = xx[i,j];
    //更新全局最佳位置
    if(svalue[i]<fpbest)   then
      begin
      for j: = 1 to n do gbest[j]: = xx[i,j];
      fpbest: = svalue[i];
      end;
    fvalue[i]: = svalue[i];
    bbbnum: = bbbnum + 1;
    end;
  end;

RzMemo1.Clear;
for i: = 1 to n do
RzMemo1.Lines.Add(xname[i] + '=' + floattostr(gbest[i]));
RzMemo1.Lines.Add('总体误差:');
RzMemo1.Lines.Add(floattostr(fpbest));
```

```
end;

procedure TForm1.SpinEdit1Change(Sender: TObject);
var
hang,lie:integer;
begin
hang: = SpinEdit1.Value + 1;
lie: = 4;
GridFrame1.chushihua(hang,lie,0);
end;

procedure TForm1.SpinEdit2Change(Sender: TObject);
var
hang,lie:integer;
begin
hang: = SpinEdit2.Value + 1;
lie: = 4;
GridFrame2.chushihua(hang,lie,1);
end;

procedure TForm1.RzButton1Click(Sender: TObject); //按钮单击事件,点击开始计算
begin
RzButton1.Enabled: = false;
SpinEdit1.Enabled: = false;
SpinEdit2.Enabled: = false;
SpinEdit3.Enabled: = false;
SpinEdit4.Enabled: = false;
Timer2.Enabled: = true;
getf; //调用粒子群算法
SpinEdit1.Enabled: = true;
SpinEdit2.Enabled: = true;
SpinEdit3.Enabled: = true;
SpinEdit4.Enabled: = true;
RzButton1.Enabled: = true;
end;

end.
```

附录 B

边缘分布函数参数 PSO 求解程序

本程序基于 Delphi 7.0 开发(图 B-1),采用粒子群算法,可完成 Pearson type Ⅲ(PⅢ)、Lognormal distribution(Log)、Gamma distribution(Gam)、Weibull distribution(Wei)和 Generalized extreme value distribution(Gev)等频率线型参数的求解,其中,部分边缘函数调用 Excel 软件内部函数。开发的软件界面如图 B-2 所示。

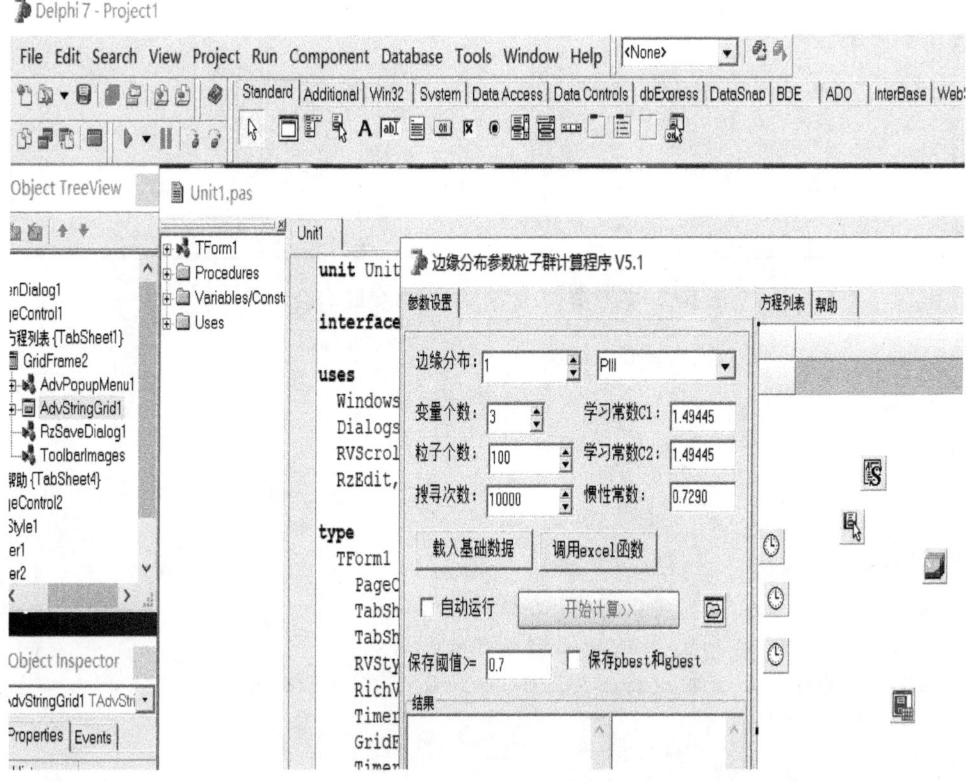

图 B-1　编程界面:单变量分布函数参数 PSO 求解

图 B-2　软件界面:边缘分布函数参数 PSO 求解

```
unit Unit1;

interface

uses
  Windows, Messages, SysUtils, Variants, Classes, Graphics, Controls, Forms,
  Dialogs, ComCtrls, StdCtrls, ExtCtrls, GridUnit, RzButton,math,AdvGrid,
  RVScroll, RichView, RVStyle,MYTypeUnit,Registry, Spin,
  RzEdit, RzPanel, RzRadGrp, Menus,comobj,ActiveX, inifiles,AdvEdit;

type
  TForm1 = class(TForm)
    PageControl1: TPageControl;
    TabSheet1: TTabSheet;
```

```
TabSheet4: TTabSheet;
RVStyle1: TRVStyle;
RichView1: TRichView;
Timer1: TTimer;
GridFrame2: TGridFrame;
Timer2: TTimer;
PageControl2: TPageControl;
TabSheet2: TTabSheet;
GroupBox1: TGroupBox;
Panel1: TPanel;
Label1: TLabel;
Label2: TLabel;
Label3: TLabel;
Label4: TLabel;
Label7: TLabel;
RzButton1: TRzButton;
SpinEdit1: TSpinEdit;
SpinEdit2: TSpinEdit;
SpinEdit3: TSpinEdit;
SpinEdit4: TSpinEdit;
RzRadioGroup5: TRzRadioGroup;
RzMemo1: TRzMemo;
Button1: TButton;
OpenDialog1: TOpenDialog;
Button2: TButton;
ComboBox1: TComboBox;
AdvEdit1: TAdvEdit;
Label5: TLabel;
Label6: TLabel;
AdvEdit2: TAdvEdit;
Label8: TLabel;
AdvEdit3: TAdvEdit;
CheckBox1: TCheckBox;
Timer3: TTimer;
RzMemo2: TRzMemo;
AdvEdit4: TAdvEdit;
Label9: TLabel;
```

```
    CheckBox2: TCheckBox;
    procedure FormCreate(Sender: TObject);
    procedure Timer1Timer(Sender: TObject);
    procedure SpinEdit2Change(Sender: TObject);
    procedure RzButton1Click(Sender: TObject);
    procedure Timer2Timer(Sender: TObject);
    procedure Button1Click(Sender: TObject);
    procedure FormClose(Sender: TObject; var Action: TCloseAction);
    procedure Button2Click(Sender: TObject);
    procedure SpinEdit1Change(Sender: TObject);
    procedure Timer3Timer(Sender: TObject);
  private
    { Private declarations }
  public
    { Public declarations }
  Install_Dir:string;
  eclapp,workbook,sheet,range:OLEvariant;

  ExParser,lnx,lnx2:real;
  bbbnum:integer;
  zbx1,zbx2:T1D;

  ji1,ji2,ji3:T1D;
  bji1,bji2,bji3:T1D;

  ffr,ffs,ffw,fex:T1D;//边缘函数和经验函数

  zmax:real;
  xxnum:integer;
  fffstr:string;
  procedure getf;
  end;

var
  Form1: TForm1;

implementation
```

```
{$R *.dfm}

procedure TForm1.FormCreate(Sender: TObject);
begin
SpinEdit2Change(nil);
zmax:=0;
xxnum:=0;
bbbnum:=0;
end;


function minf(var x,ex:T1D;var canshu:T1D;var sex2:real; var k:integer):real; //边缘
函数
var
i,n:integer;
z,z1,z2,d1,d2:real;
sinz:real;
Fx:T1D;
label FoundAnAnswer;
begin
z:=0;
n:=length(x)-1;
setlength(fx,n+1);

{canshu[1]ζ
canshu[2]β
canshu[3]λ}
if k=1 then //PIII
  begin

  if (canshu[2]<1e-10) or (canshu[3]<1e-10) then goto FoundAnAnswer;
  for i:=1 to n do
    begin
    d1:=x[i]-canshu[1];
    if d1 <1e-10 then goto FoundAnAnswer;
    d2:=form1.eclapp.worksheetfunction.GAMMADIST(d1,canshu[3],canshu[2],TRUE);//调
```

```
用 Excel
      fx[i]: = d2;
      end;

   z1: = 0;z2: = 0;
   for i: = 1 to n do
      begin
      z1: = z1 + (ex[i] - fx[i]) * (ex[i] - fx[i]);
      z2: = z2 + (ex[i] - sex2) * (ex[i] - sex2);
      end;
   try
    z: = 1 - z1/z2;
    except
    minf: = 0;
    exit;
    end;

   end;


{canshu[1]ζ
canshu[2]μ
canshu[3]σ
}
if k = 2 then    //Log
   begin
   if canshu[3]<1e - 10 then goto FoundAnAnswer;
   for i: = 1 to n do
      begin
      if (x[i] - canshu[1])<1e - 10 then goto FoundAnAnswer;
      try
         d1: = (ln(x[i] - canshu[1]) - canshu[2])/canshu[3]/sqrt(2);
         d2: = 0.5 + 0.5 * form1.eclapp.worksheetfunction.ERF(d1); //调用 Excel
         fx[i]: = d2;
         except
         minf: = 0;
         exit;
```

```
      end;
    end;
  z1: = 0;z2: = 0;
  for i: = 1 to n do
    begin
    z1: = z1 + (ex[i] - fx[i]) * (ex[i] - fx[i]);
    z2: = z2 + (ex[i] - sex2) * (ex[i] - sex2);
    end;
  try
   z: = 1 - z1/z2;
   except
   minf: = 0;
   exit;
   end;
  end;


{canshu[1]β
canshu[2]λ
}
if k = 3 then  //Gam
  begin
  if (canshu[1]<1e - 10) or (canshu[2]<1e - 10) then goto FoundAnAnswer;
  for i: = 1 to n do
    begin
    d1: = x[i];
    if d1 <0 then goto FoundAnAnswer;
    d2: = form1.eclapp.worksheetfunction.GAMMADIST(d1,canshu[2],canshu[1],TRUE); //调
用 Excel
    fx[i]: = d2;
    end;
  z1: = 0;z2: = 0;
  for i: = 1 to n do
    begin
    z1: = z1 + (ex[i] - fx[i]) * (ex[i] - fx[i]);
    z2: = z2 + (ex[i] - sex2) * (ex[i] - sex2);
    end;
```

```
   try
    z: = 1 - z1/z2;
    except
    minf: = 0;
    exit;
    end;
   end;


{canshu[1]ζ
canshu[2]β
canshu[3]λ}
if k = 4 then    //Wei
   begin
   if canshu[2]<1e - 10 then goto FoundAnAnswer;
   for i: = 1 to n do
      begin
      try
         d1: = power((x[i] - canshu[1]),canshu[3]);
         except
         minf: = 0;
         exit;
         end;
      d1: = - 1 * d1/canshu[2];
      if d1 >= 0 then goto FoundAnAnswer;
      d2: = 1 - exp(d1);
      fx[i]: = d2;
      end;
   z1: = 0;z2: = 0;
   for i: = 1 to n do
      begin
      z1: = z1 + (ex[i] - fx[i]) * (ex[i] - fx[i]);
      z2: = z2 + (ex[i] - sex2) * (ex[i] - sex2);
      end;
   try
    z: = 1 - z1/z2;
    except
```

```
    minf:=0;
    exit;
    end;
   end;


{canshu[1]ζ
canshu[2]β
canshu[3]λ}
if k=5 then
   begin
   if (abs(canshu[2])<1e-10) or (abs(canshu[3])<1e-10) then goto FoundAnAnswer;
   for i:=1 to n do
      begin
      d1:=1-canshu[3]*(x[i]-canshu[1])/canshu[2];
      if d1<=0 then goto FoundAnAnswer;
      d1:=Ln(d1)/canshu[3];
      d1:=-1*exp(d1);
      d2:=exp(d1);
      fx[i]:=d2;
      end;

   z1:=0;z2:=0;
   for i:=1 to n do
      begin
      z1:=z1+(ex[i]-fx[i])*(ex[i]-fx[i]);
      z2:=z2+(ex[i]-sex2)*(ex[i]-sex2);
      end;
   try
    z:=1-z1/z2;
    except
    minf:=0;
    exit;
    end;
   end;

FoundAnAnswer:
```

```
minf:=z;
end;



procedure TForm1.getf; //粒子群子程序
var
str:string;
fv:extended;
k:integer;
ee,xname:T1S;
xx,bound:T2D;


i,n,pppp:integer;

vmax:T1D;

v:T2D;
fpbest:real;

gbest:T1D;
pbest:T2D;
mx:T1D;
fvalue,svalue:T1D;



c1,c2:real;
w:real;
r1,r2,r3,r4:real;
j,num:integer;

lizishu:integer;//粒子数
xunhuan:integer;

MyInifile:Tinifile;
FileName:string;
```

```
xwjnum:integer;//写几个文件
arraynum:T1I;
outdata:textfile;  //保存数据文件
begin

xwjnum:=0;
if CheckBox2.Checked then //按迭代数保存粒子最佳位置和全体最佳位置
  begin
  FileName:= ExtractFilePath(Application.ExeName)+'Best.ini';
  MyInifile:=Tinifile.Create(FileName);
  xwjnum:=MyInifile.READInteger('Best','num',0);
  if xwjnum<>0 then
    begin
    setlength(arraynum,xwjnum+1);
    for i:=1 to  xwjnum do
      begin
      str:='n'+inttostr(i);
      arraynum[i]:=MyInifile.READInteger('Best',str,0);
      end;
    end;
  MyInifile.Free;
  end;



//粒子边界
setlength(bound,1001,3);
setlength(xname,1001);
k:=0;
for i:=1 to GridFrame2.AdvStringGrid1.RowCount-1 do
  begin
  if GridFrame2.AdvStringGrid1.cells[1,i]='' then break;
  if GridFrame2.AdvStringGrid1.cells[2,i]='' then break;
  if GridFrame2.AdvStringGrid1.cells[3,i]='' then break;
```

```
  k: = k + 1;
  str: = trim(GridFrame2.AdvStringGrid1.cells[1,i]);
  xname[i]: = str;



  str: = trim(GridFrame2.AdvStringGrid1.cells[2,i]);
  if not TryStrToFloat(str,fv) then
    begin
    MessageBox(application.handle,'数据输入错误','提示', MB_ICONEXCLAMATION);
    RzButton1.Enabled: = true;
    exit;
    end;
  bound[i,1]: = fv;

  str: = trim(GridFrame2.AdvStringGrid1.cells[3,i]);
  if not TryStrToFloat(str,fv) then
    begin
    MessageBox(application.handle,'数据输入错误','提示', MB_ICONEXCLAMATION);
    RzButton1.Enabled: = true;
    exit;
    end;
  bound[i,2]: = fv;
  end;
setlength(bound,k + 1,3);
setlength(xname,k + 1);

//学习常数
c1: = AdvEdit2.floatvalue;
c2: = AdvEdit3.floatvalue;
w: = AdvEdit1.floatvalue;   //惯性常数
randomize;

lizishu: = SpinEdit3.Value;//粒子数
xunhuan: = SpinEdit4.Value;//循环次数
n: = k;
setlength(xx,lizishu + 1,n + 1);
```

```
//初始化粒子个初始位置
for i:= 1 to lizishu do
for j:= 1 to n do
  begin
  xx[i,j]:= random * (bound[j,2] - bound[j,1]) + bound[j,1];
  //RzMemo1.Lines.Add(floattostr(xx[i,j]));
  end;

setlength(vmax,n + 1);    //最大速度
for i:= 1 to n do
vmax[i]:= (bound[i,2] - bound[i,1])/2;

//初始化粒子速度
setlength(v,lizishu + 1,n + 1);
for i:= 1 to lizishu do
for j:= 1 to n do
v[i,j]:= vmax[j] * random;

setlength(fvalue,lizishu + 1);
setlength(svalue,lizishu + 1);
setlength(mx,n + 1);
setlength(gbest,n + 1);
k:= SpinEdit1.Value;
for i:= 1 to lizishu do
  begin
  application.ProcessMessages;
  for j:= 1 to n do mx[j]:= xx[i,j];

  fvalue[i]:= minf(zbx1,zbx2,mx,ExParser,k);    //计算 R2
  svalue[i]:= fvalue[i];
  if(i = 1) then fpbest:= fvalue[1]
  else
    begin
    //初始化全局极值
    if fvalue[i]>fpbest  then
      begin
      fpbest:= fvalue[i];
```

```
        for j: = 1 to n do
        gbest[j]: = xx[i,j];
        end;
      end;
    end;

//初始化个体极值
setlength(pbest,lizishu + 1,n + 1);
for i: = 1 to lizishu do
for j: = 1 to n do
pbest[i,j]: = xx[i,j];

//写初始化文件
if xwjnum <> 0 then
if arraynum[1] = 0 then
  begin
  FileName: = ExtractFilePath(Application.ExeName) + inttostr(xxnum) + 'pbest_0' + '.txt';
  assignfile(outdata,FileName);
  rewrite(outdata);
  for i: = 1 to lizishu do
    begin
    for j: = 1 to n do write(outdata,FormatFloat('0.00000000',pbest[i,j]),'  ');
    write(outdata,FormatFloat('0.00000000',fvalue[i]));
    writeln(outdata);
    end;
  closefile(outdata);

  FileName: = ExtractFilePath(Application.ExeName) + inttostr(xxnum) + 'gbest_0' + '.txt';
  assignfile(outdata,FileName);
  rewrite(outdata);
  write(outdata,FormatFloat('0.00000000',fpbest));
  writeln(outdata);
  for j: = 1 to n do write(outdata,FormatFloat('0.00000000',gbest[j]),'  ');
  writeln(outdata);
  closefile(outdata);
```

```
  end;

//循环 lizishu 次求最优解
bbbnum: = 0;
for num: = 2 to xunhuan do
  begin
  for i: = 1 to lizishu do
    begin
    application.ProcessMessages;
    //更新粒子 i 位置
    for j: = 1 to n do
      begin
      r1: = random;
      r2: = random;
      randomize;
      r3: = random;
      //w: = 0.5 + random/2;
      v[i,j]: = w * v[i,j] + c1 * r1 * (pbest[i,j] - xx[i,j]) + c2 * r2 * (gbest[j] - xx[i,j]);
      xx[i,j]: = xx[i,j] + v[i,j];
      if(xx[i,j]<bound[j,1]) or (xx[i,j]>bound[j,2]) then
      xx[i,j]: = xx[i,j] - v[i,j];
      end;
    for j: = 1 to n do mx[j]: = xx[i,j];
    svalue[i]: = minf(zbx1,zbx2,mx,ExParser,k);
    //更新粒子 i 的最佳位置
    if(fvalue[i]<svalue[i]) then
    for j: = 1 to n do
    pbest[i,j]: = xx[i,j];
    //更新全局最佳位置
    if(svalue[i]>fpbest)  then
      begin
      for j: = 1 to n do gbest[j]: = xx[i,j];
      fpbest: = svalue[i];
      end;
    fvalue[i]: = svalue[i];
    bbbnum: = bbbnum + 1;
    //RzMemo1.Lines.Add(floattostr(fpbest));
```

```
    end;
  if xwjnum <> 0 then
    begin
    for pppp: = 1 to xwjnum do
    if arraynum[pppp] = num then
      begin
      FileName: = ExtractFilePath(Application.ExeName) + inttostr(xxnum) + 'pbest_' +
inttostr(num) + '.txt';
      assignfile(outdata,FileName);
      rewrite(outdata);
      for i: = 1 to lizishu do
        begin
        for j: = 1 to n do write(outdata,FormatFloat('0.00000000',pbest[i,j]),'  ');
        write(outdata,FormatFloat('0.00000000',fvalue[i]));
        writeln(outdata);
        end;
      closefile(outdata);

      FileName: = ExtractFilePath(Application.ExeName) + inttostr(xxnum) + 'gbest_' +
inttostr(num) + '.txt';
      assignfile(outdata,FileName);
      rewrite(outdata);
      write(outdata,FormatFloat('0.00000000',fpbest));
      writeln(outdata);
      for j: = 1 to n do write(outdata,FormatFloat('0.00000000',gbest[j]),'  ');
      writeln(outdata);
      closefile(outdata);
      end;
    end;

  end;

if fpbest < AdvEdit4.FloatValue then exit;
xxnum: = xxnum + 1;
```

```
RzMemo1.Lines.Add('* * * * * * * * * * * * * * * *');
RzMemo1.Lines.Add(inttostr(xxnum));
for i:=1 to n do
RzMemo1.Lines.Add(xname[i]+'='+formatfloat('0.0000',gbest[i]));
RzMemo1.Lines.Add('R2:');
RzMemo1.Lines.Add(formatfloat('0.0000',fpbest));
if zmax<fpbest then
  begin
  zmax:=fpbest;
  fffstr:=inttostr(xxnum);
  end;
RzRadioGroup5.Caption:=fffstr+'      '+formatfloat('0.0000',zmax)+'          '+inttostr
(xxnum);
RzMemo2.Lines.Add(formatfloat('0.0000',fpbest));
end;


procedure TForm1.SpinEdit2Change(Sender: TObject);
var
hang,lie:integer;
begin
hang:=SpinEdit2.Value+1;
lie:=4;
GridFrame2.chushihua(hang,lie,1);
case  SpinEdit1.Value  of
1,4,5: begin GridFrame2. AdvStringGrid1.cells[1,1]:='ζ';
         GridFrame2. AdvStringGrid1.cells[1,2]:='β';
         GridFrame2. AdvStringGrid1.cells[1,3]:='λ';
         end;
2: begin GridFrame2. AdvStringGrid1.cells[1,1]:='ζ';
         GridFrame2. AdvStringGrid1.cells[1,2]:='μ';
         GridFrame2. AdvStringGrid1.cells[1,3]:='σ';
         end;
```

```
3: begin GridFrame2. AdvStringGrid1.cells[1,1]: = 'β';
         GridFrame2. AdvStringGrid1.cells[1,2]: = 'λ';
         end;
end;

end;

procedure TForm1.RzButton1Click(Sender: TObject);
begin
RzButton1.Enabled: = false;
SpinEdit1.Enabled: = false;
SpinEdit2.Enabled: = false;
SpinEdit3.Enabled: = false;
SpinEdit4.Enabled: = false;
Timer2.Enabled: = true;
try
 getf;
 except
 SpinEdit1.Enabled: = true;
 SpinEdit2.Enabled: = true;
 SpinEdit3.Enabled: = true;
 SpinEdit4.Enabled: = true;
 RzButton1.Enabled: = true;
 end;
SpinEdit1.Enabled: = true;
SpinEdit2.Enabled: = true;
SpinEdit3.Enabled: = true;
SpinEdit4.Enabled: = true;
RzButton1.Enabled: = true;

if CheckBox1.Checked then timer3.Enabled: = true else timer3.Enabled: = false;

end;

procedure TForm1.Timer2Timer(Sender: TObject);
var
```

```
lizishu:integer;//粒子数
xunhuan:integer;//循环次数
begin
lizishu:=SpinEdit3.Value;//粒子数
xunhuan:=SpinEdit4.Value;//循环次数
Label7.Visible:=true;
Label7.Caption:=formatfloat('0',bbbnum*100/(xunhuan*lizishu))+'%';
if RzButton1.Enabled=true then
    begin
    Timer2.Enabled:=false;
    Label7.Visible:=false;
    end;
end;


procedure TForm1.Button1Click(Sender: TObject); //载入基础数据
var

i,k:integer;
filename:string;
readfile:textfile;
canshu,xx,ww:T1D;

sex2,d1,d2,sinz:real;
label FoundAnAnswer;

begin

Button1.Enabled:=false;
OpenDialog1.Title:='打开数据文件:观测值+经验频率(%)';
OpenDialog1.Filter := '*.txt|*.txt';
if not OpenDialog1.Execute then  goto FoundAnAnswer;

setlength(zbx1,100001); //观测值
setlength(zbx2,100001); //经验频率(%)
filename:=OpenDialog1.FileName;
```

```
assignfile(readfile,filename);
reset(readfile);

k:=0;
repeat
application.ProcessMessages;
k:=k+1;
try
read(readfile,zbx1[k],zbx2[k]);
zbx2[k]:=zbx2[k]/100;
  except
  closefile(readfile);
  MessageBox(application.handle,pchar('第('+inttostr(k)+')个观测值错误'),'提示', MB_
ICONEXCLAMATION);
  Button1.Enabled:=true;
  exit;
  end;
readln(readfile);
until eof(readfile);

closefile(readfile);
setlength(zbx1,k+1);
setlength(zbx2,k+1);


sex2:=0;
for i:=1 to k do
  begin
  sex2:=sex2+zbx2[i];
  end;
ExParser:=sex2/k;


RZmemo1.Clear;
RZmemo1.Lines.Add('观测数据='+inttostr(k)+'个');
RZmemo1.Lines.Add('经验频率平均值='+formatfloat('0.0000',ExParser));
```

```
RzMemo2.Clear;
zmax: = 0;
xxnum: = 0;
fffstr: = '';

FoundAnAnswer:
Button1.Enabled: = true;
end;



procedure TForm1.Button2Click(Sender: TObject);  //调用 excel 函数
var
xlsfilename,filename,str,tmpstr:string;
begin
  try
  eclapp: = GetActiveOleObject('excel.application');
  sheet: = eclapp.ActiveSheet;
  except
  OpenDialog1.Title: ='打开任意一个 Excel 文件';
  OpenDialog1.Filter : = '*.xls|*.xls';
  if OpenDialog1.Execute then
    begin
    xlsfilename: = OpenDialog1.FileName;
     try
     eclapp: = createoleobject('excel.application');
     eclapp.visible: = true;
     except
     showmessage('初使化 EXCEL 失败,可能没装 EXCEL,或者其他错误');
     Button1.Enabled: = true;
     exit;
     end;
     try
     workbook: = eclapp.workbooks.open(xlsfilename);
```

```
      sheet：= workbook.worksheets[1]；
      except
      showmessage('不能正确操作')；
      workbook.close；
      eclapp.quit；
      eclapp：= unassigned；
      Button1.Enabled：= true；
      exit；
      end；
     end
     else
     begin
     Button1.Enabled：= true；
     exit；
     end；
   end；

end；

procedure TForm1.FormClose(Sender：TObject；var Action：TCloseAction)；
begin
     try
     eclapp：= unassigned；
     except

     end；
end；

procedure TForm1.SpinEdit1Change(Sender：TObject)；
begin
ComboBox1.ItemIndex：= SpinEdit1.Value - 1；
case SpinEdit1.Value of
   1：SpinEdit2.Value：= 3；
   2：SpinEdit2.Value：= 3；
   3：SpinEdit2.Value：= 2；
   4：SpinEdit2.Value：= 3；
   5：SpinEdit2.Value：= 3；
```

```
  end;
SpinEdit2Change(nil);
end;

procedure TForm1.Timer3Timer(Sender: TObject);
begin
Timer3.Enabled:= false;
if RzButton1.Enabled then RzButton1Click(nil);
end;

end.
```

附录 C

Copula 函数参数 PSO 求解程序

本程序基于 Delphi 7.0 开发(图 C-1),采用粒子群算法,开发的软件界面如图 C-2 所示,软件兼具对称型 Copula 函数(Frank Copula、Gumbel Copula、Ali-Mikhail-Haq Copula、Clayton Copula)和非对称 Copula 函数(fully nested Copula、Liebscher Copula、Mixture Copula)参数的求解。

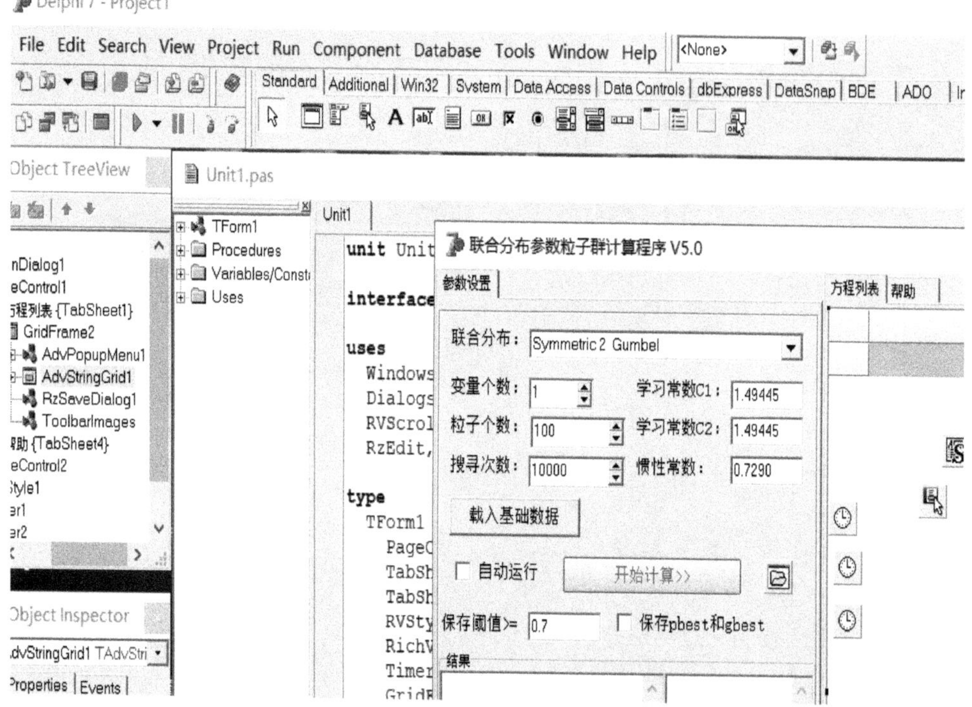

图 C-1 编程界面:Copula 参数 PSO 求解编程界面

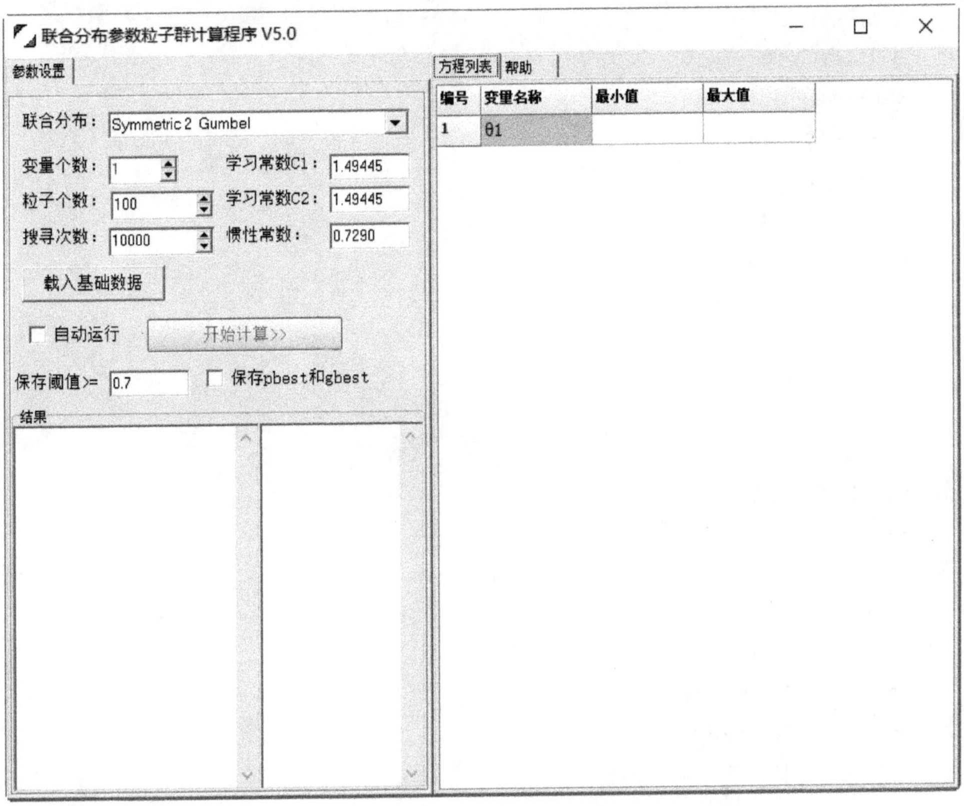

图 C-2　软件界面:Copula 联合分布参数 PSO 求解

```
unit Unit1;

interface

uses
  Windows, Messages, SysUtils, Variants, Classes, Graphics, Controls, Forms,
  Dialogs, ComCtrls, StdCtrls, ExtCtrls, GridUnit, RzButton,math,AdvGrid,
  RVScroll, RichView, RVStyle,MYTypeUnit,Registry, Spin,
  RzEdit, RzPanel, RzRadGrp, Menus,comobj,ActiveX, inifiles,AdvEdit;

type
  TForm1 = class(TForm)
    PageControl1: TPageControl;
    TabSheet1: TTabSheet;
```

```
TabSheet4: TTabSheet;
RVStyle1: TRVStyle;
RichView1: TRichView;
Timer1: TTimer;
GridFrame2: TGridFrame;
Timer2: TTimer;
PageControl2: TPageControl;
TabSheet2: TTabSheet;
GroupBox1: TGroupBox;
Panel1: TPanel;
Label1: TLabel;
Label2: TLabel;
Label3: TLabel;
Label4: TLabel;
Label7: TLabel;
RzButton1: TRzButton;
SpinEdit2: TSpinEdit;
SpinEdit3: TSpinEdit;
SpinEdit4: TSpinEdit;
RzRadioGroup5: TRzRadioGroup;
RzMemo1: TRzMemo;
Button1: TButton;
OpenDialog1: TOpenDialog;
ComboBox1: TComboBox;
AdvEdit1: TAdvEdit;
Label5: TLabel;
Label6: TLabel;
AdvEdit2: TAdvEdit;
Label8: TLabel;
AdvEdit3: TAdvEdit;
CheckBox1: TCheckBox;
Timer3: TTimer;
RzMemo2: TRzMemo;
AdvEdit4: TAdvEdit;
Label9: TLabel;
CheckBox2: TCheckBox;
procedure FormCreate(Sender: TObject);
```

```
    procedure Timer1Timer(Sender: TObject);
    procedure SpinEdit2Change(Sender: TObject);
    procedure RzButton1Click(Sender: TObject);
    procedure Timer2Timer(Sender: TObject);
    procedure Button1Click(Sender: TObject);
    procedure Timer3Timer(Sender: TObject);
    procedure ComboBox1Change(Sender: TObject);
  private
    { Private declarations }
  public
    { Public declarations }
  Install_Dir:string;
  eclapp,workbook,sheet,range:OLEvariant;

  ExParser,lnx,lnx2:real;
  bbbnum:integer;
  zbx1,zbx2:T1D;

  ji1,ji2,ji3:T1D;
  bji1,bji2,bji3:T1D;

  ffr,ffs,ffw,fex:T1D;

  zmax:real;
  xxnum:integer;
  fffstr:string;

  procedure getf;

  end;

var
  Form1: TForm1;

implementation

{$R *.dfm}
```

```
procedure TForm1.FormCreate(Sender: TObject);
begin
SpinEdit2Change(nil);
zmax:=0;
xxnum:=0;
bbbnum:=0;
end;


function minjoin(var fr,fs,fw,ex:T1D;var cita:T1D; var sex2:real; var k:integer):real;
//计算 Copula 的 R2
var
i,n:integer;
z,z1,z2,d1,d2,d3,a,b,ta1,ta2:real;
sinz:real;
Fx:T1D;
label FoundAnAnswer;
begin
z:=0;
n:=length(fr)-1;
setlength(fx,n+1);

if k=1 then     //Symmetric 2  Gumbel
  begin
  if abs(cita[1])<1e-10 then goto FoundAnAnswer;
  for i:=1 to n do
    begin
    try
     d1:=-1*ln(fr[i]);d2:=-1*ln(fs[i]);
     d1:=power(d1,cita[1]);d2:=power(d2,cita[1]);
     sinz:=-1*power(d1+d2,1/cita[1]);
     fx[i]:=exp(sinz);
     except
     minjoin:=0;
     exit;
     end;
```

```
    end;
  z1: = 0;z2: = 0;
  for i: = 1 to n do
    begin
    z1: = z1 + (ex[i] - fx[i]) * (ex[i] - fx[i]);
    z2: = z2 + (ex[i] - sex2) * (ex[i] - sex2);
    end;
  try
   z: = 1 - z1/z2;
   except
   minjoin: = 0;
   exit;
   end;
  end;

if k = 2 then      //Symmetric 2 Clayton
  begin
  if abs(cita[1])<1e - 10 then goto FoundAnAnswer;
  for i: = 1 to n do
    begin
    try
     d1: = power(fr[i], - 1 * cita[1]);d2: = power(fs[i], - 1 * cita[1]);
     sinz: = d1 + d2 - 1;
     fx[i]: = power(sinz, - 1/cita[1]);
     except
     minjoin: = 0;
     exit;
     end;
    end;
  z1: = 0;z2: = 0;
  for i: = 1 to n do
    begin
    z1: = z1 + (ex[i] - fx[i]) * (ex[i] - fx[i]);
    z2: = z2 + (ex[i] - sex2) * (ex[i] - sex2);
    end;
  try
   z: = 1 - z1/z2;
```

```
    except
    minjoin: = 0;
    exit;
    end;
   end;

if k = 3 then       //Symmetric 2 Frank
   begin
   if abs(cita[1])<1e-10 then goto FoundAnAnswer;
   for i: = 1 to n do
     begin
     try
      d1: = exp(-1 * cita[1] * fr[i]) - 1;d2: = exp(-1 * cita[1] * fs[i]) - 1;
      sinz: = d1 * d2/(exp(-1 * cita[1]) - 1);
      fx[i]: = -1/cita[1] * ln(1 + sinz);
      except
      minjoin: = 0;
      exit;
      end;
     end;
   z1: = 0;z2: = 0;
   for i: = 1 to n do
     begin
     z1: = z1 + (ex[i] - fx[i]) * (ex[i] - fx[i]);
     z2: = z2 + (ex[i] - sex2) * (ex[i] - sex2);
     end;
   try
    z: = 1 - z1/z2;
    except
    minjoin: = 0;
    exit;
    end;
   end;


if k = 4 then       //Symmetric 2 AMH
   begin
```

```
  for i: = 1 to n do
    begin
    try
     d1: = fr[i] * fs[i];
     d2: = (1 - fr[i]) * (1 - fs[i]);
     sinz: = d1/(1 - cita[1] * d2);
     fx[i]: = sinz;
     except
     minjoin: = 0;
     exit;
     end;
    end;
  z1: = 0;z2: = 0;
  for i: = 1 to n do
    begin
    z1: = z1 + (ex[i] - fx[i]) * (ex[i] - fx[i]);
    z2: = z2 + (ex[i] - sex2) * (ex[i] - sex2);
    end;
  try
   z: = 1 - z1/z2;
   except
   minjoin: = 0;
   exit;
   end;
  end;


if k = 5 then      //Symmetric 3  Gumbel
  begin
  if abs(cita[1])<1e - 10 then goto FoundAnAnswer;
  for i: = 1 to n do
    begin
    try
     d1: = - 1 * ln(fr[i]);d2: = - 1 * ln(fs[i]);d3: = - 1 * ln(fw[i]);
     d1: = power(d1,cita[1]);d2: = power(d2,cita[1]);d3: = power(d3,cita[1]);
     sinz: = - 1 * power(d1 + d2 + d3,1/cita[1]);
     fx[i]: = exp(sinz);
```

```
      except
      minjoin: = 0;
      exit;
      end;
     end;
   z1: = 0;z2: = 0;
   for i: = 1 to n do
     begin
     z1: = z1 + (ex[i] - fx[i]) * (ex[i] - fx[i]);
     z2: = z2 + (ex[i] - sex2) * (ex[i] - sex2);
     end;
   try
    z: = 1 - z1/z2;
    except
    minjoin: = 0;
    exit;
    end;
   end;


if k = 6 then      //Symmetric 3 Clayton
   begin
   if abs(cita[1])<1e - 10 then goto FoundAnAnswer;
   for i: = 1 to n do
     begin
     try
      d1: = power(fr[i], - 1 * cita[1]);d2: = power(fs[i], - 1 * cita[1]);d3: = power(fw
[i], - 1 * cita[1]);
      sinz: = d1 + d2 + d3 - 2;
      fx[i]: = power(sinz, - 1/cita[1]);
      except
      minjoin: = 0;
      exit;
      end;
     end;
   z1: = 0;z2: = 0;
   for i: = 1 to n do
```

```
      begin
      z1: = z1 + (ex[i] - fx[i]) * (ex[i] - fx[i]);
      z2: = z2 + (ex[i] - sex2) * (ex[i] - sex2);
      end;
    try
     z: = 1 - z1/z2;
     except
     minjoin: = 0;
     exit;
     end;
    end;

if k = 7 then     //Symmetric 3 Frank
    begin
    if abs(cita[1])<1e - 10 then goto FoundAnAnswer;
    for i: = 1 to n do
      begin
      try
       d1: = exp( - 1 * cita[1] * fr[i]) - 1;d2: = exp( - 1 * cita[1] * fs[i]) - 1;d3: = exp( - 1
 * cita[1] * fw[i]) - 1;
       sinz: = d1 * d2 * d3/(exp( - 1 * cita[1]) - 1)/(exp( - 1 * cita[1]) - 1);
       fx[i]: = - 1/cita[1] * ln(1 + sinz);
       except
       minjoin: = 0;
       exit;
       end;
      end;
    z1: = 0;z2: = 0;
    for i: = 1 to n do
      begin
      z1: = z1 + (ex[i] - fx[i]) * (ex[i] - fx[i]);
      z2: = z2 + (ex[i] - sex2) * (ex[i] - sex2);
      end;
    try
     z: = 1 - z1/z2;
     except
     minjoin: = 0;
```

```
  exit;
  end;
 end;


if k = 8 then      //Symmetric 3 AMH
  begin
  for i: = 1 to n do
    begin
    try
     d1: = fr[i] * fs[i] * fw[i];
     d2: = (1 - fr[i]) * (1 - fs[i]) * (1 - fw[i]);
     sinz: = d1/(1 - cita[1] * d2);
     fx[i]: = sinz;
     except
     minjoin: = 0;
     exit;
     end;
    end;
  z1: = 0;z2: = 0;
  for i: = 1 to n do
    begin
    z1: = z1 + (ex[i] - fx[i]) * (ex[i] - fx[i]);
    z2: = z2 + (ex[i] - sex2) * (ex[i] - sex2);
    end;
  try
   z: = 1 - z1/z2;
   except
   minjoin: = 0;
   exit;
   end;
  end;


if k = 9 then      //Asymmetric 2  Gumbel - Liebscher I
  begin
```

```
  tal: = cita[1];a: = cita[2];b: = cita[3];
  if abs(tal)<1e - 10 then goto FoundAnAnswer;
  for i: = 1 to n do
    begin
    try
     d1: = - a * ln(fr[i]);d2: = - b * ln(fs[i]);
     d1: = power(d1,tal);d2: = power(d2,tal);
     sinz: = - 1 * power(d1 + d2,1/tal);
     fx[i]: = exp(sinz) * power(fr[i],1 - a) * power(fs[i],1 - b);
     except
     minjoin: = 0;
     exit;
     end;
    end;
  z1: = 0;z2: = 0;
  for i: = 1 to n do
    begin
    z1: = z1 + (ex[i] - fx[i]) * (ex[i] - fx[i]);
    z2: = z2 + (ex[i] - sex2) * (ex[i] - sex2);
    end;
  try
   z: = 1 - z1/z2;
   except
   minjoin: = 0;
   exit;
   end;
  end;


if k = 10 then      //Asymmetric 2 Clayton - Liebscher I
  begin
  tal: = cita[1];a: = cita[2];b: = cita[3];
  if abs(tal)<1e - 10 then goto FoundAnAnswer;
  for i: = 1 to n do
    begin
    try
     d1: = power(fr[i], - a * tal);d2: = power(fs[i], - b * tal);
```

```
      sinz: = d1 + d2 - 1;
      fx[i]: = power(sinz, - 1/tal) * power(fr[i],1 - a) * power(fs[i],1 - b);
      except
      minjoin: = 0;
      exit;
      end;
     end;
   z1: = 0;z2: = 0;
   for i: = 1 to n do
     begin
     z1: = z1 + (ex[i] - fx[i]) * (ex[i] - fx[i]);
     z2: = z2 + (ex[i] - sex2) * (ex[i] - sex2);
     end;
   try
    z: = 1 - z1/z2;
    except
    minjoin: = 0;
    exit;
    end;
   end;


 if k = 11 then       //Asymmetric 2 Frankl - Liebscher I
   begin
   tal: = cita[1];a: = cita[2];b: = cita[3];
   if abs(tal)<1e - 10 then goto FoundAnAnswer;
   for i: = 1 to n do
     begin
     try
      d1: = exp( - 1 * tal * power(fr[i],a)) - 1;d2: = exp( - 1 * tal * power(fs[i],b)) - 1;
      sinz: = d1 * d2/(exp( - 1 * tal) - 1);
      fx[i]: = - 1/tal * ln(1 + sinz) * power(fr[i],1 - a) * power(fs[i],1 - b);
      except
      minjoin: = 0;
      exit;
      end;
     end;
```

```
  z1: = 0;z2: = 0;
  for i: = 1 to n do
    begin
    z1: = z1 + (ex[i] - fx[i]) * (ex[i] - fx[i]);
    z2: = z2 + (ex[i] - sex2) * (ex[i] - sex2);
    end;
  try
   z: = 1 - z1/z2;
   except
   minjoin: = 0;
   exit;
   end;
  end;


if k = 12 then      //Asymmetric 2 AMH - Liebscher I
  begin
  ta1: = cita[1];a: = cita[2];b: = cita[3];
  for i: = 1 to n do
    begin
    try
     d1: = power(fr[i],a) * power(fs[i],b);
     d2: = (1 - power(fr[i],a)) * (1 - power(fs[i],b));
     sinz: = d1/(1 - ta1 * d2) * power(fr[i],1 - a) * power(fs[i],1 - b);
     fx[i]: = sinz;
     except
     minjoin: = 0;
     exit;
     end;
    end;
  z1: = 0;z2: = 0;
  for i: = 1 to n do
    begin
    z1: = z1 + (ex[i] - fx[i]) * (ex[i] - fx[i]);
    z2: = z2 + (ex[i] - sex2) * (ex[i] - sex2);
    end;
  try
```

```
    z:=1-z1/z2;
    except
    minjoin:=0;
    exit;
    end;
   end;

if k=13 then      //Asymmetric 2  Gumbel-Liebscher II
   begin
   ta1:=cita[1];ta2:=cita[2];
   if abs(ta1)<1e-10 then goto FoundAnAnswer;
   if abs(ta2)<1e-10 then goto FoundAnAnswer;
   for i:=1 to n do
     begin
     a:=cita[3];b:=cita[4];
     try
      d1:=-a*ln(fr[i]);d2:=-b*ln(fs[i]);
      d1:=power(d1,ta1);d2:=power(d2,ta1);
      sinz:=-1*power(d1+d2,1/ta1);
      fx[i]:=exp(sinz);
      a:=1-a;b:=1-b;
      d1:=-a*ln(fr[i]);d2:=-b*ln(fs[i]);
      d1:=power(d1,ta2);d2:=power(d2,ta2);
      sinz:=-1*power(d1+d2,1/ta2);
      fx[i]:=fx[i]*exp(sinz);
      except
      minjoin:=0;
      exit;
      end;
     end;
   z1:=0;z2:=0;
   for i:=1 to n do
     begin
     z1:=z1+(ex[i]-fx[i])*(ex[i]-fx[i]);
     z2:=z2+(ex[i]-sex2)*(ex[i]-sex2);
     end;
   try
```

```
  z: = 1 - z1/z2;
  except
  minjoin: = 0;
  exit;
  end;
 end;


if k = 14 then      //Asymmetric 2 Clayton - Liebscher II
 begin
 ta1: = cita[1];ta2: = cita[2];
 if abs(ta1)<1e - 10 then goto FoundAnAnswer;
 if abs(ta2)<1e - 10 then goto FoundAnAnswer;
 for i: = 1 to n do
   begin
   a: = cita[3];b: = cita[4];
   try
    d1: = power(fr[i], - a * ta1);d2: = power(fs[i], - b * ta1);
    sinz: = d1 + d2 - 1;
    fx[i]: = power(sinz, - 1/ta1);
    a: = 1 - a;b: = 1 - b;
    d1: = power(fr[i], - a * ta2);d2: = power(fs[i], - b * ta2);
    sinz: = d1 + d2 - 1;
    fx[i]: = fx[i] * power(sinz, - 1/ta2);
    except
    minjoin: = 0;
    exit;
    end;
   end;
 z1: = 0;z2: = 0;
 for i: = 1 to n do
   begin
   z1: = z1 + (ex[i] - fx[i]) * (ex[i] - fx[i]);
   z2: = z2 + (ex[i] - sex2) * (ex[i] - sex2);
   end;
 try
  z: = 1 - z1/z2;
```

```
    except
    minjoin: = 0;
    exit;
    end;
   end;


if k = 15 then      //Asymmetric 2 Frank - Liebscher II
   begin
   ta1: = cita[1];ta2: = cita[2];
   if abs(ta1)<1e - 10 then goto FoundAnAnswer;
   if abs(ta2)<1e - 10 then goto FoundAnAnswer;
   for i: = 1 to n do
     begin
     a: = cita[3];b: = cita[4];
     try
      d1: = exp( - 1 * ta1 * power(fr[i],a)) - 1;d2: = exp( - 1 * ta1 * power(fs[i],b)) - 1;
      sinz: = d1 * d2/(exp( - 1 * ta1) - 1);
      fx[i]: = - 1/ta1 * ln(1 + sinz);
      a: = 1 - a;b: = 1 - b;
      d1: = exp( - 1 * ta2 * power(fr[i],a)) - 1;d2: = exp( - 1 * ta2 * power(fs[i],b)) - 1;
      sinz: = d1 * d2/(exp( - 1 * ta2) - 1);
      fx[i]: = - 1/ta2 * ln(1 + sinz) * fx[i];
      except
      minjoin: = 0;
      exit;
      end;
     end;
   z1: = 0;z2: = 0;
   for i: = 1 to n do
     begin
     z1: = z1 + (ex[i] - fx[i]) * (ex[i] - fx[i]);
     z2: = z2 + (ex[i] - sex2) * (ex[i] - sex2);
     end;
   try
    z: = 1 - z1/z2;
    except
```

```
    minjoin: = 0;
    exit;
    end;
   end;


if k = 16 then      //Asymmetric 2 AMH - Liebscher II
   begin
   ta1: = cita[1];ta2: = cita[2];
   if abs(ta1)<1e - 10 then goto FoundAnAnswer;
   if abs(ta2)<1e - 10 then goto FoundAnAnswer;
   for i: = 1 to n do
      begin
      a: = cita[3];b: = cita[4];
      try
       d1: = power(fr[i],a) * power(fs[i],b);
       d2: = (1 - power(fr[i],a)) * (1 - power(fs[i],b));
       sinz: = d1/(1 - ta1 * d2);
       fx[i]: = sinz;
       a: = 1 - a;b: = 1 - b;
       d1: = power(fr[i],a) * power(fs[i],b);
       d2: = (1 - power(fr[i],a)) * (1 - power(fs[i],b));
       sinz: = d1/(1 - ta2 * d2);
       fx[i]: = fx[i] * sinz;
       except
       minjoin: = 0;
       exit;
       end;
      end;
   z1: = 0;z2: = 0;
   for i: = 1 to n do
      begin
      z1: = z1 + (ex[i] - fx[i]) * (ex[i] - fx[i]);
      z2: = z2 + (ex[i] - sex2) * (ex[i] - sex2);
      end;
   try
    z: = 1 - z1/z2;
```

```
    except
    minjoin:= 0;
    exit;
    end;
   end;

FoundAnAnswer:
minjoin:=z;
end;

procedure TForm1.getf; //粒子群子程序
var
str:string;
fv:extended;
k:integer;
ee,xname:T1S;
xx,bound:T2D;

i,n,pppp:integer;

vmax:T1D;

v:T2D;
fpbest:real;

gbest:T1D;
pbest:T2D;
mx:T1D;
fvalue,svalue:T1D;

c1,c2:real;
w:real;
```

```
r1,r2,r3,r4:real;
j,num:integer;

lizishu:integer;//粒子数
xunhuan:integer;

MyInifile:Tinifile;
FileName:string;
xwjnum:integer;//写几个文件
arraynum:T1I;
outdata:textfile;  //保存数据文件
begin

xwjnum:=0;
if CheckBox2.Checked then //按迭代数保存粒子最佳位置和全体最佳位置
  begin
  FileName:= ExtractFilePath(Application.ExeName)+'Best.ini';
  MyInifile:=Tinifile.Create(FileName);
  xwjnum:=MyInifile.READInteger('Best','num',0);
  if xwjnum<>0 then
    begin
    setlength(arraynum,xwjnum+1);
    for i:=1 to  xwjnum do
      begin
      str:='n'+inttostr(i);
      arraynum[i]:=MyInifile.READInteger('Best',str,0);
      end;
    end;
  MyInifile.Free;
  end;

//粒子边界
setlength(bound,1001,3);
setlength(xname,1001);
k:=0;
for i:=1 to GridFrame2.AdvStringGrid1.RowCount-1 do
```

```
   begin
   if GridFrame2.AdvStringGrid1.cells[1,i] = '' then break;
   if GridFrame2.AdvStringGrid1.cells[2,i] = '' then break;
   if GridFrame2.AdvStringGrid1.cells[3,i] = '' then break;

   k: = k + 1;
   str: = trim(GridFrame2.AdvStringGrid1.cells[1,i]);
   xname[i]: = str;


   str: = trim(GridFrame2.AdvStringGrid1.cells[2,i]);
   if not TryStrToFloat(str,fv) then
     begin
     MessageBox(application.handle,'数据输入错误','提示', MB_ICONEXCLAMATION);
     RzButton1.Enabled: = true;
     exit;
     end;
   bound[i,1]: = fv;

   str: = trim(GridFrame2.AdvStringGrid1.cells[3,i]);
   if not TryStrToFloat(str,fv) then
     begin
     MessageBox(application.handle,'数据输入错误','提示', MB_ICONEXCLAMATION);
     RzButton1.Enabled: = true;
     exit;
     end;
   bound[i,2]: = fv;
   end;
 setlength(bound,k + 1,3);
 setlength(xname,k + 1);


 //学习常数
 c1: = AdvEdit2.floatvalue;
 c2: = AdvEdit3.floatvalue;
```

```
w: = AdvEdit1.floatvalue;//0.8;  //惯性常数
randomize;

lizishu: = SpinEdit3.Value;//粒子数
xunhuan: = SpinEdit4.Value;//循环次数
n: = k;
setlength(xx,lizishu + 1,n + 1);
//初始化粒子个初始位置
for i: = 1 to lizishu do
for j: = 1 to n do
  begin
  xx[i,j]: = random * (bound[j,2] - bound[j,1]) + bound[j,1];
  //RzMemo1.Lines.Add(floattostr(xx[i,j]));
  end;


setlength(vmax,n + 1);   //最大速度
for i: = 1 to n do
vmax[i]: = (bound[i,2] - bound[i,1])/2;

//初始化粒子速度
setlength(v,lizishu + 1,n + 1);
for i: = 1 to lizishu do
for j: = 1 to n do
v[i,j]: = vmax[j] * random;

setlength(fvalue,lizishu + 1);
setlength(svalue,lizishu + 1);
setlength(mx,n + 1);              //参数的数组
setlength(gbest,n + 1);
k: = ComboBox1.ItemIndex + 1;
for i: = 1 to lizishu do
  begin
  application.ProcessMessages;
  for j: = 1 to n do mx[j]: = xx[i,j];

  fvalue[i]: = minjoin(ffr,ffs,ffw,fex,mx,ExParser,k);   //计算 R2
```

```
  svalue[i]:=fvalue[i];
  if(i=1) then fpbest:=fvalue[1]
  else
    begin
    //初始化全局极值
    if fvalue[i]>fpbest  then
      begin
      fpbest:=fvalue[i];
      for j:=1 to n do
      gbest[j]:=xx[i,j];
      end;
    end;
  end;

//初始化个体极值
setlength(pbest,lizishu+1,n+1);
for i:=1 to lizishu do
for j:=1 to n do
pbest[i,j]:=xx[i,j];


//写初始化文件
if xwjnum <>0 then
if arraynum[1]=0 then
  begin
  FileName:=ExtractFilePath(Application.ExeName)+inttostr(xxnum)+'pbest_0'+'.txt';
  assignfile(outdata,FileName);
  rewrite(outdata);
  for i:=1 to lizishu do
     begin
     for j:=1 to n do write(outdata,FormatFloat('0.00000000',pbest[i,j]),'  ');
     write(outdata,FormatFloat('0.00000000',fvalue[i]));
     writeln(outdata);
     end;
  closefile(outdata);
```

```
  FileName: = ExtractFilePath(Application.ExeName) + inttostr(xxnum) + 'gbest_0' + '.txt';
  assignfile(outdata,FileName);
  rewrite(outdata);
  write(outdata,FormatFloat('0.00000000',fpbest));
  writeln(outdata);
  for j: = 1 to n do write(outdata,FormatFloat('0.00000000',gbest[j]),'  ');
  writeln(outdata);
  closefile(outdata);
  end;


//循环 lizishu 次求最优解
bbbnum: = 0;
for num: = 2 to xunhuan do
  begin
  for i: = 1 to lizishu do
    begin
    application.ProcessMessages;
    //更新粒子 i 位置
    for j: = 1 to n do
      begin
      r1: = random;
      r2: = random;
      randomize;
      r3: = random;
      v[i,j]: = w * v[i,j] + c1 * r1 * (pbest[i,j] - xx[i,j]) + c2 * r2 * (gbest[j] - xx[i,j]);
      xx[i,j]: = xx[i,j] + v[i,j];
      if(xx[i,j]<bound[j,1]) or (xx[i,j]>bound[j,2]) then
      xx[i,j]: = xx[i,j] - v[i,j];
      end;
    for j: = 1 to n do mx[j]: = xx[i,j];
    svalue[i]: = minjoin(ffr,ffs,ffw,fex,mx,ExParser,k);
    //更新粒子 i 的最佳位置
    if(fvalue[i]<svalue[i]) then
    for j: = 1 to n do
    pbest[i,j]: = xx[i,j];
```

```
    //更新全局最佳位置
    if(svalue[i]>fpbest)  then
      begin
      for j:=1 to n do gbest[j]:=xx[i,j];
      fpbest:=svalue[i];
      end;
    fvalue[i]:=svalue[i];
    bbbnum:=bbbnum+1;
    end;
  if xwjnum <>0 then
    begin
    for pppp:=1 to xwjnum do
    if arraynum[pppp]=num then
      begin
      FileName:=ExtractFilePath(Application.ExeName)+inttostr(xxnum)+'pbest_'+
inttostr(num)+'.txt';
      assignfile(outdata,FileName);
      rewrite(outdata);
      for i:=1 to lizishu do
        begin
        for j:=1 to n do write(outdata,FormatFloat('0.00000000',pbest[i,j]),'  ');
        write(outdata,FormatFloat('0.00000000',fvalue[i]));
        writeln(outdata);
        end;
      closefile(outdata);

      FileName:=ExtractFilePath(Application.ExeName)+inttostr(xxnum)+'gbest_'+
inttostr(num)+'.txt';
      assignfile(outdata,FileName);
      rewrite(outdata);
      write(outdata,FormatFloat('0.00000000',fpbest));
      writeln(outdata);
      for j:=1 to n do write(outdata,FormatFloat('0.00000000',gbest[j]),'  ');
      writeln(outdata);
```

```
        closefile(outdata);
        end;
      end;


    end;

  if fpbest < AdvEdit4.FloatValue then exit;
  xxnum: = xxnum + 1;
  RzMemo1.Lines.Add('* * * * * * * * * * * * * * * *');
  RzMemo1.Lines.Add(inttostr(xxnum));
  for i: = 1 to n do
  RzMemo1.Lines.Add(xname[i] + ' = ' + formatfloat('0.0000',gbest[i]));
  RzMemo1.Lines.Add('R2:');
  RzMemo1.Lines.Add(formatfloat('0.0000',fpbest));
  if zmax < fpbest then
    begin
    zmax: = fpbest;
    fffstr: = inttostr(xxnum);
    end;
  RzRadioGroup5.Caption: = fffstr + '      ' + formatfloat('0.0000', zmax) + '         ' + inttostr
  (xxnum);
  RzMemo2.Lines.Add(formatfloat('0.0000',fpbest));
  end;


  procedure TForm1.RzButton1Click(Sender: TObject); // 单击计算
  begin

  RzButton1.Enabled: = false;
  ComboBox1.Enabled: = false;
  SpinEdit2.Enabled: = false;
  SpinEdit3.Enabled: = false;
  SpinEdit4.Enabled: = false;
  Timer2.Enabled: = true;
```

```
try
 getf;
 except
 ComboBox1.Enabled: = true;
 SpinEdit2.Enabled: = true;
 SpinEdit3.Enabled: = true;
 SpinEdit4.Enabled: = true;
 RzButton1.Enabled: = true;
 end;
ComboBox1.Enabled: = true;
SpinEdit2.Enabled: = true;
SpinEdit3.Enabled: = true;
SpinEdit4.Enabled: = true;
RzButton1.Enabled: = true;

if CheckBox1.Checked then timer3.Enabled: = true else timer3.Enabled: = false;

end;

procedure TForm1.Timer2Timer(Sender: TObject);
var
lizishu:integer;//粒子数
xunhuan:integer;//循环次数
begin
lizishu: = SpinEdit3.Value;//粒子数
xunhuan: = SpinEdit4.Value;//循环次数
Label7.Visible: = true;
Label7.Caption: = formatfloat('0',bbbnum * 100/(xunhuan * lizishu)) + '%';
if RzButton1.Enabled = true then
    begin
    Timer2.Enabled: = false;
    Label7.Visible: = false;
    end;
end;


procedure Tgailv(var bx,by,bz,x,y,z,p:T1D); //计算三变量的经验概率
```

```
var
i,j,n,s:integer;
t:real;
begin
n:= length(bx) - 1;
setlength(p,n+1);
for i:=1 to n do
  begin
  s:=0;
  for j:=1 to n do
    begin
    if (x[i]>=bx[j]) and (y[i]>=by[j]) and (z[i]>=bz[j]) then
    s:=s+1;
    end;
  application.ProcessMessages;
  p[i]:=(s-0.44)/(n+0.12);
  end;

end;


procedure Bgailv(var bx,by,x,y,p:T1D); //计算二变量的经验概率
var
i,j,n,s:integer;
t:real;
begin
n:= length(bx) - 1;
setlength(p,n+1);
for i:=1 to n do
  begin
  s:=0;
  for j:=1 to n do
    begin
    if (x[i]>=bx[j]) and (y[i]>=by[j])then
    s:=s+1;
    end;
  application.ProcessMessages;
```

```
  p[i]:=(s-0.44)/(n+0.12);
  end;

end;


procedure TForm1.Button1Click(Sender: TObject); //载入基础数据
var

i,k:integer;
filename:string;
readfile:textfile;
canshu,xx,ww:T1D;

sex2,d1,d2,sinz:real;
label FoundAnAnswer;

begin


Button1.Enabled:=false;

case ComboBox1.ItemIndex+1 of   //A
  1,2,3,4,9,10,11,12,13,14,15,16:
    begin
    OpenDialog1.Title:='采样数据 X,Y+升序排列的 X,Y,合计 4 列';
    OpenDialog1.Filter :='*.txt|*.txt';
    if not OpenDialog1.Execute then  goto FoundAnAnswer;
    setlength(bji1,100001);
    setlength(bji2,100001);
    setlength(ji1,100001);
    setlength(ji2,100001);
    filename:=OpenDialog1.FileName;
    assignfile(readfile,filename);
    reset(readfile);
    k:=0;
```

```
repeat
application.ProcessMessages;
k:=k+1;
try
read(readfile,bji1[k],bji2[k],ji1[k],ji2[k]);
except
closefile(readfile);
MessageBox(application.handle,pchar('第('+inttostr(k)+')个观测值错误'),'提示', MB_
ICONEXCLAMATION);
Button1.Enabled:=true;
exit;
end;
readln(readfile);
until eof(readfile);
closefile(readfile);
setlength(bji1,k+1);setlength(bji2,k+1);
setlength(ji1,k+1);setlength(ji2,k+1);
Bgailv(bji1,bji2,ji1,ji2,ww);
RZmemo1.Clear;
RZmemo1.Lines.Add('观测数据='+inttostr(k)+'个'+'二变量的经验频率如下:');
for i:=1 to k do
RZmemo1.Lines.Add(floattostr(ww[i]));
setlength(fex,k+1);
sex2:=0;
for i:=1 to k do begin fex[i]:=ww[i];sex2:=sex2+ww[i];end;
ExParser:=sex2/k;      // 经验函数的平均值
RZmemo1.Lines.Add('经验频率平均值='+formatfloat('0.0000',ExParser));

//copula 边缘函数
OpenDialog1.Title:='选择基于PIII、Weibull、Gamma等计算的X,Y边缘函数值Fx,Fy';
OpenDialog1.Filter:='*.txt|*.txt';
if not OpenDialog1.Execute then  goto FoundAnAnswer;
setlength(ffr,k+1);
setlength(ffs,k+1);
filename:=OpenDialog1.FileName;
```

```
    assignfile(readfile,filename);
    reset(readfile);
    k:=0;
    repeat
    application.ProcessMessages;
    k:=k+1;
    try
    read(readfile,ffr[k],ffs[k]);
    except
    closefile(readfile);
    MessageBox(application.handle,pchar('第('+inttostr(k)+')个观测值错误'),'提示', MB_
ICONEXCLAMATION);
    Button1.Enabled:=true;
    exit;
    end;
    readln(readfile);
    until eof(readfile);
    closefile(readfile);
    RZmemo1.Lines.Add('边缘函数数据='+inttostr(k)+'个');
    end;

  5,6,7,8:
    begin
    OpenDialog1.Title:='采样数据 X,Y,Z+升序排列的 X,Y,Z,合计 6 列';
    OpenDialog1.Filter:='*.txt|*.txt';
    if not OpenDialog1.Execute then  goto FoundAnAnswer;
    setlength(bji1,100001);
    setlength(bji2,100001);
    setlength(bji3,100001);
    setlength(ji1,100001);
    setlength(ji2,100001);
    setlength(ji3,100001);
    filename:=OpenDialog1.FileName;
    assignfile(readfile,filename);
    reset(readfile);
    k:=0;
```

```
repeat
application.ProcessMessages;
k:=k+1;
try
read(readfile,bji1[k],bji2[k],bji3[k],ji1[k],ji2[k],ji3[k]);
except
closefile(readfile);
MessageBox(application.handle,pchar('第('+inttostr(k)+')个观测值错误'),'提示', MB_
ICONEXCLAMATION);
Button1.Enabled:=true;
exit;
end;
readln(readfile);
until eof(readfile);
closefile(readfile);
setlength(bji1,k+1);setlength(bji2,k+1);setlength(bji3,k+1);
setlength(ji1,k+1);setlength(ji2,k+1);setlength(ji3,k+1);
Tgailv(bji1,bji2,bji3,ji1,ji2,ji3,ww);
RZmemo1.Clear;
RZmemo1.Lines.Add('观测数据='+inttostr(k)+'个'+'三变量的经验频率如下:');
for i:=1 to k do
RZmemo1.Lines.Add(floattostr(ww[i]));
setlength(fex,k+1);
sex2:=0;
for i:=1 to k do begin fex[i]:=ww[i];sex2:=sex2+ww[i];end;
ExParser:=sex2/k;      // 经验函数的平均值
RZmemo1.Lines.Add('经验频率平均值='+formatfloat('0.0000',ExParser));

//copula 边缘函数
OpenDialog1.Title:='选择基于 PIII、Weibull、Gamma 等计算的 X,Y,Z 边缘函数值 Fx,Fy,
Fz';
OpenDialog1.Filter := '*.txt|*.txt';
if not OpenDialog1.Execute then  goto FoundAnAnswer;
setlength(ffr,k+1);
setlength(ffs,k+1);
```

```
    setlength(ffw,k+1);
    filename:=OpenDialog1.FileName;
    assignfile(readfile,filename);
    reset(readfile);
    k:=0;
    repeat
    application.ProcessMessages;
    k:=k+1;
    try
    read(readfile,ffr[k],ffs[k],ffw[k]);
    except
    closefile(readfile);
    MessageBox(application.handle,pchar('第('+inttostr(k)+')个观测值错误'),'提示', MB_
ICONEXCLAMATION);
    Button1.Enabled:=true;
    exit;
    end;
    readln(readfile);
    until eof(readfile);
    closefile(readfile);
    RZmemo1.Lines.Add('边缘函数数据='+inttostr(k)+'个');


    end;



  end;                              //A

RzMemo2.Clear;
zmax:=0;
xxnum:=0;
fffstr:='';

FoundAnAnswer:
Button1.Enabled:=true;
end;
```

```
procedure TForm1.Timer3Timer(Sender: TObject);
begin
Timer3.Enabled: = false;
if RzButton1.Enabled then RzButton1Click(nil);
end;

procedure TForm1.ComboBox1Change(Sender: TObject);
begin
case ComboBox1.ItemIndex + 1 of
  1,2,3,4,5,6,7,8:SpinEdit2.Value: = 1;
  9,10,11,12:SpinEdit2.Value: = 3;
  13,14,15,16:SpinEdit2.Value: = 4;
  end;
SpinEdit2Change(nil);
end;

procedure TForm1.SpinEdit2Change(Sender: TObject);
var
hang,lie:integer;
begin
hang: = SpinEdit2.Value + 1;
lie: = 4;
GridFrame2.chushihua(hang,lie,1);
case  ComboBox1.ItemIndex + 1  of
1,2,3,4,5,6,7,8: begin GridFrame2. AdvStringGrid1.cells[1,1]: = 'θ1';
         end;
9,10,11,12: begin GridFrame2. AdvStringGrid1.cells[1,1]: = 'θ1';
         GridFrame2. AdvStringGrid1.cells[1,2]: = 'a';
         GridFrame2. AdvStringGrid1.cells[1,3]: = 'b';
         end;
13,14,15,16: begin GridFrame2. AdvStringGrid1.cells[1,1]: = 'θ1';
         GridFrame2. AdvStringGrid1.cells[1,2]: = 'θ2';
         GridFrame2. AdvStringGrid1.cells[1,3]: = 'a';
```

```
        GridFrame2.AdvStringGrid1.cells[1,4]:='b';
        end;
end;
end;

end.
```